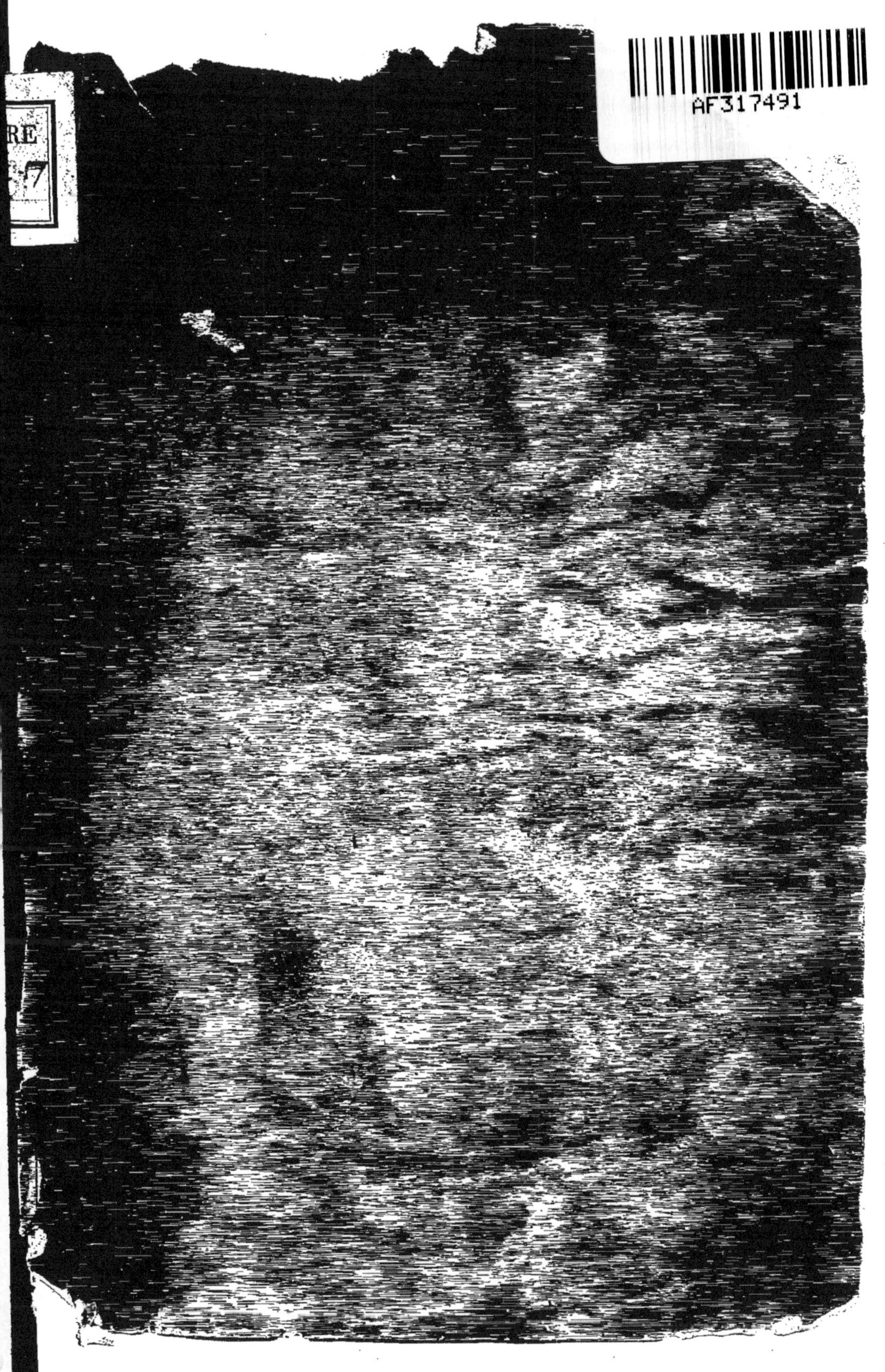
AF317491

ALGÈBRE

PAR G. M. F. B.

PROFESSEUR DE MATHÉMATIQUES.

SECONDE ÉDITION

Revue et considérablement diminuée.

PLOËRMEL

CHEZ LES FRÈRES DE L'INSTRUCTION CHRÉTIENNE.

VANNES	SAINT-BRIEUC
LIBRAIRIE DE LA MAISON DE LAMARZELLE.	HUGUET LIBRAIRE-RELIEUR.

1868

AVERTISSEMENT.

En mettant au jour cet Ouvrage, nous n'avons pas eu la prétention de faire un traité complet, ce qui serait inutile après la publication de tant d'Algèbres très-estimables. Mais la plupart de ces Ouvrages, excellents pour celui qui possède déjà les premières notions de l'Algèbre, ne sauraient convenir à un commençant ; ils ne sont bien souvent propres qu'à lui faire prendre en dégoût une étude qui lui apparaît, dès l'abord, hérissée de difficultés. Et, comme l'a dit M. Querret, beaucoup d'auteurs ont écrit sur les Mathématiques, et souvent d'une manière admirable ; mais peu ont su ou voulu faire des Ouvrages élémentaires : peu, très-peu ont consenti à descendre des hauteurs de la science pour s'abaisser au niveau des jeunes intelligences. Pour nous, voué depuis quarante années à l'instruction des enfants, et chargé de les initier à l'étude des Mathématiques, nous avons eu bien des fois occasion d'observer les difficultés qui les arrêtent. Ce motif nous a déterminé à tenter la composition de ces *Leçons élémentaires,* en réunissant dans un petit volume toutes les parties les plus usuelles de l'Algèbre, et en élaguant toutes les théories trop abstraites.

Nous n'avons pas besoin de dire que, profitant de notre expérience dans l'enseignement, nous nous sommes constamment efforcés de mettre le plus de clarté possible dans notre travail. Comme les *Exemples* contribuent beaucoup à graver les règles, les principes dans la mémoire des Elèves, nous les avons multipliés, et nous exhortons vivement les Maîtres à ne passer à une autre matière, qu'après s'être assurés par des exercices variés que la précédente a été bien comprise. (*).

Quoique cet Ouvrage s'adresse spécialement à ceux qui débutent dans l'étude de l'Algèbre, ainsi que nous l'avons déjà insinué, beaucoup de jeunes gens y trouveront néanmoins tout ce qu'il leur importe de connaître, sans qu'ils aient besoin de recourir à des traités plus étendus.

Malgré tous nos efforts pour atteindre le but que nous nous sommes proposé, nous sommes loin de croire à la perfection de notre œuvre ; aussi recevrons-nous avec reconnaissance toutes les observations que l'on voudra bien nous faire à ce sujet. Puisse Dieu bénir un travail que nous n'avons entrepris que pour sa gloire, et l'utilité de la jeunesse à laquelle nous avons consacré nos veilles !

(*) C'est pour arriver plus sûrement à notre but qu'à la suite de ces Leçons, nous avons publié un recueil d'*Exercices,* qui en forme le complément presque nécessaire : il se trouve aussi à Vannes, chez M. G. de Lamarzelle ; et à St-Brieuc, chez M. Huguet.

Cette seconde édition diffère de la première, en ce que nous avons supprimé plusieurs articles qui nous ont paru moins utiles, et que nous avons généralement abrégé les autres.

Nous avons supprimé, par exemple, tout détail sur l'extraction des racines 5es, 7es, 11es et autres, dont le degré renferme d'autres facteurs premiers que 2 et 3 : ces calculs sont effectivement très-rares ; et lorsqu'ils se présentent, on a recours, pour obtenir le résultat, à un moyen infiniment plus rapide et moins laborieux, l'emploi des *Logarithmes*.

Les Numéros intercalés dans le texte sont des renvois à des sujets traités précédemment, et sur lesquels repose la question actuelle. Inutile d'avertir le lecteur qu'il doit y recourir toutes les fois qu'ils ne sont plus présents à son esprit.

ERRATA.

Page	No	Ligne	Au lieu de	Lisez
15	34	25	$- 32x^3$	$- 32x^3y$
39		22	$\dfrac{3cd}{a^2 - b}$	$\dfrac{3cd}{a^2 - b^2}$
43		2	$\left(\dfrac{3a^2x}{4\,by^2}\right)$	$\left(\dfrac{3\,a^2x}{4\,by^2}\right)^3$
97		6	$r'r''$	$r't''$
146	146	6	$a^m\,2$	a^{m-2}
167		1	l existe	Il existe

LEÇONS ÉLÉMENTAIRES D'ALGÈBRE

CHAPITRE I. — NOTATION ALGÉBRIQUE.

LEÇON I. — Définition de l'Algèbre. — Comment s'indiquent les Opérations fondamentales.

1. *L'Algèbre* est une science qui a pour objet d'abréger, de faciliter, et surtout de généraliser la résolution des questions relatives aux quantités.

2. Les quantités sont généralement considérées, en algèbre, indépendamment de leurs valeurs particulières; aussi emploie-t-on pour les représenter des signes indépendants de ces valeurs. On se sert des lettres de l'alphabet français : des premières a, b, c, d,... pour représenter les *données* ou quantités connues; et des dernières, x, y, z, u,... pour désigner les *inconnues* ou quantités demandées. On a aussi recours aux lettres de l'alphabet grec : α, β, γ, δ, ε, ζ, η, θ, ι, $\varkappa$, λ, μ, ν, ξ, o, π, ρ, σ, τ, υ, φ, χ, ψ, ω.

Pour désigner des quantités différentes, mais analogues, on emploie la même lettre qu'on affecte d'un ou de plusieurs accents. Ainsi, a, a', a'', a''',... qu'on énonce a, *a prime*, *a seconde*, *a tierce*,... représentent, dans le même problème, des quantités différentes, mais analogues. Il en serait de même de A, a, qu'on énonce *grand* A, *petit a*; et encore de A_1, A_2,... qu'on énonce A *indice* 1, A *indice* 2,...

3. Les opérations fondamentales s'indiquent en algèbre comme en arithmétique, savoir :

L'addition, par le signe $+$: $a + b$ (a plus b);

La soustration, par le signe $-$: $a - b$ (a moins b);

La multiplication, par le signe $\times$: $a \times b$ (a multiplié par b); ou bien, par le point : $a.b$; mais le plus souvent sans aucun signe : ab signifie a multiplié par b, aussi bien que $a \times b$, et que $a.b$.

La division s'indique par les deux points : $a:b$ (a divisé par b); ou bien par un trait horizontal— $\dfrac{a}{b}$.

4. Une quantité qui n'est précédée d'aucun signe est censée avoir le signe $+$. Ainsi, $a - b$ est la même chose que $+ a - b$. C'est pourquoi, on écrit indifféremment $a - b$, ou $- b + a$, pour indiquer qu'on retranche b de a. En général, on appelle *termes*, les quantités séparées par le signe $+$, ou le signe $-$. Dans $a - b$, il y a deux termes; dans $a + bc - d$, il y en a trois.

5. Pour indiquer les opérations à effectuer sur les quantités composées de plusieurs termes, on renferme ceux-ci entre deux parenthèses, en dehors desquelles on place le signe indicatif de l'opération à faire. Soit la quantité $b + c - d$: pour indiquer

Qu'on l'*ajoute* à m, on écrit $\quad m + (b + c - d)$;

Qu'on la *retranche* de m, $\quad m - (b + c - d)$;

Qu'on la *multiplie* par m, $\quad (b + c - d)\, m$;

Qu'on la *divise* par m, $\quad (b + c - d) : m$, ou $\dfrac{b+c-d}{m}$.

On double, on triple... les parenthèses, selon le besoin; mais, dans ce cas, on fait souvent usage des crochets $[\,]$, ou des accolades $\{\}$. Soit la quantité $m - (b + c - d)$: pour indiquer qu'on la multiplie par $a - x$, on écrit $(m - (b + c - d)) (a - x)$, ou bien $[m - (b + c - d)] (a - x)$.

Voici maintenant quelques calculs numériques, pour faire connaître le sens qu'on attache aux parenthèses.— On sait que le signe $=$ signifie et s'énonce *égale*, ou *est égal à*.

$$x = 20 - (8 + 7 - 6) = 20 - 9 = 11;$$
$$y = (8 + 7 - 6).\, 20 = 9.20 = 180;$$
$$z = [20 - (8 + 7)] (9 + 3) = 5.12 = 60;$$
$$u = [(12.2 + 3).\, 4 + 5].\, 6 + 7 = [27.4 + 5].\, 6 + 7$$
$$= 113.6 + 7 = 685.$$

Et réciproquement, pour indiquer tous les calculs à effectuer dans la réduction en secondes de $8^j\,9^h\,24^m\,45^s$, on écrirait

$$8^j\,9^h\,24^m\,45^s = [(8.24 + 9).60 + 24].60 + 45.$$

6. Pour indiquer la multiplication d'une quantité littérale par un facteur numérique, on écrit ce facteur devant la quantité, et on lui donne le nom de *coefficient*. Ainsi, pour marquer la multiplication de ab par 4, on écrit $4ab$, et alors le coefficient est 4. — Le coefficient est 1, toutes les fois qu'il n'y en a point d'écrit, car ab, par exemple, $= ab.1 = 1ab$.

Leçon II. — Puissances et Racines : définitions, notations.

7. On appelle *puissance* d'une quantité, le produit de l'unité par cette quantité une ou plusieurs fois successivement (*) : ainsi, $1.b$, $1.b.b$, $1.b.b.b$, ou simplement b, bb, bbb, sont des puissances de b.

8. Le nombre de fois que la quantité est facteur, s'appelle *degré* de la puissance : ainsi, $1.b$, ou b, est la puissance du 1er degré de b, ou sa puissance 1re ; $1.b.b$, ou bb, est la puissance du 2e degré de b, ou sa puissance 2e ; $1.b.b.b$, ou bbb, est la puissance du 3e degré de b, ou…; d'où il résulte que la 1re puissance d'une quantité est cette quantité même ; que la 2e, qui s'appelle aussi *carré*, est le produit de *deux* facteurs égaux à cette quantité ; que la 3e, qu'on appelle aussi *cube*, est le produit de *trois* facteurs égaux, etc. Ainsi,

La 1re puissance de 8 est   8 ;
La 2e de 7 est 7.7, ou   49 ;
La 3e de 6 est 6.6.6, ou   216 ;
La 4e de 5 est 5.5.5.5, ou   625 ; etc.

(*) Par *multiplier* une quantité a successivement par plusieurs autres b, c, d, nous entendrons toujours qu'on multiplie a par b, le produit par c, et le nouveau produit par d, ce qui donne le produit $abcd$. Et par *multiplier* a tour à tour par plusieurs autres b, c, d, nous entendrons qu'on multiplie a par b, puis a par c, et ensuite a par d, ce qui donne les trois produits ab, ac, ad.

9. On indique ordinairement les puissances en écrivant la quantité une seule fois, et en mettant à sa droite, un peu au-dessus, le nombre qui marque combien de fois elle est facteur : ce nombre qu'on appelle *exposant* ou *indice* de la puissance, en marque donc aussi le degré (8). Ainsi,

Au lieu de	On écrit	Qu'on énonce
aa . . .	a^2,	a deux ;
bbb . . .	b^3,	b trois ;
$8.8.8.8$ . .	8^4,	8 puissance 4 ;
$(a+b)(a+b)$	$(a+b)^2$,	$(a+b)$ puissance 2.

Donc, $a^3 = a.a.a$; $(a-b)^3 = (a-b)(a-b)(a-b)$; $6^4 = 6.6.6.6$; $(x+y-z)^2 = (x+y-z)(x+y-z)$.

La quantité a^m, produit de m facteurs égaux à a s'énonce a *puissance* m, et non pas am, que l'on confondrait avec $a.m$.

10. Il faut bien se garder de confondre le coefficient avec l'exposant. Dans $5a$, le nombre 5 est un coefficient, et dans a^5, il est un exposant. Or, $5a = a + a + a + a + a$, tandis que $a^5 = a.a.a.a.a$: donc $5a$ et a^5 sont, en général, des quantités fort différentes.

11. On appelle *racine* d'un degré quelconque d'une quantité, une autre quantité qui, étant élevée à la puissance marquée par ce degré, reproduit la quantité proposée. Toutefois, la *racine* 1re n'est autre chose que la quantité même.

La racine 2e, d'une quantité, qu'on appelle communément *racine carrée*, est une autre quantité qui étant *carrée*, reproduit la quantité proposée ; la *racine* 3e d'une quantité, nommée ordinairement racine *cubique*, est une autre quantité qui étant *cubée*, reproduit la quantité proposée ; etc.

12. Pour indiquer une racine à extraire, on fait précéder la quantité du signe $\sqrt{}$, qu'on appelle *radical*, dans l'ouverture duquel on écrit le nombre qui marque le degré de la racine ; ce nombre s'appelle aussi *indice de la racine*, ou *exposant du radical*. Pour la racine carrée, il est d'usage de supprimer l'indice. On pose $\sqrt[1]{}, \sqrt{}, \sqrt[3]{}, \sqrt[4]{}, \ldots$ selon qu'on veut indiquer une racine 1re, ou carrée, ou cubique, ou 4e,... Ainsi, on écrit

$$\sqrt[1]{8} = 8, \quad \text{car } 8^1 = 8 \ (N^o \ 8);$$

$$\sqrt{(a+b)^2} = a+b, \text{ car } (a+b)(a+b) = (a+b)^2;$$

$$\sqrt[3]{125} = 5, \quad \text{car } 5^3, \text{ ou } 5.5.5 = 125;$$

$$\sqrt[4]{a^4} = a, \quad \text{car } a.a.a.a = a^4; \text{ etc.}$$

Leçon III. — **Égalité, Inégalité, Polynome, . . . : définitions, notations.**

13. L'ensemble de deux quantités séparées par le signe $=$, forme ce qu'on appelle une *égalité* : $8.4 - 3 = 29$ est une égalité. — Si les quantités ne sont pas égales, et qu'on les sépare par le signe $>$ ou $<$, qui s'énonce *plus grand que*, ou *plus petit que*, on a une *inégalité* : $8^2 > 60$, $x < 4$, sont des inégalités. — Dans l'égalité, comme dans l'inégalité, la quantité à gauche du signe est le premier membre, et la quantité à droite le second.

14. Une expression algébrique prend différents noms, suivant le nombre des termes qu'elle contient. On appelle *monome*, celle qui ne contient qu'un seul terme, comme $2ab$; *binome*, celle qui en a deux, comme $a+b$; *trinome*, celle qui en a trois, comme $a^2 - 2ab + b^2$;... et en général, *polynome*, celle qui en contient plusieurs, quel qu'en soit le nombre. Ainsi, $a+b, a^2+2ab+b^2$, $a^3 + 3a^2b + 3ab^2 + b^3$, sont des polynomes.

15. Un polynome *homogène* est celui dont tous les termes sont de même degré; alors, le degré de chaque terme est aussi celui du polynome. Or, le *degré* d'un terme est le nombre de ses facteurs, abstraction faite du coefficient. Ainsi, $a^3 - 3a^2b + 3ab^2 - b^3$ est un polynome homogène du 3e degré, car tous ses termes sont de ce degré; mais $5ab - 3a^2b^2 + 2a^3b^2c$ n'est pas homogène, car le premier terme est du 2e degré; le second est du 4e, et le troisième, du 6e.

16. Pour faciliter les calculs, on dispose les termes d'un polynome de manière que les exposants d'une même lettre aillent toujours en diminuant, ou toujours en augmentant, en passant d'un terme au suivant : c'est ce qu'on appelle *ordonner un polynome par rapport à une lettre* ; et cette lettre se nomme *lettre ordonnatrice*, ou *lettre principale*. Ainsi $a^3 - 3a^2b + 3ab^2 - b^3$ est ordonné par rapport à a.

Le polynome est ordonné par rapport aux puissances *croissantes*, ou *décroissantes*, selon que les exposants de la lettre principale augmentent ou diminuent. Ainsi, $a^3 + 3a^2b + 3ab^2 + b^3$ est ordonné par rapport aux puissances décroissantes de a ; il l'est aussi par rapport aux puissances croissantes de b ; et l'on doit remarquer ici que les termes qui ne contiennent pas la lettre principale, se placent les derniers, si l'on ordonne par rapport aux puissances décroissantes ; ils se placent les premiers dans le cas contraire.

17. On appelle quantités *rationnelles*, celles qui ne renferment pas de radical ; *irrationnelles* ou *radicales*, celles qui contiennent un ou plusieurs radicaux ; *entières*, celles qui ne contiennent ni dénominateur ni radical ; et *fractionnaires*, celles qui contiennent un ou plusieurs dénominateurs, mais point de radical. *Exemples.*

Quantités ration^{es} et entières $5a^2 + 3b, \quad a^2 + 2ab + b^2$;

Quantités ration^{es} et fraction^{es} $a + \dfrac{b}{c}, \quad \dfrac{a^2 - b^2}{m - n}$;

Quantités radicales $a + 2\sqrt[3]{b}, \quad m + \sqrt{mn} + n.$

18. On appelle *quantités semblables*, ou *termes semblables*, ceux qui contiennent les mêmes lettres affectées des mêmes exposants : les termes semblables ne peuvent donc différer que par le signe et le coefficient. Ainsi, dans $3a^2 - 5ab + 6b^2 - 7a^2 + 8ab - 9b^2,$ les termes $3a^2$ et $-7a^2$ sont semblables ; il en est de même de $-5ab$ et $+8ab$, et encore de $+6b^2$ et $-9b^2$.

19. Le signe $+$ et le signe $-$ sont appelés signes *contraires*. Il est évident que deux quantités égales et de signes contraires se détruisent : ainsi, $a - a$ se réduit à *zéro*.

20. Soient les deux nombres 9 et 4 : on peut décomposer 9 en deux parties $5 + 4$; et alors, selon qu'on ôte 4 de 9, ou 9 de 4, on a (**19**)

$$9 - 4 = 5 + 4 - 4 = 5,$$
$$\text{ou } 4 - 9 = 4 - 4 - 5 = 0 - 5 = -5,$$

et les deux restes 5 et $- 5$, de signes contraires, sont l'un *positif*, l'autre *négatif*. En général on appelle *quantités positives*, celles qui sont précédées du signe $+$, ou qui n'ont aucun signe, comme 5, c'est-à-dire $+ 5$ (n° **4**) ; et *quantités négatives*, celles qui sont précédées du signe $-$, comme $- 5$. Ces dernières proviennent de soustractions dans lesquelles la quantité à soustraire surpasse celle dont on doit la retrancher : ne pouvant alors effectuer la soustraction dans le sens indiqué, on ôte la plus petite de la plus grande, et l'on marque ce changement d'ordre par le signe $-$ placé devant le reste.

Si un négociant qui possède une somme s, fait un gain de g, et ensuite une perte de p, il possèdera $s + (g - p)$: son avoir primitif s sera augmenté si g surpasse p, et diminué dans le cas contraire. Dans le premier cas, $g - p$ est positif, dans le second il est négatif : ainsi, pendant que la quantité positive représente une augmentation, la quantité négative représente une diminution.

Leçon IV. — Application de la Notation algébrique.
Formules.

21. Pour faire comprendre l'utilité des signes algébriques, résolvons maintenant ce problème très-simple : *Trouver deux nombres dont la somme soit 1000, et la différence 36.*

Si nous ne faisons pas usage des signes algébriques, nous pouvons dire : La différence des deux nombres étant 36, le plus grand est égal au plus petit plus 36 ;

donc la somme des deux est égale à *deux* fois le plus petit, plus 36 ; donc, si de la somme 1000, nous ôtons 36, nous aurons un reste 964, qui contiendra deux fois le plus petit ; donc, le plus petit est la moitié de 964, ce qui fait 482, et le plus grand 482 plus 36, ou 518. — En effet, la somme des deux nombres 482 et 518 est 1000, et leur différence 36.

En employant les signes algébriques, nous dirons :

Le plus petit nombre demandé étant x,

Le plus grand sera . . . , . $x + 36$,

Et la somme des deux . . . $2x + 36$,

D'où il suit que . . . . . $2x + 36 = 1000$;

donc, en ôtant 36 de part et d'autre, on a $2x = 964$,

et de là on tire . . . . . $x = \dfrac{964}{2} = 482$.

Ainsi, nombres demandés : 482, et $482 + 36 = 518$.

Mais résolvons le problème d'une manière générale : *Trouver deux nombres dont la somme soit* s, *et la différence* d.

SOLUTION. Le plus petit nombre demandé étant x,

Le plus grand sera . . . $x + d$,

Et la somme des deux . . $2x + d$,

D'où il suit que . . . $2x + d = s$;

donc, ôtant d de part et d'autre . . . $2x = s - d$,

et de là on tire . . . . $x = \dfrac{s - d}{2}$,

résultat qui nous montre que pour trouver le plus petit nombre x, il faut ôter la différence d de la somme s, et prendre la moitié du reste. — Pour trouver le plus grand, il suffit d'ajouter la différence d au plus petit.

22. La valeur $\dfrac{s - d}{2}$, trouvée ci-dessus, est ce qu'on appelle une *formule* : ainsi, *une formule* est un tableau qui indique quelles opérations on doit effectuer sur les données, pour obtenir l'inconnue.

On peut maintenant donner aux quantités s, d, des

valeurs déterminées, et l'on obtiendra pour l'inconnue des valeurs particulières. Soient 1° $s = 1000$, $d = 36$; 2° $s = 1234$, $d = 179$: on aura

$$1° \quad x = \frac{s-d}{2} = \frac{1000-36}{2} = \frac{964}{2} = 482 \; ;$$

$$2° \quad x = \frac{s-d}{2} = \frac{1234-179}{2} = \frac{1055}{2} = 527\tfrac{1}{2}.$$

23. Remplacer par des nombres particuliers les données exprimées au moyen de lettres, c'est ce qu'on appelle *mettre une formule en nombres*. — Autres *Exemples*.

I. On a $x = a+b+c+d$; $y = a+b+(c+d)$: Trouver x, y, lorsque $a=20$, $b=13$, $c=7$, $d=5$.

Rép. $x = 20+13+7+5 = 33+7+5 = 40+5 = 45$; $y = 20+13+(7+5) = 33+12 = 45$.

II. On a $x = a-b+c-d$; $y = a-(b+c-d)$: Trouver x, y, lorsque $a=30$, $b=9$, $c=8$, $d=7$.

Rép. $x = 30-9+8-7 = 21+8-7 = 29-7 = 22$; $y = 30-(9+8-7) = 30-(17-7) = 30-10 = 20$.

III. On a $x = ab+bc-cd$; $y = 2a\,(b+c)\,(3c-d)$: Trouver x, y, lorsque $a=7$, $b=3$, $c=8$, $d=2$.

Rép. $x = 7.3+3.8-8.2 = 21+24-16 = 29$; $y = 2.7.(3+8).(3.8-2) = 14.11.22 = 3388$.

IV. On a $x = a^2+2ab+b^2$; $y = c^3+3c^2d+3cd^2+d^3$: Trouver x, y, lorsque $a=6$, $b=4$, $c=9$, $d=1$.

Rép. $x = 6^2+2.6.4+4^2 = 36+48+16 = 100$; $y = 9^3+3.9^2.1+3.9.1^2+1^3$ $= 729+243+27+1 = 1000$.

V. On a $x = \dfrac{a^4 - 4a^3b + 6a^2b^2 - 4ab^3 + b^4}{a^2-2ab+b^2}$:

Trouver la valeur de x, lorsque $a=10$, et que $b=8$.

$$\text{Rép.} \quad x = \frac{10^4 - 4.10^3.8 + 6.10^2.8^2 - 4.10.8^3 + 8^4}{10^2 - 2.10.8 + 8^2}$$

$$= \frac{10\,000 - 32\,000 + 38\,400 - 20\,480 + 4096}{100 - 160 + 64}$$

$$= \frac{52\,496 - 52\,480}{164 - 160} = \frac{16}{4} = 4.$$

VI. On a $x = \{[(ab+c)\,d+e]\,f-g\}\,h-k$:

Trouver la valeur de x, lorsque $a=2$, $b=3$, $c=4$, $d=5$, $e=6$, $f=7$, $g=8$, $h=9$, et $k=10$.

$$\text{Rép.} \quad x = \{[(2.3+4).5+6].7-8\}.9-10$$

$$= \{[50+6].7-8\}.9-10$$

$$= \{56.7-8\}.9-10 = 384.9-10 = 3446.$$

VII. On a $x = \dfrac{ac^2}{d} - \dfrac{b^2}{c} + \left\{\dfrac{c}{bd} + \dfrac{b^2}{a+b}\right\} \sqrt{(a+b)f}$:

Que vaut x, si $a=2$, $b=6$, $c=48$, $d=4$, $f=8$?

$$\text{Rép.} \quad x = \frac{2.48^2}{4} - \frac{6^2}{48} + \left\{\frac{48}{6.4} + \frac{6^2}{2+6}\right\} \sqrt{(2+6).8}$$

$$= 1152 - \frac{3}{4} + \frac{13}{2} \cdot \sqrt{64}$$

$$= 1151\tfrac{1}{4} + \frac{13}{2}.8 = 1203\tfrac{1}{4}.$$

CHAPITRE II. — CALCUL ALGÉBRIQUE.

Addition, Soustraction, Multiplication, Division, Puissances des Monomes et des Polynomes.

24. On appelle *Calcul algébrique*, les transformations qu'on fait subir aux quantités données pour obtenir le résultat.

Leçon I. — Réduction.

25. *La Réduction* est l'opération par laquelle on exprime par une seule toutes les quantités semblables (**18**).

26. *Pour faire la réduction, lorsque toutes les quantités semblables ont le signe $+$, il suffit d'ajouter ensemble les coefficients, de donner le signe $+$ à la somme, et de conserver les mêmes lettres avec les mêmes exposants.*
Par exemple, $3a^4b^2 + 5a^4b^2 + 4a^4b^2$ donne $+12\,a^4b^2$.

En effet, on a d'une part 3 fois a^4b^2, d'une autre 5 fois, d'une autre 4 fois la même quantité ; on a donc en tout 3 fois $+$ 5 fois $+$ 4 fois, ou 12 fois la même quantité a^4b^2 : donc il faut écrire $+12\,a^4b^2$.

Ainsi, on trouvera aisément que

$$ab^2 + 3ab^2 + 9ab^2 + 10ab^2 + 2ab^2 + 7ab^2 = +32ab^2\,;$$
$$a^2x^3 + \tfrac{1}{2}a^2x^3 + \tfrac{2}{3}a^2x^3 + \tfrac{3}{4}a^2x^3 + \tfrac{5}{6}a^2x^3 = +\tfrac{15}{4}a^2x^3\,;$$
$$3a^mb^n + 7a^mb^n + \tfrac{1}{5}a^mb^n + a^mb^n + \tfrac{1}{2}a^mb^n = +\tfrac{117}{10}a^mb^n.$$

27. *Pour faire la réduction, lorsque toutes les quantités semblables ont le signe $-$, il suffit d'ajouter ensemble les coefficients, de donner le signe $-$ à la somme, et de conserver les mêmes lettres affectées des mêmes exposants.*
Par exemple, $-3a^4b^2 - 2a^4b^2 - 6a^4b^2 - a^4b^2$ se réduit à $-12a^4b^2$.

En effet, on doit soustraire d'une part 3 fois la quantité a^4b^2, d'une autre part 2 fois, d'une autre 6 fois, et d'une autre 1 fois la même quantité ; on doit donc soustraire en tout 3 fois $+$ 2 fois $+$ 6 fois $+$ 1 fois, ou 12 fois la même quantité a^4b^2 : donc, il faut écrire $-12a^4b^2$.

Autres Exemples :

$$-4a^2b - 3a^2b - a^2b - 9a^2b - a^2b - 12a^2b = -30a^2b\,;$$
$$-7xy^2z^3 - \tfrac{5}{7}xy^2z^3 - \tfrac{2}{3}xy^2z^3 - 9xy^2z^3 = -\tfrac{365}{21}xy^2z^3\,;$$
$$-\tfrac{1}{2}x^n - \tfrac{3}{4}x^n - 8x^n - \tfrac{1}{3}x^n - x^n - \tfrac{5}{12}x^n = -11x^n.$$

28. En général, *pour faire la réduction des quantités semblables, on ajoute ensemble d'une part tous les coefficients de celles qui ont le signe* +, *et d'une autre part tous les coefficients de celles qui ont le signe* — ; *on retranche le plus petit résultat du plus grand, et l'on donne au reste le signe du plus grand : on écrit ensuite les même lettres avec les mêmes exposants.* Soit, par exemple, la quantité

$$7a^4b^3 - 6a^4b^3 + 8a^4b^3 + 2a^4b^3 - a^4b^3 :$$

la somme des coefficients positifs est 17 ; celle des coefficients négatifs est 7 ; ôtant 7 de 17, j'ai 10 : ainsi la quantité proposée se réduit à $+ 10a^4b^3$.

En effet, la somme des termes positifs est $+ 17a^4b^3$ **(26)** ; celle des termes négatifs est $- 7a^4b^3$ **(27)** : donc la quantité proposée revient à $17a^4b^3 - 7a^4b^3$, qui peut s'écrire $10a^4b^3 + 7a^4b^3 - 7a^4b^3$. Or, $7a^4b^3 - 7a^4b^3$ se réduit à zéro **(19)** : donc notre expression se réduit à $+ 10a^4b^3$.

De même, si nous avons l'expression

$$8a^5b^2 - 9a^5b^2 + 2a^5b^2 - 11a^5b^2 - 3a^5b^2 :$$

Réunissant les coefficients positifs, nous aurons 10 ; puis les coefficients négatifs, nous aurons 23 ; ôtant 10 de 23, nous aurons 13 : ainsi la quantité proposée se réduit à $- 13a^5b^2$. En effet, la somme des termes positifs est $+ 10a^5b^2$; celle des termes négatifs est $- 23a^5b^2$ **(27)** ; la quantité proposée revient donc a $+ 10a^5b^2 - 23a^5b^2$, qui peut s'écrire $10a^5b^2 - 10a^5b^2 - 13a^5b^2$. Or, $10a^5b^2 - 10a^5b^2$ se réduit à zéro : donc, notre expression se réduit à $- 13a^5b^2$.

On trouvera donc aisément que

$$9ax^2 - 4ax^2 + ax^2 + 3ax^2 - 5ax^2 = + 4ax^2 ;$$
$$7a^2b^3 - 3a^2b^3 + 6a^2b^3 - 10a^2b^3 = 0 ;$$
$$\tfrac{2}{3}ab - \tfrac{3}{4}ab - ab + \tfrac{1}{2}ab - \tfrac{1}{6}ab = - \tfrac{3}{4}ab ;$$
$$- \tfrac{1}{3}x^2y^3z^4 + \tfrac{1}{2}x^2y^3z^4 + \tfrac{3}{4}x^2y^3z^4 - \tfrac{4}{5}x^2y^3z^4 = + \tfrac{7}{60}x^2y^3z^4.$$

Leçon II. — Addition algébrique.

29. *L'Addition algébrique est une opération qui a pour but de trouver une quantité qui renferme à elle seule toutes les parties de plusieurs autres quantités:* le résultat de cette opération s'appelle *somme algébrique.*

30. Pour faire l'addition algébrique, il suffit *d'écrire à la suite les uns des autres, et avec leurs signes, tous les termes des quantités que l'on veut ajouter ensemble ; puis on fait la réduction,* s'il y a lieu. Par exemple, si l'on ajoute $b - c$ à la quantité a, on aura pour somme

$$a + b - c.$$

En effet, en ajoutant b à la quantité a, nous aurons évidemment $a + b$; or, ce n'est pas b, mais $b - c$, ou b diminué de c, qu'il faut ajouter à a ; la somme $a + b$ est donc trop forte de c : donc la somme demandée est $a + b - c$, ce qui démontre la règle énoncée, et qu'on indique ainsi

$$a + (b - c) = a + b - c.$$

31. De même, $a + (-c) = a - c$,
car, $a + (b - c) = a + b - c$, comme nous venons de le dire (**30**); or, en ajoutant $b - c$, on ajoute b de trop ; donc la somme $a + b - c$ est trop forte de b : il faut donc effacer ce terme, et l'on a $a - c$ pour la somme demandée,

Autres Exemples d'Addition.

I. Si $A = a + b + c$, et $B = c - d - e + f$,

On a $A + B = a + b + 2c - d - e + f$.

II. Si $A = 2a + b$, $B = 3a - b + c$, et $C = -5b + 2c$,

On a $A + B + C = 5a - 5b + 3c$.

III. Si $A = 3a^2 + 2ab + b^2$, et $B = 4a^2 + 5ab - 3b^2$,

On a $A + B = 7a^2 + 7ab - 2b^2$.

IV. Si $A = 6a^5 - 4a^4b + 8a^3b^2 - 10a^2b^3$,   la somme

$ B = 9a^4b - 6a^3b^2 + 12a^2b^3 - 15ab^4$, $A + B + C$

$ C = -12a^3b^2 + 8a^2b^3 - 16ab^4 + 20b^5$,

est égale à $6a^5 + 5a^4b - 10a^3b^2 + 10a^2b^3 - 31ab^4 + 20b^5$.

32. REMARQUE I. Quoique l'on donne le nom de *somme* au résultat de l'addition algébrique, ce mot n'implique pas toujours, comme en arithmétique, l'idée d'augmentation : il y a au contraire diminution, toutes les fois que la quantité ajoutée à la première est négative.

REMARQUE II. Il sera bon que les commençants s'habituent de bonne heure à *ordonner* par rapport à une même lettre (**16**), les polynomes sur lesquels ils doivent effectuer les calculs, ainsi que les résultats auxquels ils parviennent : les opérations en deviendront plus commodes à exécuter.

Leçon III. — Soustraction algébrique.

33. *La Soustraction algébrique est une opération par laquelle, deux quantités étant données, on en trouve une troisième qui, ajoutée algébriquement à celle qu'on veut retrancher, reproduit celle dont on veut retrancher.* Le résultat de cette opération s'appelle *reste, excès* ou *différence*.

Ainsi, retrancher b de a, c'est trouver une quantité qui, ajoutée à b, donne a : le reste est donc $a - b$, car

$$b + (a - b) = b + a - b = a \ (\textbf{30, 19}).$$

Retrancher $- b$ de a, c'est trouver une quantité qui, ajoutée à $- b$, donne a : le reste est donc $a + b$, car

$$- b + (a + b) = - b + a + b = a$$

Retrancher $b - c$ de a, c'est trouver une quantité qui, ajoutée à $b - c$, donne a : le reste est donc $a - b + c$, car

$$b - c + (a - b + c) = b - c + a - b + c = a,$$

ce qui peut encore se démontrer de cette manière : Si l'on retranche b de a, on a évidemment pour reste $a - b$; or, ce n'est pas b, mais $b - c$, ou b diminué de c, qu'il faut retrancher de a; en ôtant b tout entier, on a donc ôté c de trop ; donc le reste $a - b$ est trop petit de c : donc le vrai reste est $a - b + c$.

34. En général, pour faire la soustraction algébrique, il suffit *d'écrire la quantité dont on veut soustraire*, et de *placer à la suite celle que l'on veut soustraire, en donnant à chaque terme de celle-ci un signe contraire :* la quantité que l'on formera ainsi, sera *le reste*. Il est évident, en effet, qu'en ajoutant algébriquement cette quantité à la quantité à retrancher, on aura celle dont on veut retrancher :

$$\begin{array}{ll}
\text{Par exemple, si de..} & a - b + c, \\
\text{on retranche.........} & c + 2b - 3a, \\
\text{on aura pour reste....} & a - b + c - c - 2b + 3a ; \\
\text{car, en y ajoutant.....} & \qquad\quad c + 2b - 3a, \\
\text{on trouve...........} & a - b + c : \\
\text{donc (\textbf{33}), le reste est..} & a - b + c - c - 2b + 3a, \\
\text{ou, en réduisant......} & 4\,a - 3b.
\end{array}$$

Autres Exemples de Soustraction.

I. Lorsque $A = a - b$, et que $B = d - f$,

On a $\qquad A - B = (a - b) - (d - f) = a - b - d + f$.

II. Lorsque $C = -a - b + c$, et que $D = -d - e - f$,

On a $\qquad C - D = -a - b + c + d + e + f$.

III. Lorsque $x = a^2 - 2ab + b^2$, et que $y = 3ab + 2b^2$,

On a $\qquad x - y = a^2 - 5ab - b^2$.

IV. Si $A = x^4 + 4x^3 y + 6x^2 y^2 + 4xy^3 + y^4$;$\quad$ on

$\qquad B = 3x^4 - 2x^3 y + x^2 y^2 - 4xy^3 - 2y^4$;$\quad$ aura

$\qquad C = 16x^4 - 32x^3 + 24x^2 y^2 - 8xy^3 + y^4$;

$A + B - C = -12x^4 + 34x^3 y - 17x^2 y^2 + 8xy^3 - 2y^4$.

$A - B + C = 14x^4 - 26x^3 y + 29x^2 y^2 + 4y^4$;

$A - B - C = -18x^4 + 38x^3 y - 19x^2 y^2 + 16xy^3 + 2y^4$.

35. Nous voyons (par l'*Exemple I*, ci-dessus) que

$$a - b - (d - f) = a - b - d + f :$$

Donc, $\qquad a - b - d + f = a - b - (d - f)$.

On trouverait de la même manière que

$$a^2 - 2ab + b^2 - c^2 = a^2 - 2ab - (- b^2 + c^2) ;$$
$$a^2 + 3ab - b^2 + c^2 = a^2 + 3ab - (b^2 - c^2) ;$$
$$ac^2 - ad^2 - bc^2 + bd^2 = ac^2 - ad^2 - (bc^2 - bd^2) :$$

Ainsi, *un polynome peut toujours être considéré comme le reste d'une soustraction :* pour trouver la quantité dont on a soustrait, on prend ce que l'on veut de termes du polynome ; la quantité à soustraire se compose alors des termes restants, à chacun desquels on donne un signe contraire. En effet, pour faire la soustraction, il faudra (**34**) changer de nouveau les signes de tous les termes à soustraire, ce qui reproduira le polynome proposé. Pour nouvel exemple, soit le polynome $a^5 - a^4x + a^3x^2 - a^2x^3 + ax^4 - x^5$: il peut être regardé comme le reste de chacune des soustractions indiquées suivantes :

$$a^5 - (a^4x - a^3x^2 + a^2x^3 - ax^4 + x^5)$$
$$a^5 - a^4x - (- a^3x^2 + a^2x^3 - ax^4 + x^5)$$
$$a^5 + a^3x^2 + ax^4 - (a^4x + a^2x^3 + x^5)$$
$$-a^4x - a^2x^3 - x^5 - (- a^5 - a^3x^2 - ax^4) \text{ etc., etc.}$$

Leçon IV. — Multiplication des Monomes.

36. *La Multiplication algébrique est une opération par laquelle on prend une quantité appelée multiplicande autant de fois qu'il y a d'unités dans une autre appelée multiplicateur.* Le résultat de la multiplication s'appelle *produit*.

37. Multiplier une quantité par 2, 3, 4,... *n*, c'est donc prendre 2 fois, 3 fois, 4 fois,... *n* fois cette quantité. Ainsi,

$$+ a \times 3 = + a + a + a = + 3a \dots\dots\dots \quad [1] ;$$
$$- b \times 3 = - b - b - b = - 3b \dots\dots\dots \quad [2].$$

Le signe — étant le contraire du signe +, il s'ensuit que,

$+a \times 3$ donnant $+3a$, on a $+a \times -3 = -3a$ [3];
et que $-b \times 3$ donnant $-3b$, on a $-b \times -3 = +3b$ [4].

Ces résultats nous montrent que : *Si le multiplicande et le multiplicateur ont le même signe, le produit a le signe $+$* ([1] et [4]); *s'ils ont différents signes, le produit a le signe $-$* ([2] et [3]). Telle est la RÈGLE DES SIGNES, que l'on résume ordinairement comme il suit :

$$+ \times + \text{ donne } +; \qquad + \times - \text{ donne } -;$$
$$- \times + \text{ donne } -; \qquad - \times - \text{ donne } +.$$

Ainsi (3), $+a \times +b = +ab; \qquad +a \times -b = -ab;$
$-a \times +b = -ab; \qquad -a \times -b = +ab.$

38. Avant de passer plus loin, nous rappellerons quelques principes démontrés ailleurs (*Arith.* G. M. F. B., **96**, **97**, **100**), et dont l'application est continuelle en algèbre.

I. *Le produit d'un nombre quelconque de facteurs reste le même, quel que soit l'ordre dans lequel on effectue la multiplication.* Ainsi.

$4abcd$, ou $4.a.b.c.d. = 4.b.a.c.d. = 4.c.a.d.b.$
$= 4.d.c.a.b. = 4.a.d.c.b. = \ldots$

Donc, lorsqu'un produit est indiqué, on peut intervertir l'ordre des facteurs, et les arranger de la manière qu'on juge la plus convenable pour l'objet qu'on a en vue.

II. *Pour multiplier* PAR *un produit, on peut multiplier le multiplicande successivement par tous les facteurs du multiplicateur.* Ainsi pour multiplier par le produit $4ab$, on peut multiplier le multiplicande par 4, le produit par a, et le second produit par b : on n'opère pas autrement en algèbre.

III. *Pour multiplier un produit, il suffit de multiplier* UN *de ses facteurs, sans rien changer aux autres.* Ainsi, pour multiplier le produit $4ab$, par le nombre 3, par exemple, il suffit de multiplier le facteur 4, ce qui donne $12ab$; pour multiplier $12ab$ par a, il suffit de multiplier le facteur a, ce qui donne $12a^2b$ (**9**); etc.

Ces principes sont d'une haute importance, et les commençants doivent faire en sorte de ne les point perdre de vue. — Revenons à notre objet.

39. Il y a quatre règles pour la multiplication des monomes : celle des signes (**37**), celle des coefficients, celle des lettres et celle des exposants.

40. RÈGLE DES COEFFICIENTS : *Pour avoir le coefficient du produit, on forme le produit de tous les coefficients des facteurs.* Par exemple, $3a \times 4b$ donne $12ab$.

En effet, pour multiplier $3a$ par $4b$, on peut multiplier $3a$ par 4, et le produit par b (**38**, II); or, pour multiplier $3a$ par 4, il suffit de multiplier le facteur 3 par 4 (**38**, III), ce qui donne $12a$; maintenant, multipliant par b, on a $12ab$ (**3**).

41. RÈGLE DES LETTRES : *Il faut écrire dans le produit toutes les lettres différentes qui sont dans les facteurs.* Par exemple, $7abc \times 4df$ donne $28\,abcdf$.

En effet, le coefficient du produit est 28 par la règle des coefficients (**40**); et, pour multiplier par les lettres df, il suffit de les écrire à la suite des autres (**3**).

42. RÈGLE DES EXPOSANTS : *Il faut donner à chaque lettre un exposant égal à la somme des exposants de cette lettre dans tous les facteurs.* Par exemple, $5a^6b^4 \times 4a^3b^2$ donne $20a^9b^6$.

En effet pour multiplier $5a^6b^4$ par $4a^3b^2$, il suffit de multiplier le multiplicande $5a^6b^4$ successivement par les trois facteurs 4, a^3, et b^2 (**38**, II). Or, en multipliant par 4, on a $20a^6b^4$ (**38**, III). Pour multiplier par a^3, il suffit de multiplier un des facteurs par a^3 : on choisit a^6, qui multiplié par a^3, c'est-à-dire, par aaa, ou trois fois successivement par a, donne a^9 : le produit de $20a^6b^4$ par a^3 est donc $20a^9b^4$.

Enfin pour multiplier par b^2, il suffit de multiplier un des facteurs par b^2 : on choisit b^4 qui, multiplié par b^2, c'est-à-dire par bb, ou deux fois successivement par b, donne b^6 : le produit de $20a^9b^4$ par b^2, ou le produit cherché, est donc $20a^9b^6$.

43. Pour faire la multiplication des monomes, on observe d'abord la règle des signes (**37**), ensuite celle des coefficients (**40**), puis celle des lettres (**41**), et enfin celle des exposants (**42**). — *Exemples :*

I. $+ 3a^2b \times + 5ab^3 = + 15a^3b^4.$

II. $+ 7a^3bc^2 \times - 2ab^3c = - 14a^4b^4c^3.$

III. $- 2ab \times 4a^2bc \times - 3abc^2d = + 24a^4b^3c^3d.$

IV. $6x^3 \times 5ax^2 \times - 8mn \times - xy = + 240amnx^6y.$

V. $- 3ab^2 \times - 4ab^3 \times \frac{1}{4} a^2b^2 \times - \frac{1}{3} a^3b^3 = - a^7b^{10}.$

VI. $a^2bc^2d \times - \frac{4}{5} abcd \times - \frac{5}{6} ab^2c^3d^4 = + \frac{2}{3} a^4b^4c^6d^6.$

44. On voit 1° que si l'on a un nombre *pair* de facteurs négatifs, leur produit, aura le signe $+$; et si le nombre de ces facteurs est *impair*, leur produit aura le signe $-$; 2° que si on change le signe d'un nombre *pair* de facteurs, il n'y aura rien de changé dans le produit ; mais que si on change le signe d'un nombre *impair* de facteurs, le signe du produit sera changé.

En effet 1°, $- a \times - b \times - c \times - d$

équivaut à $+ ab \times + cd = + abcd;$

Et $- a \times - b \times - c \times - d \times - e.$

est le même que $+ ab \times + cd \times - e = - abcde.$

2° $a \times - b \times - c \times d = - a \times b \times - c \times d;$

Mais $a \times - b \times - c \times d = + abcd,$

tandis que $a \times - b \times - c \times - d = - abcd.$

De là il résulte que $- a$ élevé à une puissance de degré pair donnera $+$; et que $- a$ élevé à une puissance de degré impair donnera $-$. Par exemple,

$(- a)^4 = - a \times - a \times - a \times - a = + a^4 ;$

$(- a)^5 = - a \times - a \times - a \times - a \times - a = - a^5.$

Mais examinons avec quelque détail ce qui concerne les puissances des monomes.

Leçon V. — Puissances des Monomes.

45. *Pour élever un produit à une puissance quelconque, il suffit d'élever chacun de ses facteurs à cette puissance.* Par exemple, $(abcd)^3 = a^3b^3c^3d^3.$

En effet (**8, 9**), $(abcd)^3 = abcd \times abcd \times abcd$
$$= a^3 b^3 c^3 d^3.$$

46. *Pour élever à une puissance quelconque une lettre affectée d'un exposant, il suffit de multiplier son exposant par le nombre qui marque le degré de la puissance :* ce nombre s'appelle *indice* de la puissance. Par exemple,

$$(a^2)^3 = a^6.$$

En effet (**42**), $(a^2)^3 = a^2 \times a^2 \times a^2 = a^6.$

47. En résumé, pour élever une quantité monome à une puissance quelconque, il faut 1° *écrire le signe* $+$, *si l'indice est pair* (*), *et le signe de la quantité, si l'indice est impair* (**44**) ; il faut 2° *élever chacun des facteurs à la puissance proposée* (**45,46**). *Exemples.*

I. $(\ 2ab^2\ )^2 = 4a^2 b^4$; $(- 3a^2 b)^3 = - 27a^6 b^3$;

II. $(- 4x^2 y)^4 = 256 x^8 y^4$; $(\ 5abc^2\ )^2 = 25a^2 b^2 c^4$;

III. $(- 4a^3 b^2 cd^2)^3 = - 64a^9 b^6 c^3 d^6$;

IV. $(- 2a^2 bc)^2 = 4a^4 b^2 c^2$; $(3a^5 b^4)^4 = 81a^{20} b^{16}$;

V.   En général, $(a^m b^n c^p)^x = a^{mx} b^{nx} c^{px}.$

48. Si le degré de la puissance est un nombre composé (**), en le décomposant en facteurs, l'élévation peut se faire successivement : pour cela, *on élève la quantité à la puissance marquée par un des facteurs ; puis, le résultat à la puissance marquée par un second facteur ;* ensuite *le nouveau résultat à la puissance marquée par un troisième facteur, et ainsi de suite,* jusqu'à ce que tous les facteurs soient employés. Soit A une quantité à élever à la puissance *mnp :* je dis qu'on peut l'élever à la puissance *m*, le résultat à la puissance *n*, et le nouveau résultat à la puissance *p*.

En effet, la puissance *m* de A est A^m ;

la puissance *n* de A^m est $(A^m)^n = A^{mn}$ (**46**) ;

et la puissance *p* de A^{mn} est $(A^{mn})^p = A^{mnp}$:

(*) Il ne faut pas oublier que toute quantité qui n'est précédée d'aucun signe *écrit*, est censée avoir le signe $+$.

(**) Un *nombre composé* est un nombre entier qui n'est pas premier : 4, 6, 8, 9, 10, 12,... sont des nombres composés.

Donc, *si le degré de la puissance est un nombre composé,*
etc. Par conséquent, comme $4 = 2.2$, que $6 = 2.3,\ldots$
pour élever une quantité à la puissance 4e, on peut
l'élever à la 2e, et le résultat à la 2e; pour l'élever à la
6e puissance, on peut l'élever à la 2e, et le résultat à la
3e;... ce que l'on exprime ainsi

$$A^4 = \left[(A)^2 \right]^2; \quad A^6 = \left[(A)^2 \right]^3; \ldots$$

49. *Pour élever une quantité à une puissance quelconque,
on peut en décomposer le degré en plusieurs parties, élever
la quantité à la puissance marquée par chacune de ces
parties séparément, puis former le produit de tous les résultats.* Soit A une quantité à élever à la puissance m
$+ n + p$: je dis qu'on peut élever A à la puissance m,
élever A à la puissance n, élever A à la puissance p,
puis multiplier le premier résultat A^m par le second A^n,
et le produit par le troisième A^p.

En effet, on a $\quad A^m \times A^n \times A^p = A^{m+n+p}$ **(42)**.

On voit donc que si l'on demandait la 11e puissance
de 2, comme $11 = 9 + 2$, on pourrait former la 9e puissance, et la multiplier par la 2e. Pour avoir la 9e, comme
$9 = 3.3$, on forme la 3e puissance de 2, ce qui donne
8; puis la 3e de 8, et l'on a 512, pour la 9e puissance de 2
(48) : multipliant par 4, deuxième puissance, on obtient
2048, pour la 11e puissance demandée, ce que l'on peut
indiquer ainsi d'une manière abrégée

$$2^{11} = 2^9 \times 2^2 = \left[(2)^3 \right]^3 \times 2^2 = 512 \times 4 = 2048.$$

Autres Exemples.

I. $8^5 = 8^2 \times 8^3 = 64 \times 512 = 32\,768.$

II. $6^7 = 6^4 \times 6^3 = \left[(6)^2\right]^2 \times 6^3 = 1296 \times 216 = 279\,936.$

III. $5^{10} = 5^2 \times 5^3 \times 5^5 = 25 \times 125 \times 3125 = 9\,765\,625.$

ou $= 5^4 \times 5^4 \times 5^2 = 625 \times 625 \times 25 = $ etc.

50. Nous savons qu'une puissance quelconque de 10
est égale à l'unité suivie d'autant de zéros qu'il y a
d'unités dans l'indice de la puissance (*Arith.* G. M. F.
B., **107**) : *Exemples* :

$$10^2 = 100; \quad 10^3 = 1000; \quad 10^4 = 10000; \ldots$$
$$10^n = 1 \text{ suivi de } n \text{ zéros.}$$

De là il suit qu'*un certain nombre de dizaines élevé à une puissance quelconque, donne la valeur absolue de ce nombre de dizaines élevé à la puissance proposée, suivie d'autant de zéros qu'il y a d'unités dans l'indice de la puissance.* Par exemple, 340^3, c'est-à-dire, *le cube de 34 dizaines,* $=$ le cube de 34, suivi de 3 zéros.

En effet, $340 = 34 \times 10;$

donc (**45**), $340^3 = (34 \times 10)^3 = 34^3 \times 10^3$
$$= 34^3 \times 1000 :$$

Ainsi, pour trouver le cube de 340, on peut cuber **34** et multiplier le cube par 1000, c'est-à-dire écrire 3 zéros à la suite du résultat (*Arith.* G. M. F. B., **108**). — En effectuant l'opération on trouve $340^3 = 39\,304\,000$.

Leçon VI. — Multiplication des Polynomes.

51. *Pour faire la multiplication des Polynomes, il faut multiplier tous les termes du multiplicande par chaque terme du multiplicateur, suivant les règles de la multiplication des monomes* (**37, 40, 41, 42**). On commence ordinairement par la gauche. On réunit ensuite tous les produits partiels et l'on a le produit total demandé.

Si nous voulons le produit de . . . . . $a - b$
par. . . . . $c - d,$
nous remarquerons que si le multiplicateur était, par exemple, $8 - 3$, ou 5, on pourrait prendre 8 fois le multiplicande, et 3 fois le multiplicande, puis ôter le second résultat du premier; on aurait ainsi le produit demandé : donc, pour multiplier $a - b$ par $c - d$, prenons c fois $a - b$, et du résultat ôtons d fois $a - b$.

Pour prendre c fois le multiplicande $a - b$, il faut multiplier a par c, ce qui donne ac, et ôter de ce résultat b multiplié par c, ou bc. En effet, le multiplicande n'est pas a, mais $a - b$, c'est-à-dire a diminué de b; ainsi a est trop fort de b; donc à chaque fois que l'on prend a, on prend b de trop; et puisque a a été pris c fois, b a été pris c fois de trop; donc ac est trop fort de bc : donc le produit du multiplicande par c est $ac - bc$.

Le produit de $a - b$ par d est $ad - bd$, comme le montre un raisonnement tout semblable au précédent. — Concluons donc que

$$(a - b) \times (c - d) = ac - bc - (ad - bd)$$
$$= ac - bc - ad + bd \ (34).$$

On voit donc que $a \times c = ac$, et que $- b \times - d = + bd$, en sorte que les termes affectés du même signe ont donné un produit positif.

On voit aussi que $- b \times c = - bc$, et que $a \times - d = - ad$, en sorte que les termes affectés de signes différents ont donné un produit négatif.

Par conséquent *tous les termes du multiplicande ont été multipliés par chaque terme du multiplicateur, selon les règles données pour les monomes* isolés : ainsi, la règle donnée ci-dessus se trouve démontrée.

52. La formule $(a - b) (c - d) = ac - bc - ad + bd$, ayant été trouvée indépendamment de la règle des signes des monomes **(37)**, peut servir à confirmer cette règle : pour cela, exprimons par un monome chacune des différences $a - b$, et $c - d$, ce qui fait quatre cas à considérer : ces différences sont toutes deux positives, ou toutes deux négatives; ou bien, la première est positive et la seconde négative; ou enfin, la première est négative et la seconde positive

1° Si $b = 0$, et $d = 0$,   on a $(a - b) (c - d) = a \times c$;

or, $(a - b) (c - d) = ac - bc - ad + bd$;

donc aussi $a \times c = ac - bc - ad + bd$.

Mais, évidemment, puisque $b = 0$ (zéro), et que $d = 0$, chacun des produits $- bc$, $- ad + bd$, est égal à 0 : donc $a \times c = + ac$.

2° Si $a = 0$, et $c = 0$, on a $(a - b) (c - d) = - b \times - d$;

or, $(a - b) (c - d) = ac - bc - ad + bd$;

donc aussi $- b \times - d = ac - bc - ad + bd$;

Mais, puisque $a = 0$, et que $c = 0$, chacun des produits ac, $-bc$, $-ad$, est égal à 0 : donc $-b \times -d = +bd$.

On trouvera de même que,

3° Si $b = 0$, et $c = 0$, on a $a \times -d = -ad$;

4° Si $a = 0$, et $d = 0$, on a $-b \times c = -bc$:

et tous ces résultats sont d'accord avec la règle des signes donnée pour les monomes.— Nos *Exercices (Voir Multip. des Pol.)* contiennent une autre vérification de la même règle.

Il est nécessaire que les Elèves s'exercent sur un grand nombre d'exemples. En voici quelques-uns :

$$\begin{aligned}
\text{I.} \quad M^{de} &= 3a^3 - 2a^2b + 4ab^2 - 5b^3 \\
M^r &= 2a^2 + 3ab - 4b^2 \\[4pt]
\hline
& 6a^5 - 4a^4b + 8a^3b^2 - 10a^2b^3 \\
& \quad\; +9a^4b - 6a^3b^2 + 12a^2b^3 - 15ab^4 \\
& \qquad\quad -12a^3b^2 + 8a^2b^3 - 16ab^4 + 20b^5 \\[4pt]
\hline
\text{Prod.} &= 6a^5 + 5a^4b - 10a^3b^2 + 10a^2b^3 - 31ab^4 + 20b^5
\end{aligned}$$

II. $(a+b)\,(a-b) = a^2 - b^2$

III. $(a^2 + ab + b^2)\,(a-b) = a^3 - b^3$

IV. $(a^3 + a^2b + ab^2 + b^3)\,(a-b) = a^4 - b^4$

V. $(a^m + a^{m-1}b + a^{m-2}b^2 + \;\ldots\; + ab^{m-1} + b^m)$
$(a-b) = a^{m+1} - b^{m+1}$

VI. $(x+a)\,(x+b)\,(x+c)\,(x+d) = x^4 + ax^3 + bx^3$
$+ cx^3 + dx^3 + abx^2 + acx^2 + adx^2 + bcx^2$
$+ bdx^2 + cdx^2 + abcx + abdx + acdx + bcdx$
$+ abcd.$

53. Lorsque plusieurs termes d'un polynome sont affectés d'une même puissance de la lettre principale, on réunit ordinairement entre parenthèses ou en colonne, les multiplicateurs d'une même puissance. Ainsi, le produit précédent (*Ex. VI*) s'écrit des deux manières suivantes :

$$x^4 + (a + b + c + d)\, x^3 + (ab + ac + ad + bc + bd + cd)$$
$$x^2 + (abc + abd + acd + bcd)\, x + abcd;$$

$$\text{Et} \qquad x^4 + a \left|\, x^3 + ab \,\right| x^2 + abc \left|\, x + abcd \right.$$
$$+\, b \quad\;\; +\, ac \quad\; +\, ab\,d$$
$$+\, c \quad\;\; +\, ad \quad\; +\, acd$$
$$+\, d \quad\;\; +\, bc \quad\; +\, bcd$$
$$+\, bd$$
$$+\, cd$$

54. En général, *si plusieurs termes d'un polynome ont un facteur commun, on peut renfermer entre parenthèses, et avec leurs signes, les facteurs non communs, et multiplier le tout par le facteur commun.*

Ainsi, $\qquad a^2b + 3a^2c - 4a^2d^2 = (b + 3c - 4d^2)\, a^2,$

parce que **(51)** $\quad (b + 3e - 4d^2)\, a^2 \;= a^2b + 3a^2c - 4a^2d^2.$

On verra de même que

$$ac - bc + cd^2 + b^2 \qquad = (a - b + d^2)\, c + b^2;$$
$$-a^3b^2 + a^2bc - ab^2d + ab = (-a^2b + ac - bd + 1)\, ab\,;$$
$$ad^2 - ac^2 + bc^2 - bd^2 \;= (d^2 - c^2)\, a + (c^2 - d^2)\, b,$$

ou **(44, 2°)** $= (d^2 - c^2)\, a - (d^2 - c^2)\, b = (a - b)\, (d^2 - c^2).$

55. *La somme de deux quantités, multipliée par leur différence, donne pour produit la différence des carrés de ces quantités.*

En effet, $(a + b)\, (a - b) = a^2 - b^2.$

Or, $a + b$ est la somme, $a - b$ est la différence des deux quantités a et b, et $a^2 - b^2$ est la différence de leurs carrés : donc, *La somme* etc. Ainsi,

$$(a + x)\, (a - x) = a^2 - x^2$$
$$[a + (b - c)]\, [a - (b - c)] = a^2 - (b - c)^2$$
$$[(a+b)+(c+d)]\, [(a+b) - (c+d)] = (a+b)^2 - (c+d)^2.$$

Nota. Si l'élève ne se rend pas bien compte des deux dernières égalités, il devra effectuer les calculs indiqués de part et d'autre du signe $=$.

56. Réciproquement : *La différence des carrés de deux quantités est toujours égale à la somme de ces quantités multipliée par leur différence :* cela est évident.

$$1^*$$

Ainsi,
$$a^2 - b^2 = (a + b)(a - b)$$
$$m^2 - n^2 = (m + n)(m - n)$$
$$a^2 - (b - c)^2 = [a + (b - c)][a - (b - c)]$$
$$= (a + b - c)(a - b + c).$$

Cette décomposition de la différence des carrés de deux quantités est d'un usage très-fréquent : il importe donc aux commençants de ne la point oublier.

Leçon VII. — Puissances des Polynomes.

57. Pour avoir une puissance quelconque d'un polynome, il suffit **(8)** de former le produit d'autant de facteurs égaux à ce polynome, qu'il y a d'unités dans l'indice de la puissance. Par exemple,
$$(a + b - c)^3 = (a + b - c)(a + b - c)(a + b - c)$$
$$= a^3 + 3a^2b + 3ab^2 + b^3 - 3a^2c - 6abc$$
$$- 3b^2c + 3ac^2 + 3bc^2 - c^3.$$

En ordonnant par rapport à a, on peut écrire
$$(a + b - c)^3 = a^3 + \begin{vmatrix} 3b \\ -3c \end{vmatrix} a^2 + \begin{vmatrix} 3b^2 \\ +3c^2 \\ -6bc \end{vmatrix} a + \begin{matrix} b^3 \\ -3b^2c \\ +3bc^2 \\ -c \end{matrix}.$$

Mais remarquons particulièrement ce qui concerne les puissances des binomes.

58. On a 1°... $(x + a)^2 = x^2 + 2ax + a^2$,
ce qui fait voir que *le carré d'un binome renferme trois parties, savoir : le carré du premier terme, deux fois le premier terme multiplié par le second, et le carré du second;* et comme $x + a$ est la somme de deux quantités quelconques, il faut conclure du résultat précédent, que *le carré de la somme de deux quantités renferme trois parties, savoir : le carré de la première quantité,* PLUS *deux fois le produit de la première par la seconde,* PLUS *le carré de la seconde.*

$2^{\circ}\ldots\quad (x - a)^2 = x^2 - 2ax + a^2,$

ce qui montre que *le carré de la différence de deux quantités renferme trois parties, savoir : le carré de la première,* MOINS *deux fois le produit de la première par la seconde,* PLUS *le carré de la seconde.*

$3^{\circ}\ldots\quad (x + 1)^2 = x^2 + 2x + 1,$

ce qui montre que, si la différence de deux quantités est égale à l'unité, *le carré de la plus grande renferme le carré de la plus petite,* PLUS *le double de la plus petite,* PLUS 1.

59. On a $1^{\circ}\ldots (x + a)^3 = x^3 + 3ax^2 + 3a^2x + a^3,$

ce qui fait voir que *le cube d'un binome renferme quatre parties, savoir : le cube du premier terme, trois fois le carré du premier terme multiplié par le second, trois fois le premier terme multiplié par le carré du second, et le cube du second,* d'où il suit que *le cube de la somme de deux quantités renferme quatre parties, savoir : le cube de la première quantité,* PLUS *trois fois le carré de la première multiplié par la seconde,* PLUS *trois fois la première multipliée par le carré de la seconde,* PLUS *le cube de la seconde.*

$2^{\circ}\ldots\quad (x - a)^3 = x^3 - 3ax^2 + 3a^2x - a^3,$

ce qui montre que *le cube de la différence de deux quantités renferme quatre parties, savoir : le cube de la première quantité,* MOINS *trois fois le carré de la première multiplié par la seconde,* PLUS *trois fois la première multipliée par le carré de la seconde,* MOINS *le cube de la seconde.*

$3^{\circ}\ldots\quad (x + 1)^3 = x^3 + 3x^2 + 3x + 1,$

ce qui montre que, si la différence de deux quantités est égale à l'unité, *le cube de la plus grande renferme le cube de la plus petite,* PLUS *le triple carré de la plus petite,* PLUS *le triple de la plus petite,* PLUS 1.

60. Du carré, du cube d'un binome, on passe aisément au carré, au cube d'un polynome quelconque : pour cela, on considère le dernier terme du polynome comme le second d'un binome dont le premier terme est la somme algébrique de tous les autres. Ainsi, $a + b + c$, étant égal à $(a + b) + c$, nous aurons

$$(\mathbf{58,\ 1°}) \quad (a + b + c)^2 = (a + b)^2 + 2c\,(a + b) + c^2$$
$$= a^2 + 2ab + b^2 + 2ac + 2bc + c^2;$$

Et $(\mathbf{59,\ 1°})$
$$(a + b + c)^3 = (a + b)^3 + 3c\,(a + b)^2$$
$$+ 3c^2\,(a + b) + c^3 = a^3 + 3a^2b + 3ab^2 + b^3 + 3a^2c$$
$$+ 6abc + 3b^2c + 3ac^2 + 3bc^2 + c^3.$$

On aurait donc $(\mathbf{44,\ 1°})$

$$(a - b + c)^2 = a^2 - 2ab + b^2 + 2ac - 2bc + c^2;$$
$$\text{et}\quad (a - b - c)^3 = a^3 - 3a^2b + 3ab^2 - b^3 - 3a^2c + 6abc$$
$$- 3b^2c + 3ac^2 - 3bc^2 - c^3.$$

Leçon VIII. — Division des Monomes.

61. *La Division est une opération par laquelle, connaissant un produit et l'un de ses facteurs on trouve l'autre facteur.* — Le produit donné s'appelle *dividende*, le facteur connu s'appelle *diviseur*, et le facteur demandé *quotient :* le quotient est donc la quantité qui, multipliée par le diviseur, donne le dividende.

62. Si le dividende a le signe $+$, il faudra (**37** et **61**) que le diviseur et le quotient aient le même signe, pour que leur produit donne le dividende : donc, $+$ divisé par $+$ donne $+$, et $+$ divisé par $-$ donne $-$. Et si le dividende a le signe $-$, le diviseur et le quotient devront avoir des signes contraires : donc, $-$ divisé par $+$ donne $-$, et $-$ divisé par $-$ donne $+$.

63. Soit proposé de diviser $12a^5b^6c^2d$ par $4a^3b^2c^2$.

Si je connaissais le quotient, en le multipliant par $4a^3b^2c^2$, je trouverais $12a^5b^6c^2d$ (**61**) : donc, 1° le coefficient 12 du dividende est (**40**) le produit du coefficient 4 du diviseur par celui du quotient ; donc pour obtenir ce dernier, il faut diviser 12 par 4, ce qui donne 3 ;

2° L'exposant de chaque lettre dans le dividende est égal à l'exposant de cette lettre dans le diviseur, plus l'exposant de la même lettre dans le quotient (**42**); donc l'exposant de a dans le quotient sera $5 - 3$ ou 2, et celui de b sera $6 - 2$ ou 4;

3° La lettre c, ayant le même exposant dans le dividende et dans le diviseur, il est évident qu'elle ne peut être dans le quotient; il est encore évident que la lettre d, qui n'est point dans le diviseur doit être dans le quotient telle quelle est dans le dividende.

Ainsi, $12a^5b^6c^2d$ divisé par $4a^3b^2c^2$ donne $3a^2b^4d$.

64. Des considérations précédentes (**62** et **63**), résulte cette règle : *Pour diviser un monome par un monome, 1° on donne au quotient le signe $+$, si le dividende et le diviseur ont le même signe (**62**), et le signe $-$, s'ils ont des signes contraires; 2° on divise le coefficient du dividende par celui du diviseur (**63, 1°**), ce qui donne le coefficient du quotient; 3° on écrit chacune des lettres du dividende en ôtant de son exposant celui de la même lettre dans le diviseur (**63, 2°**); enfin 4°, si une lettre a le même exposant dans le dividende et le diviseur, on ne l'écrit pas dans le quotient (**63, 3°**); et toute lettre qui ne se trouve pas dans le diviseur, doit s'écrire dans le quotient telle qu'elle se trouve dans le dividende.* — Exemples :

I. $- 12a^5b^3cd \;:\; - 4a^2bc = + 3a^3b^2d$.

II. $18a^3b^2c^4d \;:\; 6a^3bc^2 = 3bc^2d$.

III. $-15a^4b^3cd \;:\; 3a^2bc = -5a^2b^2d$.

IV. $24a^6b^4c^3d^2 \;:\; -6a^3b^4c^2 = -4a^3cd^2$.

V. $40abcdmn \;:\; 10mn = 4abcd$.

VI. $100a^mb^nc^p \;:\; 20a^2b^3 = 5a^{m-2}b^{n-3}c^p$.

VII. $84a^{m+x}b^{n+y}c^{p+z} \;:\; 12a^xb^yc^z = 7a^mb^nc^p$.

VIII. $144a^mb^nc^p \;:\; 16a^xb^y = 9a^{m-x}b^{n-y}c^p$.

65. *Pour diviser un produit, il suffit de diviser un de ses facteurs sans rien changer aux autres.*

En effet, pour multiplier le résultat trouvé par le

diviseur, il suffira de multiplier le seul facteur divisé (**38, III**), ce qui reproduira le dividende : donc le résultat trouvé est le quotient cherché (**61**). Ainsi, $4a^3b^2$ divisé par a donne $4a^2b^2$, résultat qui s'obtient en divisant le seul facteur a^3 par le diviseur a.

66. *Pour diviser par un produit, on divise le dividende successivement par tous les facteurs du diviseur.* Ainsi, pour diviser par le produit $4a^2b^3$, on divise le dividende par **4**, le quotient par a^2, et le second quotient par b^3 : le troisième quotient est le résultat cherché.

En effet, pour multiplier ce troisième quotient par le diviseur $4a^2b^3$, il faudra le multiplier successivement par les trois facteurs 4, a^2, b^3 (**38, II**), ce qui reproduira le dividende (**61**).

NOTA. Ces principes, d'une application continuelle en Algèbre, sont d'ailleurs contenus dans la *Règle* de la Division des Monomes (**64**).

LEÇON IX. — Division des Polynomes.

67. *Pour diviser un polynome par un polynome, on écrit le diviseur à la droite du dividende, en les ordonnant l'un et l'autre par rapport à une même lettre* (**16**), *et on souligne le diviseur. On divise* ensuite *le premier terme du dividende par le premier terme du diviseur,* comme on divise un monome par un monome (**64**), et l'on a *le premier terme du quotient, on le place sous le diviseur. On multiplie tout le diviseur par ce premier terme, et l'on ôte le produit du dividende.* — Pour opérer commodément cette soustraction, on change le signe de chaque terme de ce produit, puis on l'écrit sous le dividende, et il ne reste plus que la réduction à faire (**34**). — *Le premier reste, étant ordonné comme le dividende, on en divise le premier terme par le premier du diviseur, ce qui donne le second terme du quotient, on l'écrit à la droite du premier. On multiplie tout le diviseur par ce second terme, et l'on ôte* *le produit du premier reste. — On divise ensuite le premier terme du second reste par le premier terme du diviseur, et l'on trouve le troisième terme du quotient, on l'écrit à la droite du second. On multiplie tout le diviseur par ce troisième terme, et l'on ôte le produit du second reste. —* On continue ainsi :

EXEMPLE. Diviser $12x^4 + 7x^3y + 6x^2y^2 + 20xy^3$ par $4x^2 + 5xy$.

Le dividende et le diviseur étant ordonnés par rapport à x, je divise $12x^4$ par $4x^2$, et je trouve $3x^2$ pour 1er terme du quotient.

$$
\begin{array}{l}
\quad 12x^4 + 7x^3y + 6x^2y^2 + 20xy^3 \\ \left. \begin{array}{l} 4x^2 + 5xy \\ \hline 3x^2 - 2xy + 4y^2 \end{array} \right. \\
\quad -12x^4 - 15x^3y \\ \hline
R_1 = \quad -8x^3y + 6x^2y^2 + 20xy^3 \\
\quad\quad\quad + 8x^3y + 10x^2y^2 \\ \hline
R_2 = \ldots\ldots\quad 16x^2y^2 + 20xy^3 \\
\quad\quad\quad\quad -16x^2y^2 - 20xy^3 \\ \hline
R_3 = \ldots\ldots\quad\quad 0
\end{array}
$$

Je multiplie tout le diviseur par $3x^2$, j'ai $12x^4 + 15x^3y$; changeant les signes, j'écris $-12x^4 - 15x^3y$ sous le dividende. Réduction faite, j'ai pour 1er reste $R_1 = -8x^3y + 6x^2y^2 + 20xy^3$, dont je divise le 1er terme $-8x^3y$ par le premier $4x^2$ du diviseur : j'obtiens $-2xy$ pour 2e terme du quotient. Le produit du diviseur par ce 2e terme est $-8x^3y - 10x^2y^2$; mais, changeant les signes, j'écris $+8x^3y + 10x^2y^2$ sous le 1er reste : la réduction donne pour 2e reste $R_2 = 16x^2y^2 + 20xy^3$. J'en divise le 1er terme $16x^2y^2$ par le premier $4x^2$ du diviseur : j'obtiens ainsi $4y^2$ pour 3e terme du quotient demandé. Multipliant tout le diviseur par $4y^2$, et ôtant le produit $16x^2y^2 + 20xy^3$ du 2e reste, j'ai *zéro* pour 3e reste. — L'opération est terminée, et le quotient est $3x^2 - 2xy + 4y^2$.

En effet, ayant ôté du dividende le produit du diviseur par $3x^2$; puis du premier reste, le produit du diviseur par $-2xy$; ensuite, du second reste, le produit du même diviseur par $4y^2$, comme il n'est rien resté, nous devons en conclure que le dividende est égal au produit du diviseur par $3x^2 - 2xy + 4y^2$: par conséquent, $3x^2 - 2xy + 4y^2$ est le quotient cherché (**61**).

Autres Exemples de Division des Polynomes.

I. $\dfrac{2x^3 + x^2 - 12x + 9}{x^2 + 2x - 3} = 2x - 3.$

II. $\dfrac{14a^5 - 27a^4b + 21a^3b^2 - 3a^2b^3 - 2ab^4}{2a^2 - 3ab + 2b^2} = 7a^3 - 3a^2b - ab^2$

III. $\dfrac{6a^5 + 5a^4b + 2a^3b^2 + 2a^2b^3 - 15ab^4}{3a^3 - 2a^2b + 4ab^2 - 5b^3} = 2a^2 + 3ab.$

IV. $\dfrac{a^2 + 2ac + c^2 - b^2 - 2bd - d^2}{a + b + c + d} = a - b + c - d.$

Ce dernier exemple présente une difficulté qui peut embarrasser les commençants. Dans le premier reste, on trouve trois termes, $- ab$, $+ ac$, $- ad$, affectés de la première puissance de la lettre principale a : or, il n'y a pas de raison de les écrire dans un ordre plutôt que dans un autre, et l'on peut réunir entre parenthèses les multiplicateurs de a, comme ci-dessous :

$$
\begin{array}{l}
\quad a^2 + 2ac + c^2 - b^2 - 2bd - d^2 \;\Big)\; \dfrac{a + b + c + d}{a - b + c - d} \\
\quad - a^2 - ab - ac - ad \\
\hline
R_1 = - ab + ac - ad + c^2 - b^2 - 2bd - d^2 \\
\text{ou} \quad (- b + c - d)\,a + c^2 - b^2 - 2bd - d^2 \\
\quad - (- b + c - d)\,a - c^2 + b^2 + 2bd + d^2 \\
\hline
R_2 = \quad \ldots\ldots\ldots \; 0
\end{array}
$$

Après avoir mis le premier reste sous la forme $(- b + c - d)\,a + c^2 -$ etc. (**54**), on divise $(- b + c - d)\,a$ par le premier terme a du diviseur, et on obtient tout d'un coup $- b + c - d$ (**61**). Multipliant le diviseur par $- b + c - d$, on trouve exactement le premier reste : donc le quotient cherché est $a - b + c - d$.

68. En général, lorsque plusieurs termes du dividende ou du diviseur sont affectés d'une même puissance de la lettre principale, on réunit entre parenthèses ou en colonne tous les multiplicateurs de cette puissance, et leur somme algébrique est regardée comme le coefficient de la puissance dont il s'agit. *Exemples :*

I. Diviser $x^3 + ax^2 + bx^2 + cx^2 + abx + acx + bcx + abc$ par $x + a$.

Trois termes du dividende sont affectés de x^2, trois autres contiennent x : je réunis en colonne les multiplicateurs de la même puissance, et j'effectue la division comme on le voit ci-dessous :

$$
\begin{array}{l}
x^3 \overset{+\,a}{\underset{+\,c}{+\,b}}\Big|\ x^2 \overset{+\,ab}{\underset{+\,bc}{+\,ac}}\Big|\ x + abc \quad \Big)\ \dfrac{x + a}{x^2 \underset{+\,c}{+\,b}\Big|\ x + bc} \\[2ex]
\underline{-\,x^3 - a\,|\,x^2} \\[1ex]
R_1 = \Big\{\ \overset{+\,b}{\underset{}{+\,c}}\Big|\ x^2 \overset{+\,ab}{\underset{+\,bc}{+\,ac}}\Big|\ x + abc \\[2ex]
\qquad\quad \underline{-\,b\,|\,x^2 \ -\,ab\,|\,x} \\
\qquad\quad \ -\,c\,|\qquad -\,ac\,| \\[1ex]
R_2 = \quad \ldots\ \underline{+\,bcx + abc} \\
\qquad\qquad\quad \underline{-\,bcx - abc} \\
R_3 = \quad \ldots\ldots\ldots\ 0
\end{array}
$$

Divisant x^3 par x, j'ai x^2 pour premier terme du quotient. Multipliant le diviseur par x^2, et ôtant le produit du dividende, j'obtiens le premier reste R_1. Pour diviser le premier terme de R_1 par le premier terme x du diviseur, il suffit de diviser le seul facteur x^2 (65), ce qui donne $+ (b + c)\,x$ pour second terme du quotient. Multipliant le diviseur par ce second terme (38, II), et ôtant le produit de R_1, je trouve R_2 ; etc.

II. Diviser $8a^3 + 28a^3b + 24a^3b^2 - 20a^2b^2 + 6a^2bc - 40a^2b^3 + 21a^2b^2c + 28abc^2 + 45ab^3c + 2ab^2c^2 - 63b^2c^3$ par $3a^2b + 2a^2 - 5ab^2 + 6abc + 7bc^2$.

Je dispose en colonne les multiplicateurs d'une même puissance de a, que je prends pour lettre principale : puis, j'exécute la division comme il suit :

$$
\begin{array}{l|l|l|l}
\begin{array}{r}24b^2 \\ +28b \\ +\,8 \end{array} &
\begin{array}{r}a^3-40b^3 \\ +21b^2c \\ -20b^2 \\ +\,6bc \end{array} &
\begin{array}{r}a^2+45b^3c \\ +\,2b^2c^2 \\ +28bc^2 \end{array} &
a-63b^2c^3
\end{array}
\quad
\left.\begin{array}{l|l|l}
\begin{array}{r}3b \\ +2 \\ \hline 8b \\ +4 \end{array} &
\begin{array}{r}a^2-5b^2 \\ +6bc \\ \hline a-9bc \end{array} &
a+7bc^2
\end{array}\right.
$$

$$
\begin{array}{l|l|l|l}
\begin{array}{r}-24b^2 \\ -28b \\ -\,8 \end{array} &
\begin{array}{r}a^3+40b^3 \\ -48b^2c \\ +20b^2 \\ -24bc \end{array} &
\begin{array}{r}a^2-56b^2c^2 \\ -28bc^2 \end{array} &
a
\end{array}
$$

$$
\mathbf{R_1} = \left\{
\begin{array}{l|l|l}
\begin{array}{r}-27b^2c \\ -18bc \end{array} &
\begin{array}{r}a^2+45b^3c \\ -54b^2c^2 \end{array} &
a-63b^2c^3
\end{array}\right.
$$

$$
\begin{array}{l|l|l}
\begin{array}{r}+27b^2c \\ +18bc \end{array} &
\begin{array}{r}a^2-45b^3c \\ +54b^2c^2 \end{array} &
a+63b^2c^3
\end{array}
$$

$$\mathbf{R_2} = \ldots\ldots\ldots\;0$$

Pour obtenir le premier terme du quotient, il faut diviser $(24b^2+28b+8)\,a^3$, premier terme du dividende, par $(3b+2)\,a^2$, premier terme du diviseur (**67**). Or, (**66**), pour diviser par $(3b+2)\,a^2$, il faut diviser par $3b+2$, et le quotient par a^2 ; et pour diviser $(24b^2+28b+8)\,a^3$, il suffit (**65**) de diviser l'un des facteurs de ce produit. Effectuant donc la division de $24b^2+28b+8$ par $3b+2$ (division partielle qui se fait à part), puis celle de a^3 par a^2, j'ai $(8b+4)a$, pour premier terme du quotient.

Pour multiplier le diviseur par ce premier terme, il suffit de multiplier chacun de ses termes par $8b+4$, et le produit par a (**38**, II) ; d'ailleurs, pour multiplier chacun de ces termes, il suffit de multiplier un de ses facteurs (**38**, III). On aura donc

1er prod. $(3b+2)(8b+4).a^2.a=(24b^2+28b+8)a^3$;

2^e $(-5b^2+6bc)(8b+4).a\;.a=(-40b^3+48b^2c-20b^2+24bc)a^2$

3e . . . . $7bc^2(8b+4)\,a\;\;=(56b^2c^2+28bc^2)a$:

ôtant ces trois produits du dividende, je trouve le premier reste R_1 ; etc.

Par ce qui précède, on voit que la somme algébrique des multiplicateurs d'une même puissance de la lettre principale doit être traitée comme le coefficient de cette puissance ; et, de plus, que ces multiplicateurs doivent être eux-mêmes ordonnés par rapport à une autre lettre dans le dividende, aussi bien que dans le diviseur.

69. Nous savons que $(a + b)(a - b) = a^2 - b^2$ **(55)** : par conséquent **(61)** $\dfrac{a^2 - b^2}{a - b} = a + b$.

En divisant $a^3 - b^3$ par $a - b$, on trouve a^2 pour premier terme du quotient, et, pour premier reste, $R_1 = a^2 b - b^3$. Si R_1 est divisible par $a - b$, il en sera de même de $a^3 - b^3$. Or, $a^2 b - b^3$ $= (a^2 - b^2)b$, et comme $(a^2 - b^2) : (a - b) = a + b$, il s'ensuit que $(a^2 - b^2)b : (a - b) = (a + b)b$; donc

$$\frac{a^3 - b^3}{a - b} = a^2 + (a + b)b = a^2 + ab + b^2.$$

On trouve de même que $a^4 - b^4$ divisé par $a - b$, donne a^3, avec un reste $a^3 b - b^4$, ou $(a^3 - b^3)b$. Or, d'après ce que nous venons de voir,

$$\frac{(a^3 - b^3)b}{a - b} = (a^2 + ab + b^2)b = a^2 b + ab^2 + b^3 :$$

donc, $\dfrac{a^4 - b^4}{a - b} = a^3 + a^2 b + ab^2 + b^3$.

D'où il faut conclure que

$$\frac{a^5 - b^5}{a - b} = a^4 + (a^3 + a^2 b + ab^2 + b^3) b$$
$$= a^4 + a^3 b + a^2 b^2 + ab^3 + b^4 ;$$
$$\frac{a^6 - b^6}{a - b} = a^5 + (a^4 + a^3 b + a^2 b^2 + ab^3 + b^4) b$$
$$= a^5 + a^4 b + a^3 b^2 + a^2 b^3 + ab^4 + b^5 ; \ldots$$

Et qu'en général,

$$\frac{a^m - b^m}{a - b} = a^{m-1} + a^{m-2} b + a^{m-3} b^2 + \ldots + ab^{m-2} + b^{m-1},$$

c'est-à-dire que *la différence des puissances semblables de deux quantités est toujours divisible par la différence de ces deux quantités.*

70. Il suit de là que $a^m - b^m$ est divisible par $a^n - b^n$ toutes les fois que m est un multiple de n. En effet, soit $m = np$; on aura $a^m = a^{np}$, et $b^m = b^{np}$: donc $a^m - b^m$ est la différence des puissances semblables des deux quantités a^n et b^n; ce cas est donc compris dans le précédent (**69**), et l'on a

$$\frac{a^m - b^m}{a^n - b^n} = a^{m-n} + a^{m-2n}b^n + a^{m-3n}b^{2n} + \ldots + a^n b^{m-2n} + b^{m-n},$$

Ce qu'il est aisé de vérifier dans les résultats suivants :

$$\text{I.} \quad \frac{a^8 - b^8}{a^2 - b^2} = a^6 + a^4 b^2 + a^2 b^4 + b^6$$

$$\text{II.} \quad \frac{512 a^9 - b^9}{8 a^3 - b^3} = 64 a^6 + 8 a^3 b^3 + b^6$$

$$\text{III.} \quad \frac{a^5 - b^{10}}{a - b^2} = a^4 + a^3 b^2 + a^2 b^4 + a b^6 + b^8$$

$$\text{IV.} \quad \frac{x^{15} - 1}{x^3 - 1} = x^{12} + x^9 + x^6 + x^3 + 1.$$

71. Terminons par deux remarques ce qui concerne la division des polynomes.

I. Si l'on donne un signe contraire au dividende, ou au diviseur, le quotient change de signe; mais il n'y a rien de changé au quotient, si l'on donne en même temps un signe contraire au dividende et au diviseur.

$$\text{Par exemple,} \quad \frac{a^2 - 2ab + b^2}{a - b} = a - b,$$

$$\text{tandis que} \quad \frac{a^2 - 2ab + b^2}{-a + b}, \text{ ou } \frac{-a^2 + 2ab - b^2}{a - b}, = -a + b;$$

$$\text{mais} \quad \frac{a^2 - 2ab + b^2}{a - b} = \frac{-a^2 + 2ab - b^2}{-a + b} = a - b;$$

$$\text{de même} \quad \frac{r^4 - 1}{r - 1} = \frac{1 - r^4}{1 - r} = r^3 + r^2 + r + 1,$$

$$\text{et} \quad \frac{ab(c - d)}{1 - b(m - n)} = \frac{ab(d - c)}{b(m - n) - 1}, \text{ etc.}$$

II. La division ne peut pas toujours s'effectuer sans

reste, ce qui a lieu llorsqu'on arrive à un reste où tous les exposants de la lettre principale sont moindres que le plus fort exposant de cette lettre dans le diviseur. — Alors on pourra placer le signe $+$ à la suite du quotient, puis, tirant une barre horizontale, écrire le reste au-dessus de cette barre, et le diviseur au-dessous : on aura ainsi la *fraction* qui complète le quotient. *Exemples :*

$$\frac{a^3 + 3a^2b + 4ab^2 + 3b^3}{a^2 + 2ab + b^2} = a + b + \frac{ab^2 + 2b^3}{a^2 + 2ab + b^2}$$

$$\frac{a^3 - 3a^2b - 4ab^2 + 5b^3}{a^2 - 2ab + b^2} = a - b + \frac{-7ab^2 + 6b^3}{a^2 - 2ab + b^2}$$

Mais il y a certains cas où il est utile de poursuivre la division : alors on obtient des termes fractionnaires en nombre illimité.

Ainsi
$$\frac{a}{a+b} = 1 - \frac{b}{a} + \frac{b^2}{a^2} - \frac{b^3}{a^3} + \frac{b^4}{a^4} - \cdots$$

et
$$\frac{a}{a-b} = 1 + \frac{b}{a} + \frac{b^2}{a^2} + \frac{b^3}{a^3} + \frac{b^4}{a^4} + \cdots$$

Dans ces cas, b étant supposé $< a$, les termes du quotient sont de plus en plus petits, et l'on n'en prend qu'autant qu'il est nécessaire pour arriver au degré d'exactitude que l'on se propose d'obtenir.

CHAPITRE III. — Fractions algébriques, exposant zéro, exposant négatif.

Leçon I. — Fractions algébriques.

72. On appelle *fractions algébriques*, des quantités algébriques de la forme $\frac{a}{b}$, $\frac{a^2 + b^2}{2a + b}$, ... qui indiquent le quotient d'une division, soit qu'on puisse l'effectuer sans reste; soit qu'on ne le puisse pas. Elles diffèrent des fractions numériques, en ce que dans celles-ci le numérateur et le dénominateur sont généralement des nombres entiers, au lieu que les termes a, b, $a^2 + b^2$,.... des fractions algébriques représentent des nombres quelconques.

73. *On ne change point la valeur d'une fraction algébrique en multipliant ou en divisant ses deux termes par une même quantité.* Ainsi, $\dfrac{a}{b}$ est de même valeur que $\dfrac{am}{bm}$.

En effet, désignant par z le quotient, quel qu'il soit, de a divisé par b, nous aurons

$$\frac{a}{b} = z, \qquad \text{d'où } a = bz \ \textbf{(62)} ;$$

multipliant par m de part et d'autre, il vient
$$am = bmz$$
divisant maintenant par bm de part et d'autre,

nous obtenons $\quad \dfrac{am}{bm} = z, \qquad$ ou $\dfrac{am}{bm} = \dfrac{a}{b}.$

On fait usage de cette propriété pour simplifier les fractions et pour réduire plusieurs fractions au même dénominateur.

74. Pour simplifier les fractions, on en divise les deux termes successivement par tous leurs facteurs communs. — *Exemples.*

$$x = \frac{ab}{bc} = \frac{ab : b}{bc : b} = \frac{a}{c}.$$

$$\text{II.} \quad y = \frac{6a^2bc}{8abd} = \frac{6a^2bc : 2ab}{8abd : 2ab} = \frac{3ac}{4d}$$

$$\text{III.} \quad z = \frac{30am^2 p}{18am^3 n} = \frac{30am^2 p : 6am^2}{18am^3 n : 6am^2} = \frac{5p}{3mn}.$$

75. Pour réduire plusieurs fractions au même dénominateur, on peut multiplier les deux termes de chacune par le produit des dénominateurs de toutes les autres. Mais si les dénominateurs ont des facteurs communs, on aura un dénominateur commun plus simple, en prenant chacun des facteurs premiers qui entrent dans les dénominateurs des fractions proposées et donnant à chacun l'exposant le plus fort dont il soit affecté dans son dénominateur. Alors, divisant le dénominateur commun par le dénominateur de chaque fraction, et multipliant chaque numérateur par le quotient qu'a donné son dénominateur, on aura les numérateurs correspondants. *Exemples :*

I. *Réduire au même dénominateur :* $\dfrac{a}{b}$, et $\dfrac{c}{d}$.

Réponse : $\dfrac{a}{b} = \dfrac{a.d}{b.d} = \dfrac{ad}{bd}$, et $\dfrac{c}{d} = \dfrac{c.b}{d.b} = \dfrac{bc}{bd}$.

II. *Réduire au même dénominateur :* $\dfrac{a}{b}$, $\dfrac{c}{d}$, et $\dfrac{m}{n}$.

Réponse : $\dfrac{adn}{bdn}$, $\dfrac{bcn}{bdn}$, et $\dfrac{bdm}{bdn}$

III. *Réduire au même dénominateur :* $\dfrac{3a}{8b^2}$, $\dfrac{5b^2c}{12a^3}$, $\dfrac{7mn}{30a^2b^3}$.

Les dénominateurs valent respectivement :

$$2^3.b^2, \quad 2^2.3.a^3, \quad 2.3.5.a^2.b^3 ;$$

donc, dénominateur commun $= 2^3.3.5.a^3b^3 = 120a^3b^3$.

Divisant $120a^3b^3$ par chacun des dénominateurs $8b^2$, $12a^3$, $30a^2b^3$, j'obtiens $15a^3b$, $10b^3$, $4a$; multipliant les numérateurs $3a$, $5b^2c$, $7mn$, respectivement par ces quotients, je trouve pour les fractions demandées

$$\frac{45a^4b}{120\,a^3b^3}, \quad \frac{50b^5c}{120a^3b^3}, \quad \frac{28amn}{120a^3b^3}.$$

IV. *Réduire au même dénominateur :* $\dfrac{4ab}{a-b}$, $\dfrac{2bc}{a+b}$, $\dfrac{3cd}{a^2-b}$.

Le dénominateur $a^2 - b^2 = (a + b)(a - b)$ **(56)** ; il contient donc les deux autres : c'est pourquoi nous le prendrons pour dénominateur commun, ce qui donnera pour les fractions demandées

$$\frac{4ab\,(a+b)}{(a-b)(a+b)}, \quad \frac{2bc\,(a-b)}{(a+b)(a-b)}, \quad \frac{3cd}{a^2-b^2}$$

c'est-à-dire, $\dfrac{4a^2b + 4ab^2}{a^2 - b^2}$, $\dfrac{2abc - 2b^2c}{a^2 - b^2}$, $\dfrac{3cd}{a^2 - b^2}$.

76. *Pour faire* L'ADDITION *des fractions algébriques, il faut les réduire au même dénominateur* (**75**), *si elles n'y sont pas; ensuite, donner à la somme algébrique des numérateurs le dénominateur commun.* Ainsi, $\dfrac{a}{m} + \dfrac{b}{m} + \dfrac{c}{m}$

$$= \dfrac{a + b + c}{m}$$

En effet, soient $\dfrac{a}{m} = z$, $\dfrac{b}{m} = z'$, $\dfrac{c}{m} = z''$;

on aura (**62**) $a = mz$, $b = mz'$, $c = mz''$;

donc $a + b + c = mz + mz' + mz''$,

ou bien (**54**) $= (z + z' + z'')\,m$;

Divisant par m de part et d'autre, il vient (**62**)

$$\dfrac{a + b + c}{m} = z + z' + z'',$$

c'est-à-dire, $\dfrac{a + b + c}{m} = \dfrac{a}{m} + \dfrac{b}{m} + \dfrac{c}{m} \ldots$ [1].

77. *Pour* RETRANCHER *une fraction algébrique d'une autre fraction, il faut les réduire l'une et l'autre au même dénominateur, si elles n'y sont pas; retrancher algébriquement le numérateur de la première de celui de la seconde, et donner au reste le dénominateur commun.* Ainsi,

$$\dfrac{a}{m} - \dfrac{b}{m} = \dfrac{a - b}{m} \ldots \text{[2]}$$

La démonstration est la même que la précédente (**76**).

78. Les formules [1] et [2] démontrent aussi que *pour diviser un polynome par un monome, il faut diviser chaque terme du polynome par le monome.* Exemples :

I. $\dfrac{2a^3 + 4a^2b - 5ab^2}{a} = \dfrac{2a^3}{a} + \dfrac{4a^2b}{a} - \dfrac{5ab^2}{a} = 2a^2 + 4ab - 5b^2$

II. $\dfrac{4ax^2 - 7a^2x + 6a^3}{4ax} = \dfrac{4ax^2}{4ax} - \dfrac{7a^2x}{4ax} + \dfrac{6a^3}{4ax},$

qui se réduit à **(62, 74)** $\qquad x - \dfrac{7a}{4} + \dfrac{3a^2}{2x}$.

79. *Pour faire la* MULTIPLICATION *des fractions algébriques, il faut multiplier numérateur par numérateur et dénominateur par dénominateur*, puis donner le second produit pour dénominateur au premier. Ainsi, $\dfrac{a}{b} \times \dfrac{c}{d} = \dfrac{ac}{bd}$.

En effet, soient $\dfrac{a}{b} = z$, $\quad \dfrac{c}{d} = z'$;

nous aurons **(62)** $\qquad a = bz, \quad c = dz'$;

donc $\qquad\qquad\quad ac = bdzz'$:

divisant de part et d'autre par bd, il vient

$$\frac{ac}{bd} = zz', \ \text{c'est-à-dire}, \ = \frac{a}{b} \times \frac{c}{d}.$$

80 *Pour faire la* DIVISION *des fractions algébriques, il faut multiplier le dividende par la fraction diviseur renversée.* Ainsi, $\dfrac{a}{b} : \dfrac{c}{d} = \dfrac{a}{b} \times \dfrac{d}{c} = \dfrac{ad}{bc}$.

En effet, $\dfrac{ad}{bc} \times \dfrac{c}{d} = \dfrac{acd}{bcd} = \dfrac{a}{b}$ **(74, 79)**

Remarquons que pour diviser une fraction par une fraction, on pourrait aussi *diviser numérateur par numérateur et dénominateur par dénominateur* ; mais on n'opère ordinairement ainsi que dans le cas particulier où les termes de la fraction dividende sont divisibles par ceux de la fraction diviseur. — *Exemples :*

$$\frac{ab}{cd} : \frac{b}{d} = \frac{ab : b}{cd : d} = \frac{a}{c}, \ \text{car} \ \frac{a}{c} \times \frac{b}{d} = \frac{ab}{cd};$$

$$\frac{2a^2bc^2}{3d^2m^3} : \frac{2abc}{dm^2} = \frac{2a^2bc^2 : 2abc}{3d^2m^3 : dm^2} = \frac{ac}{3dm}.$$

81. Dans les deux opérations précédentes **(79, 80)**, si l'une des quantités est entière, on peut lui donner l'unité pour dénominateur, puis opérer comme pour les fractions. *Exemples :*

I. $\qquad \dfrac{a}{b} \times c$, ou $c \times \dfrac{a}{b}$, $= \dfrac{a}{b} \times \dfrac{c}{1} = \dfrac{ac}{b}$.

II. $\quad \dfrac{a}{b} : c = \dfrac{a}{b} : \dfrac{c}{1} = \dfrac{a}{b} \times \dfrac{1}{c} = \dfrac{a}{bc}.$

III. $\quad \dfrac{a}{b} \times b = \dfrac{a}{b} \times \dfrac{b}{1} = \dfrac{ab}{b} = a.$

Ces exemples nous donnent lieu de remarquer, 1° que pour multiplier une fraction par une quantité entière, ou une quantité entière par une fraction, il suffit de multiplier le numérateur par l'entier, et de conserver le dénominateur (I); 2° que pour diviser une fraction par un entier, il suffit de multiplier le dénominateur par l'entier et de conserver le numérateur (II); 3° qu'en multipliant une fraction par une quantité égale à son dénominateur on obtient pour produit le numérateur, ou en d'autres termes : qu'en supprimant le dénominateur d'une fraction, on la multiplie par son dénominateur (III).

82. Quand on a une expression algébrique contenant un entier et une faction, pour la réduire en une seule fraction, il faut multiplier l'entier par le dénominateur, ajouter au produit le numérateur, et donner à la somme algébrique le dénominateur de la fraction.

Ainsi, $\quad a + \dfrac{m}{n} = \dfrac{an + m}{n}$

En effet **(78).** $\dfrac{an + m}{n} = \dfrac{an}{n} + \dfrac{m}{n} = a + \dfrac{m}{n}.$

De même, $a - \dfrac{1}{b} = \dfrac{ab - 1}{b}$, car $\dfrac{ab - 1}{b} = a - \dfrac{1}{b}.$

83. *Pour* ÉLEVER *une fraction algébrique* A UNE PUISSANCE *quelconque, il suffit d'élever à cette puissance le numérateur et le dénominateur.* Ainsi, la puissance 4ᵉ de $\dfrac{a}{b}$ est $\dfrac{a^4}{b^4}.$

En effet, $\left(\dfrac{a}{b}\right) = \dfrac{a}{b} \times \dfrac{a}{b} \times \dfrac{a}{b} \times \dfrac{a}{b} = \dfrac{a^4}{b^4}$ **(9, 79).**

On trouvera donc aisément que

$$\left(\frac{2a}{3b}\right)^2 = \frac{4a^2}{9b^2}; \quad \left(\frac{3a^2x}{4by^2}\right)^3 = \frac{27a^6x^3}{64b^3y^6};$$

$$\left(\frac{-5a^2b}{7mn^3}\right)^2 = \frac{25a^4b^2}{49m^2n^6}; \quad \left(\frac{-a}{b^2c}\right)^3 = \frac{-a^3}{b^6c^3} = -\frac{a^3}{b^6c^3};$$

$$\left(\frac{a+b}{c-d}\right)^3 = \frac{(a+b)^3}{(c-d)^3} = \frac{a^3 + 3a^2b + 3ab^2 + b^3}{c^3 - 3c^2d + 3cd^2 - d^3}.$$

84. En résumé, les fractions algébriques jouissent des mêmes propriétés, et sont soumises aux mêmes règles que les fractions numériques; c'est ce que l'on voit par tout ce que nous venons d'en dire **(73 à 84)**.

LEÇON II. — **Exposant zéro, Exposant négatif.**

85. Si l'on divise a^m par a^n, on obtient pour quotient a^{m-n} **(65)**. Or, 1° si $n = m$, on a

$$\frac{a^m}{a^n} = \frac{a^m}{a^m} = a^{m-m} = a^0.$$

D'un autre côté, le dividende et le diviseur étant égaux, il est évident que le quotient est 1 : donc $a^0 = 1$. Ainsi, *toute quantité dont l'exposant est* ZÉRO, *vaut* 1.

2° Si n surpasse m, si $n = m + p$, il vient

$$\frac{a^m}{a^n} = \frac{a^m}{a^{m+p}} = a^{m-m-p} = a^{-p};$$

mais

$$\frac{a^m}{a^{m+p}} = \frac{a^m}{a^m \times a^p} = \frac{1}{a^p} \quad (74):$$

il faut donc que $a^{-p} = \dfrac{1}{a^p}$: donc, *toute quantité affectée d'un exposant négatif est égale à l'unité divisée par cette quantité prise avec son exposant positif.* Ainsi,

$$a^{-2} = \frac{1}{a^2}; \quad b^{-3} = \frac{1}{b^3}; \quad c^{-m} = \frac{1}{c^m}; \dots$$

$$ab^{-2} = a \times b^{-2} = a \times \frac{1}{b^2} = \frac{a}{b^2};$$

et l'on voit par ce dernier exemple que les exposants négatifs permettent de passer de la forme entière à la forme fractionnaire, et réciproquement, de la forme fractionnaire à la forme entière. Autres exemples.

$$2.3^{-1} = \frac{2}{3}; \quad 5.7^{-1} = \frac{5}{7}; \quad 8^{-1} = \frac{1}{8};$$

$$a^2bc^{-2}d^{-1} = \frac{a^2b}{c^2d}; \quad \frac{xyz}{(a+b)} = (a+b)^{-1}xyz.$$

86. Les règles des exposants négatifs sont les mêmes que celles des exposants positifs (**42, 46, 65**).

1° On a $\quad a^{-m} \times a^{-n} = \dfrac{1}{a^m} \times \dfrac{1}{a^n} = \dfrac{1}{a^{mn}} = a^{-mn}$ (**85**)

On trouve de même $a^{-m} \times a^n = a^{n-m}$, et $a^m \times a^{-n} = a^{m-n}$: Ainsi, dans la *Multiplication,* il faut donner à chaque lettre un exposant égal à la *somme algébrique* des exposants de cette lettre dans tous les facteurs.

2° On a $a^{-m} : a^{-n} = \dfrac{1}{a^m} : \dfrac{1}{a^n} = \dfrac{1}{a^m} \times \dfrac{a^n}{1} = \dfrac{a^n}{a^m} = a^{n-m}.$

On trouve de même $a^{-m} : a^n = a^{-m-n}$, et $a^m : a^{-n} = a^{m+n}$: Ainsi, pour avoir l'exposant d'une lettre dans le quotient, il faut *ôter algébriquement* l'exposant de cette lettre dans le diviseur de l'exposant de la même lettre dans le dividende.

3° On a $\quad (a^{-m})^n = \left(\dfrac{1}{a^m}\right)^n = \dfrac{1}{a^{mn}} = a^{-mn};$

$$(a^m)^{-n} = \frac{1}{(a^m)^n} = \frac{1}{a^{mn}} = a^{-mn};$$

$$(a^{-m})^{-n} = \left(\frac{1}{a^m}\right)^{-n} = 1 : \left(\frac{1}{a^m}\right)^n = 1 : \frac{1}{a^{mn}} = a^{mn}:$$

Ainsi, dans les *Puissances*, il faut multiplier l'exposant de la quantité par l'indice de la puissance, *en observant la règle des signes* (**37**).

CHAPITRE IV. — ÉQUATIONS ET PROBLÈMES DU PREMIER DEGRÉ A UNE SEULE INCONNUE.

LEÇON I. — Généralités, Définitions.

87. L'équation est une égalité dont les deux membres renfermant une ou plusieurs inconnues, ne peuvent être égaux, que dans le cas où ces inconnues reçoivent certaines valeurs particulières qu'il faut déterminer. Les valeurs qui satisfont à une équation, s'appellent *racines* de cette équation. — Les expressions

$$2x + 3 = 3x - 7, \qquad 3x - 3 = 21,$$

sont des équations, qui ne peuvent être satisfaites qu'en faisant, dans la première, $x = 10$, et dans la seconde, $x = 8$: on dit donc que la première des deux équations ci-dessus a pour racine 10, et la seconde 8.

88. Une équation *numérique* est celle où les données sont représentées par des nombres ; et une équation *littérale* est celle où les données sont représentées par des lettres. — Il ne faut pas oublier que les données se représentent par les premières lettres de l'alphabet, et les inconnues, par les dernières (N° **2**). — Soient les deux équations

$$3x + 3 = 4x - 7, \qquad ax + m = bx - n :$$

la première est une équation numérique, et la seconde, une équation littérale.

89. Lorsque dans une équation il entre une seule quantité inconnue, on dit que cette équation est à une seule inconnue ; s'il en entre deux, elle est à deux inconnues ; si elle en contient trois, elle est à trois inconnues ; etc.

90. Lorsque dans une équation l'inconnue ne se trouve point dans les dénominateurs, et quelle ne passe point la première puissance, l'équation est dite du premier degré ; si la plus haute puissance de l'inconnue est le carré, l'équation est du second degré ; si c'est le cube, elle est du troisième degré ; etc. — Si l'équation est à plusieurs inconnues, le degré s'estime par la plus forte somme que puissent donner les exposants dans un même terme. — Soient les équations

$$1 \ldots \quad 4x + 5 = 9,$$
$$2 \ldots \quad 4x^2 + 2x + 9 = 40,$$
$$3 \ldots \quad 3x + 2y = 25,$$
$$4 \ldots \quad 9x^3 + 4x^2 - 7x = 72,$$
$$5 \ldots \quad 7xy - 4z = 12x + y,$$
$$6 \ldots \quad x^2 y + 3x - 15y = 100 :$$

la première est du premier degré, à une seule inconnue ; la seconde, du second degré, à une seule inconnue ; la troisième, du premier degré à deux inconnues ; la quatrième, du troisième degré à une seule inconnue ; la cinquième, du second degré à trois inconnues, et la sixième, du troisième degré, à deux inconnues.

91. On appelle *équation formulaire*, une équation littérale pouvant représenter toutes les équations numériques de même degré et du même nombre d'inconnues.

LEÇON II. — **Propriétés, transposition des termes, évanouissement des dénominateurs d'une équation.**

92. *On ne trouble point une équation en augmentant ou en diminuant également les deux membres ;* car il est évident que deux quantités étant égales, le sont encore lorsqu'on les augmente, ou qu'on les diminue également.

Soit l'équation $\qquad 2x + 9 = 5x - 20$: on aura,
par l'addition de 7, $\qquad 2x + 16 = 5x - 13$;
par la soustraction de 9, $\qquad 2x = 5x - 29$; etc.

93. Il suit de là qu'on *peut toujours faire passer un terme quelconque d'une équation d'un membre dans l'autre* ; et pour cela, *on l'efface dans le membre où il se trouve, et on l'écrit dans l'autre avec un signe contraire*, ce qui peut d'ailleurs se démontrer ainsi :

En effaçant un terme qui a le signe $+$, on diminue le membre où il se trouve : il faut donc diminuer l'autre membre de la même quantité, et pour cela l'y écrire avec le signe $-$. Au contraire, en effaçant un terme qui a le signe $-$, on augmente le membre où il se trouve : il faut donc augmenter l'autre de la même quantité, et pour cela l'y écrire avec le signe $+$.

Chaque terme peut donc changer de membre : par conséquent, on peut faire passer autant de termes que l'on veut d'un membre dans l'autre, sans troubler aucunement l'équation proposée — Soit l'équation

$$ax + by + m = cx - dy + n :$$

si l'on fait passer dans le premier membre tous les termes affectés des inconnues, et dans le second, tous les termes connus, on aura

$$ax + by - cx + dy = n - m.$$

On pourrait donc faire passer tous les termes dans un seul membre, et il resterait zéro dans l'autre. Ainsi, l'équation précédente revient à celle-ci

$$ax + by + m - cx + dy - n = 0.$$

94. *On ne trouble point une équation en changeant les signes de tous ses termes.*

Soit l'équation $\quad ax + by - m = cx - n$;
Je dis que $\qquad -ax - by + m = -cx + n.$

En effet, faisons passer tous les termes du premier membre dans le second, et tous ceux du second dans le premier ; nous aurons **(93)** $-cx + n = -ax - by + m$: or, la première quantité étant égale à la seconde, il est évident que la seconde est égale à la première :

donc $\qquad -ax - by + m = -cx + n.$

95. *On ne trouble point une équation en multipliant ou* *en divisant tous ses termes par un même nombre*, car deux quantités étant égales, le sont encore après qu'on les a multipliées ou divisées par le même nombre.

On fait usage de cette propriété pour simplifier une équation, et en faire disparaître les dénominateurs, lorsqu'elle en contient.

96. Pour simplifier une équation, il faut diviser tous les termes par le facteur qui leur est commun.

Soit l'équation $\qquad 12x + 8 = 16x - 20.$

tous les termes étant divisibles par 4, je supprime ce facteur, et j'ai la nouvelle équation $3x + 2 = 4x - 5.$

Il ne faut pas négliger cette simplification, lorsqu'elle est possible : le calcul devient ensuite moins pénible.

97. Pour faire disparaître les dénominateurs d'une équation, on réduit toutes les fractions au même dénominateur (**75**) ; on réduit aussi les entiers en fractions de la dénomination marquée par le dénominateur commun, puis on supprime ce dénominateur : cela ne trouble point l'équation, car (**81**, 3°), c'est multiplier tous ses termes par le dénominateur commun. — *Exemples.*

I. *Faire disparaître les dénominateurs de l'équation*

$$\frac{2}{3}x + \frac{3}{4} = x - 8\frac{1}{4}.$$

Le dénominateur commun $= 3.4 = 12$; comme $8\frac{1}{4} = \frac{33}{4}$, nous en conclurons

$$\frac{8}{12}x + \frac{9}{12} = \frac{12}{12}x - \frac{99}{12},$$

ou bien, $\qquad \dfrac{8x}{12} + \dfrac{9}{12} = \dfrac{12x}{12} - \dfrac{99}{12},$

ou simplement $\quad 8x + 9 = 12x - 99.$

II. *Faire disparaître les dénom. de l'équation*

$$\frac{1}{2}x + \frac{1}{3}x + \frac{1}{5}x = 31.$$

Le dénominateur commun $= 2.3.5 = 30$:

j'en conclus $$\frac{15}{30}x + \frac{10}{30}x + \frac{6}{30}x = \frac{930}{30}$$

ou simplement $15x + 10x + 6x = 930.$

III. *Faire disparaître les dénominateurs dans*

$$\frac{ax}{b} - c = \frac{dx}{e} - f.$$

Le dénominateur commun $= b \, . \, e = be$:

nous aurons donc $$\frac{aex}{be} - \frac{bce}{be} = \frac{bdx}{be} - \frac{bef}{be},$$

ou, simplement, $aex - bce = bdx - bef.$

IV. *Faire disparaître les dénominateurs dans*

$$\frac{x}{a+b} + \frac{x}{a-b} = a^2 + b^2.$$

Dénominateur commun, $(a + b)(a - b) = a^2 - b^2$:

ainsi, $$\frac{x(a-b)}{a^2-b^2} + \frac{x(a+b)}{a^2-b^2} = \frac{(a^2+b^2)(a^2-b^2)}{a^2-b^2},$$

ce qui donne $ax - bx + ax + bx = a^4 - b^4.$

LEÇON III. — **Résolution des Équations du premier degré,
à une seule inconnue.**

98. *Résoudre une Équation*, c'est en tirer la valeur de l'inconnue, ou des inconnues qu'elle renferme.

99. L'équation formulaire (**91**) du premier degré à une seule inconnue est $ax = b$, d'où l'on tire immédiatement

$$x = \frac{b}{a} :$$

Ainsi, *pour résoudre une équation du premier degré à une seule inconnue*, on la ramène d'abord à la forme $ax = b$, et pour cela, *on fait disparaître les dénominateurs s'il y en a ; puis on fait passer dans le premier membre tous les termes affectés de l'inconnue, et dans le second, tous les termes connus ; on fait la réduction : alors, divisant le second membre par la somme algébrique des quantités qui multiplient l'inconnue dans le premier, on a la valeur de l'inconnue.*

Soit l'équation
$$ax - b = \frac{bx}{c} - d :$$

elle revient à (**97**)
$$acx - bc = bx - cd,$$

ou bien à (**93**)
$$acx - bx = bc - cd,$$

ou encore, à (**54**)
$$x(ac - b) = bc - cd,$$

d'où l'on tire (**62**)
$$x = \frac{bc - cd}{ac - b},$$

ce qui montre que, *pour résoudre une équation,* etc.

Exemples.

I. *Résoudre l'équation* $5x - 4 = 7x - 48.$

Transposant, on a $\qquad 5x - 7x = 4 - 48 ;$

réduisant, il vient $\qquad\qquad -2x = -44.$

d'où
$$x = \frac{-44}{-2} = \frac{44}{2} = 22. \ (^*)$$

Pour vérifier, substituons cette valeur dans l'équation proposée, et nous aurons

$$5.22 - 4 = 7.22 - 48,$$

ou $\qquad\qquad 110 - 4 = 154 - 48,$

qui se réduit à $\quad 106 \ = \ 106.$

Il est bon que les commençants remarquent que si l'on remplace une inconnue par sa valeur calculée, et qu'on fasse la réduction dans chaque membre, on doit toujours arriver à une *identité*, c'est-à-dire à *une égalité évidente.* — Cette vérification est facile dans les équations numériques ; dans les équations littérales, elle est souvent laborieuse.

II. *Résoudre* $\quad \dfrac{2}{3}x - 14 + \dfrac{3}{4}x = x + \dfrac{1}{8}x.$

(^*) Quand le premier membre de l'équation est entièrement négatif, afin de le rendre positif, on change ordinairement tous les signes de l'équation.

Faisant disparaître les dénominateurs, on a (**98**)

$$16x - 336 + 18x = 24x + 3x;$$

transposant, j'ai $16x + 18x - 24x - 3x = 336,$

ou $7x = 336,$ d'où $x = \dfrac{336}{7} = 48.$

Pour vérifier, remplaçons x par la valeur calculée 48 : l'équation donnée devient

$$48 \times \frac{2}{3} - 14 + 48 \times \frac{3}{4} = 48 + 48 \times \frac{1}{8},$$

ou $32 - 14 + 36 = 48 + 6,$

qui donne l'identité $54 = 54.$

III. *Résoudre* $\dfrac{4}{5}x + \dfrac{2}{3} - 3x = x - 17.$

On a d'abord $12x + 10 - 45x = 15x - 255,$

puis $12x - 45x - 15x = -255 - 10,$

ou $-48x = -265,$ d'où $x = 5\,\dfrac{25}{48}.$

Vérification :   Remarquant que $x = \dfrac{265}{48}$, on aura

$$\frac{265}{48} \times \frac{4}{5} + \frac{2}{3} - \frac{265}{48} \times 3 = \frac{265}{48} - 17,$$

ou $\dfrac{212}{48} + \dfrac{32}{48} - \dfrac{795}{48} = \dfrac{265}{48} - \dfrac{816}{48},$

qui se réduit à $-\dfrac{551}{48} = -\dfrac{551}{48}.$

IV. *Résoudre* $ax + b = cx + d.$

On a $ax - cx = d - b,$

ou $x(a-c) = d - b,$ d'où $x = \dfrac{d-b}{a-c}.$

Pour vérifier, remplaçons x par sa valeur calculée : l'équation proposée devient (**81, 1°**)

$$\frac{(d-b)\,a}{a-c} + b = \frac{(d-b)\,c}{a-c} + d.$$

ou bien
$$\frac{(d-b)\,a+(a-c)\,b}{a-c} = \frac{(d-b)\,c+(a-c)\,d}{a-c},$$

qui donne
$$\frac{ad-ab+ab-bc}{a-c} = \frac{cd-bc+ad-cd}{a-c},$$

ce qui conduit à
$$\frac{ad-bc}{a-c} = \frac{ad-bc}{a-c}.$$

V. *Résoudre* $x - b = ax + d.$

On a $\qquad x - ax = b + d,$

ou bien, $\quad x\,(1-a) = b+d,\quad$ d'où $x = \dfrac{b+d}{1-a}.$

Vérification : $\quad \dfrac{b+d}{1-a} - b = \dfrac{(b+d)\,a}{1-a} + d,$

ou bien,
$$\frac{b+d}{1-a} - \frac{(1-a)\,b}{1-a} = \frac{(b+d)\,a}{1-a} + \frac{(1-a)\,d}{1-a},$$

qui donne
$$\frac{b+d-b+ab}{1-a} = \frac{ab+ad+d-ad}{1-a},$$

ce qui se réduit à
$$\frac{d+ab}{1-a} = \frac{d+ab}{1-a}.$$

VI. *Résoudre* $\dfrac{x}{a+b} + \dfrac{x}{a-b} = a^2+b^2.$

On a **(97)** $\qquad ax - bx + ax + bx = a^4 - b^4,$

ou $\qquad 2ax = a^4 - b^4,\quad$ d'où $x = \dfrac{a^4-b^4}{2a}.$

VII. *Résoudre* $\quad \dfrac{cx}{a} + \dfrac{a}{b} = \dfrac{ax}{c} + \dfrac{b}{a}.$

On a $\qquad bc^2x + a^2c = a^2bx + b^2c,$

ou, en transposant, $\quad bc^2x - a^2bx = b^2c - a^2c,$

d'où $\quad x = \dfrac{b^2c-a^2c}{bc^2-a^2b} = \dfrac{c(b^2-a^2)}{b(c^2-a^2)},$ ou $= \dfrac{c(a^2-b^2)}{b(a^2-c^2)}$ (N° **74**, I).

VIII. *Résoudre* $\quad a^2x - d = \dfrac{bd}{a-b} - abx - b^2x.$

On a $\quad a^3x - ad - a^2bx + bd = bd - a^2bx + ab^2x$
$- ab^2x + b^3x\,;$

puis, transposant et réduisant, $\quad a^3x - b^3x = ad,$

ou $\quad x(a^3 - b^3) = ad, \quad$ d'où $\quad x = \dfrac{ad}{a^3 - b^3}.$

IX. *Résoudre* $\quad 2a - \dfrac{2ac^2}{d^2} + x = \dfrac{ax}{b} + \dfrac{c^2x}{d^2} - \dfrac{ac^2x}{bd^2}.$

On a $\quad 2abd^2 - 2abc^2 + bd^2x = ad^2x + bc^2x - ac^2x,$

ou $\quad bd^2x - ad^2x - bc^2x + ac^2x = 2abc^2 - 2abd^2,$

d'où $\quad x = \dfrac{2abc^2 - 2abd^2}{bd^2 - ad^2 - bc^2 + ac^2},$

ou mieux, $\quad x = \dfrac{2ab(c^2 - d^2)}{a(c^2 - d^2) - b(c^2 - d^2)} = \dfrac{2ab}{a - b}.$

Vérification : Substituant dans l'équation proposée, on a

$$2a - \dfrac{2ac^2}{d^2} + \dfrac{2ab}{a - b} = \dfrac{2ab}{a - b} \cdot \dfrac{a}{b} + \dfrac{2ab}{a - b} \cdot \dfrac{c^2}{d^2} - \dfrac{2ab}{a - b} \cdot \dfrac{ac^2}{bd^2}.$$

J'effectue les multiplications indiquées ; je réduis tout au même dénominateur $(a - b)\,bd^2$, et j'ai, en n'écrivant que les numérateurs,

$$2a^2bd^2 - 2ab^2d^2 - 2a^2bc^2 + 2ab^2c^2 + 2ab^2d^2 = 2a^2bd^2 + 2ab^2c^2 - 2a^2bc^2$$

ou $\quad 2a^2bd^2 - 2a^2bc^2 + 2ab^2c^2 = 2a^2bd^2 - 2a^2bc^2 + 2ab^2c^2.$

LEÇON IV. — **Manière de mettre les Problèmes en Équation.** —
Problèmes du premier degré, à une seule inconnue.

Maintenant que nous savons tirer d'une équation du premier degré la valeur de l'inconnue qu'elle renferme, apprenons à mettre les problèmes en équation, et nous résoudrons aisément un grand nombre des questions particulières ou générales qui nous seront proposées.

100. Une question est *particulière*, lorsque les données sont représentées par des nombres : pour résoudre ces sortes de questions, on se sert d'équations numériques (88). En les résolvant, on trouve pour chaque inconnue, une ou plusieurs valeurs particulières.

Une question est *générale*, lorsque les données son

représentées par des lettres susceptibles de recevoir toutes les valeurs possibles. On se sert alors d'équations littérales, et l'on trouve pour chaque inconnue, non plus une valeur particulière, mais une valeur générale, *une formule* qui indique, quelles que soient les valeurs des quantités connues, les opérations à effectuer sur ces quantités, pour obtenir les inconnues.

101. Un problème peut être *déterminé, indéterminé,* ou *impossible.*

Le problème est *déterminé,* lorsqu'il n'admet qu'une valeur pour chaque inconnue ; il est *indéterminé,* lorsque chaque inconnue peut avoir plusieurs valeurs ; et il est *impossible,* lorsque les inconnues n'admettent aucune valeur. Dans ce dernier cas, les conditions de la question ne peuvent être remplies.

102. *Mettre un Problème en Équation,* c'est exprimer par une ou plusieurs équations les relations qui existent entre les données de la question, et les inconnues.

Pour mettre un problème en équation, *on représente la quantité ou les quantités demandées chacune par une lettre, et, ayant examiné avec soin l'état de la question, on fait à l'aide des signes algébriques, sur ces quantités et les quantités connues représentées par des nombres ou par des lettres, les mêmes raisonnements et les mêmes opérations que l'on ferait, si, connaissant la valeur des inconnues, on voulait les vérifier.* — EXEMPLES.

I. *Un berger étant interrogé sur le nombre de ses moutons, répondit : « Si j'en avais encore le tiers et de plus le » quart de ce que j'en ai, et 5 de plus, j'en aurais 100. » Trouver le nombre de moutons.*

Si je connaissais le nombre demandé, en y ajoutant le tiers, le quart, et de plus 5, j'aurais une somme égale à 100. Soit donc x ce nombre : nous aurons

$$x + \frac{x}{3} + \frac{x}{4} + 5 = 100 ;$$

donc (**97**) $12x + 4x + 3x + 60 = 1200,$

ou $19x = 1140,$ d'où $x = 60,$

et cette valeur est aisée à vérifier ; car le nombre de

moutons étant 60, nous aurons, comme le demande la question,

$$60 + \frac{60}{3} + \frac{60}{4} + 5, \quad \text{ou } 60 + 20 + 15 + 5, = 100.$$

Nous avertissons une fois pour toutes, que l'on doit toujours obliger les Elèves à vérifier les valeurs trouvées pour les inconnues.

II. *L'aiguille des heures d'une montre est sur deux heures, et celle des minutes sur midi : trouver à quel instant l'aiguille des minutes rencontrera celle des heures pour la première fois.*

De midi à 2 heures il y a dix divisions du cadran. Soit x le nombre de divisions que parcourra l'aiguille des heures avant l'instant demandé ; elle sera à $10 + x$ divisions de midi : ainsi, les deux aiguilles marqueront le même point, lorsque celle des minutes aura parcouru $10 + x$ divisions. Cette dernière allant 12 fois plus vite que celle des heures, si je connaissais la valeur de x, en la multipliant par 12 j'aurais la distance parcourue par l'aiguille des minutes : j'aurais donc $10 + x$. — Concluons de là que

$$12x = 10 + x, \quad \text{d'où } x = \tfrac{10}{11}.$$

L'aiguille des heures ayant parcouru $\tfrac{10}{11}$ de division, celle des minutes a dû en parcourir $10\tfrac{10}{11}$; et comme elle parcourt chaque division en une minute, il s'ensuit que l'instant demandé est $2^h 10^m \tfrac{10}{11}$.

III. *On a trois fontaines qui versent leurs eaux dans le même bassin. La première, coulant seule, peut le remplir en 3 heures, la seconde en 4 heures et la troisième en 6 heures. En combien de temps les trois fontaines, coulant ensemble, rempliront-elles le même bassin ?*

Appelons c la capacité du bassin (le nombre de litres qu'il contient), et soit x le temps demandé, en heures. Si je connaissais x, en multipliant par cette valeur la quantité d'eau que chaque fontaine donne par heure, et faisant la somme des trois produits, il est clair que je trouverais une somme égale à c. Or la première fontaine donne par heure $\dfrac{c}{3}$, la seconde $\dfrac{c}{4}$, et la troisième $\dfrac{c}{6}$; dans le temps x, la première donne donc $\dfrac{cx}{3}$, la seconde $\dfrac{cx}{4}$,

et la troisième $\dfrac{cx}{6}$: par conséquent,

$$\frac{cx}{3} + \frac{cx}{4} + \frac{cx}{6} = c.$$

Chassant les dénominateurs, et divisant tous les termes de l'équation par c, j'obtiens

$$4x + 3x + 2x = 12,$$

ou $\qquad 9x = 12, \qquad$ d'où $x = 1^{\text{h}}\, 20^{\text{m}}$.

IV. *On a loué un ouvrier paresseux à condition de lui donner 1ᶠ,20 par jour lorsqu'il travaillerait, et de lui retenir, sur ce qu'il lui serait dû, 0ᶠ,30 par jour lorsqu'il ne travaillerait pas. On lui fait son compte au bout de 30 jours, et il se trouve que le paresseux n'a rien à recevoir : combien a-t-il travaillé de jours?*

Soit x le nombre de jours demandé : il aura été $30 - x$ jours sans travailler. On doit à l'ouvrier $1^{\text{f}},20 \times x$; l'ouvrier doit rendre $0^{\text{f}},30.(30 - x)$. Or, il rend tout, puisqu'il n'a rien à recevoir : donc,

$$1,20 \times x = 0,30 \times (30 - x), \text{ ou } 4x = 30 - x,$$

ou $\qquad 5x = 30, \qquad$ d'où $x = 6$ jours.

V. *On a trois fontaines qui versent leurs eaux dans le même bassin. Coulant seule, la première le remplit en* m *heures, la seconde en* n *heures, et la troisième en* p *heures. En combien de temps les trois fontaines, coulant ensemble, rempliront-elles le même bassin?* — C'est ici une question générale, dont l'*Exemple III* est un cas particulier (**100**).

Appelons c la capacité du bassin, et x le temps demandé en heures. La première fontaine donne par heure $\dfrac{c}{m}$, la seconde $\dfrac{c}{n}$, et la troisième $\dfrac{c}{p}$; dans le temps x, la

première donne donc $\dfrac{cx}{m}$, la seconde $\dfrac{cx}{n}$, et la troisième

$\dfrac{cx}{p}$: donc, puisque le bassin est rempli, on a

$$\frac{cx}{m} + \frac{cx}{n} + \frac{cx}{p} = c.$$

Chassant les dénominateurs, et divisant tous les termes de l'équation par c, j'obtiens

$$npx + mpx + mnx = mnp,$$

d'où
$$x = \frac{mnp}{np + mp + mn}.$$

Cette valeur est une formule qui indique, quelles que soient les valeurs de m, n, p, les opérations à effectuer sur ces données pour obtenir l'inconnue x. — Si on l'applique à l'Exemple III ci-devant, on trouvera la valeur déjà obtenue

$$x = \frac{3.4.6}{3.4 + 3.6 + 4.6} = \frac{72}{54} = 1^\mathrm{h}\frac{1}{3} = 1^\mathrm{h}20^\mathrm{m}.$$

VI. *On a trois nombres* x, y, z, *tels que le premier divisé par le second donne un quotient entier* m *avec un reste* r, *et que le second divisé par le troisième donne un quotient entier* n *avec un reste* s : *sachant en outre que la somme de ces trois nombres est* a, *trouver chacun de ces nombres.*

Le dividende $=$ le diviseur $\times$ la partie entière du quotient $+$ le reste : donc $x = my + r$, et $y = nz + s$. — Connaissant z, on trouvera donc aisément y, et au moyen de y, on calculera x. Or, d'après la valeur de y, on a x, ou $my + r$, $= mnz + ms + r$: par conséquent,

$$x + y + z = (mnz + ms + r) + (nz + s) + z$$
$$= z(mn + n + 1) + ms + r + s;$$

donc
$$z(mn + n + 1) + ms + r + s = a,$$

d'où
$$z = \frac{a - ms - r - s}{mn + n + 1}.$$

Ainsi, y, ou $nz + s$, $= \dfrac{n(a - ms - r - s)}{mn + n + 1} + s$

$$= \frac{an - nr + s}{mn + n + 1};$$

$$\text{et} \qquad x \text{ ou } my + r, = \frac{m\,(an - nr + s)}{mn + n + 1} + r$$

$$= \frac{amn + ms + nr + r}{mn + n + 1}.$$

CHAPITRE V. — Résolution des équations du premier degré a plusieurs inconnues.

Leçon I. — Elimination.

Nous savons résoudre les équations du premier degré lorsqu'elles ne renferment chacune qu'une inconnue (99) : il est donc naturel de chercher à substituer à celles qui en contiennent plusieurs, d'autres équations équivalentes qui n'en contiennent chacune qu'une seule.

103. On appelle *Système d'Equations*, plusieurs équations qui admettent les mêmes valeurs pour les inconnues qu'elles renferment : on dit alors que ces équations sont *compatibles*.

104. On appelle *Elimination*, l'opération par laquelle on substitue à un système d'équations, un autre système d'équations équivalentes, mais qui renferment chacune moins d'inconnues que les premières : Ainsi, *éliminer une quantité* de plusieurs équations, c'est la faire disparaître de ces équations, et trouver d'autres équations équivalentes qui ne contiennent plus cette quantité.

105. La résolution des équations à plusieurs inconnues présente trois cas : 1° Celui où l'on a autant d'équations indépendantes les unes des autres qu'il y a d'inconnues ; 2° celui où l'on a moins d'équations indépendantes que d'inconnues ; 3° celui où l'on a plus d'équations indépendantes que d'inconnues.

Le premier cas va faire l'objet de ce Chapitre et du suivant; les deux autres trouveront leur place dans le chapitre VII.

106. Ces équations peuvent être résolues par quatre méthodes différentes :

1° Par la substitution des valeurs;

2° Par la comparaison des valeurs;

3° Par la réduction;

4° Par l'introduction d'une ou de plusieurs indéterminées.

Nous ne ferons connaître ici que les trois premières.

107. Quelque méthode qu'on emploie, pour résoudre les équations à plusieurs inconnues, on commence par faire disparaître les dénominateurs, si les équations en contiennent (**97**); on fait ensuite passer dans le premier membre tous les termes affectés des inconnues, et dans le second, tous les termes connus; puis on fait la réduction, pour qu'il n'y ait plus dans le premier membre de chaque équation qu'un seul terme affecté d'une même inconnue. Alors, chacune des équations proposées, selon le nombre des inconnues, se trouve ramenée à la forme

$$ax + by = c, \qquad \text{où } ax + by + cz = d, \qquad \text{ou etc.}$$

et telles sont les équations formulaires du premier degré, à deux, à trois,.... inconnues (**91**). — Pour abréger, nous renfermerons toutes ces équations dans une seule, qui sera

$$ax + by + \ldots = m.$$

Leçon II. — **Résolution des Equations du premier degré à plusieurs inconnues, — par la substitution des valeurs.**

108. Après avoir ramené chacune des équations données à la forme $ax + by + \ldots = m$ (en opérant comme nous venons de le dire, N° **107**), on élimine une des inconnues, et pour cela, *on prend dans une des équa-*

tions la valeur de cette inconnue, en opérant comme si tout le reste était connu ; on substitue cette valeur dans toutes les autres équations, et l'on a une équation et une inconnue de moins. On traite les nouvelles équations comme on a traité les équations proposées, et l'on a encore une équation et une inconnue de moins. On continue de même jusqu'à ce qu'on n'ait plus qu'une équation à une inconnue.

109. Alors on tire de cette unique équation la valeur de l'inconnue qu'elle renferme (**99**) : substituant cette valeur dans celle de l'inconnue qui a été éliminée la dernière, on en tire la valeur de cette seconde inconnue ; substituant les deux valeurs calculées dans celle de l'inconnue éliminée l'avant-dernière, on en tire la valeur de cette troisième inconnue. On continue de même en remontant jusqu'à ce qu'on ait toutes les inconnues. — *Exemples.*

I. *Résoudre les deux équations suivantes*

$$\tfrac{1}{2}x - 2\tfrac{1}{2} = \tfrac{1}{3}y - 1\tfrac{1}{3},$$
$$x - 5 = \tfrac{3}{4}y - 3.$$

Chassant les dénominateurs (**97**), il vient

$$3x - 15 = 2y - 8,$$
$$4x - 20 = 3y - 12.$$

Transposant et réduisant, j'ai
$$\begin{cases} 3x - 2y = 7 & [1] \\ 4x - 3y = 8 & [2] \end{cases}$$

Maintenant, j'élimine x (*), et pour cela, je tire de [1]

$$x = \frac{2y + 7}{3} \qquad [3]$$

Je substitue cette valeur dans [2], et j'obtiens

$$\frac{2y + 7}{3} \times 4 - 3y = 8,$$

(*) Les résultats sont les mêmes, quel que soit l'ordre dans lequel on élimine les inconnues ; mais le calcul est généralement plus simple, lorsqu'on élimine toujours celle qui a le moindre coefficient.

c'est-à-dire (**81, 1°**), $\dfrac{8y+28}{3}-3y=8.$

Résolvant cette dernière équation (**99**), je trouve $y=4$.
Substituant cette valeur dans [3], j'en tire

$$x=\frac{4.2+7}{3}=\frac{8+7}{3}=\frac{15}{3}=5.$$

Ainsi, $x=5$, et $y=4$. — Pour vérifier, je substitue ces valeurs dans les équations proposées :

j'ai $\quad 5\times\frac{1}{2}-2\frac{1}{2}=4\times\frac{1}{3}-1\frac{1}{3},\quad$ ou $0=0$;
et $\qquad 5-5\ =4\times\frac{3}{4}-3,\quad$ ou $0=0$.

II. *Résoudre les trois équations suivantes*

$$x+\ y+\ z=3y+2z-6$$
$$2x+4y-\ z=5x+5y-8$$
$$7x-6y-2z=2x+\ z-16$$

Transposant
et réduisant, j'ai
$\left\{\begin{array}{l} x-2y-\ z=-6 \quad [4]\\ -3x-\ y-\ z=-8 \quad [5]\\ 5x-6y-3z=-16 \quad [6]\end{array}\right.$

J'élimine d'abord x : pour cela, je tire de [4]

$$x=2y+z-6 \qquad [7]$$

Je change tous les signes de [5] ; puis substituant la valeur [7] dans [5] et dans [6], il vient

$$(2y+z-6).3+y+z=8$$
$$(2y+z-6).5-6y-3z=-16$$

Effectuant les multiplicat.,
transposant et réduisant, j'ai
$\left\{\begin{array}{l} 7y+4z=26 \quad [8]\\ 4y+2z=14 \quad [9]\end{array}\right.$

Je supprime le facteur 2, commun à tous les termes de [9], et j'obtiens $2y+z=7$, d'où je tire

$$z=7-2y \qquad [10]$$

Substituant cette valeur dans [8], il vient

$$7y+(7-2y).4=26,$$
ou $\qquad 7y+28-8y=26,\qquad$ d'où $y=2$.

Cette valeur de y, substituée dans [10], donne

$$z=7-2.2=7-4=3.$$

2*

Les valeurs de z et de y, substituées dans [7], donnent
$$x = 2.2 + 3 - 6 = 4 + 3 - 6 = 7 - 6 = 1.$$
Les valeurs demandées sont donc $x = 1, y = 2, z = 3$.

III. *Résoudre les quatre équations suivantes*

$$\frac{x}{4} = \frac{y}{3} \qquad\qquad \frac{y}{8} = \frac{z}{2} - 1,75$$

$$\frac{z}{5} = \frac{u}{6} - 1 \qquad\qquad \frac{x}{u} = \frac{2}{3}$$

Réponse : $x = 8, \quad y = 6, \quad z = 5, \quad u = 12.$

Leçon III. — **Résolution des Equations du premier degré à plusieurs inconnues, — par la comparaison des valeurs.**

110. Après avoir ramené chacune des équations données à la forme $ax + by + \ldots = m$ (N° **107**), on élimine une des inconnues, et pour cela, *on prend dans chacune des équations où entre l'inconnue qu'on veut éliminer, la valeur de cette inconnue, en opérant comme si le reste de l'équation était connu : égalant une de ces valeurs à toutes les autres, on a une équation et une inconnue de moins. On traite les nouvelles équations comme on a traité les premières, et l'on a encore une équation et une inconnue de moins.* On continue de même jusqu'à ce qu'on n'ait plus qu'une équation à une inconnue. — Alors on tire de cette unique équation, etc. (**109**) — *Exemples* :

I. *Résoudre les deux équations suivantes*

$$x - \tfrac{7}{3} y = 2$$
$$\tfrac{5}{2} x + y = 25,5$$

Chassant les dénominateurs, il vient

$$3x - 7y = 6 \qquad\qquad [1]$$
$$5x + 2y = 51 \qquad\qquad [2].$$

Maintenant j'élimine x; et pour cela je tire

de   [1] $$x = \frac{7y + 6}{3} \qquad [3],$$

et de [2] $$x = \frac{51 - 2y}{5} \qquad [4].$$

Egalant ces valeurs, j'ai l'unique équation
$$\frac{7y + 6}{3} = \frac{51 - 2y}{5},$$
qui, étant résolue (**99**), nous donne $y = 3$.

Je substitue cette valeur dans [3], ou dans [4], et j'en tire $x = 9$.

II. *Résoudre les trois équations suivantes*
$$\begin{array}{ll}
5x - 4y + 3z = 16 & [5] \\
2x + 3y - 5z = -14 & [6] \\
3x + 2y - 2z = 5 & [7]
\end{array}$$

Je vais d'abord éliminer x; et pour cela je tire

de   [5] $$x = \frac{4y - 3z + 16}{5} \qquad [8],$$

de   [6] $$x = \frac{5z - 3y - 14}{2} \qquad [9],$$

et de [7] $$x = \frac{2z - 2y + 5}{3} \qquad [10].$$

J'égale la valeur [9] à chacune des autres : jai
$$\frac{5z - 3y - 14}{2} = \frac{2z - 2y + 5}{3}$$
$$\frac{5z - 3y - 14}{2} = \frac{4y - 3z + 16}{5}$$

Chassant les dénominateurs, transposant, réduisant,

je trouve $$11z - 5y = 52 \qquad [11]$$
et $$31z - 23y = 102 \qquad [12]$$

Maintenant, pour éliminer l'inconnue z,

je tire de [11] $$z = \frac{5y + 52}{11} \qquad [13]$$

et de [12] $$z = \frac{23y + 102}{31} \quad [14]$$

Egalant ces deux valeurs, j'ai l'unique équation

$$\frac{5y + 52}{11} = \frac{23y + 102}{31},$$

qui, étant résolue (**99**), nous donne $y = 5$.

Substituant cette valeur dans [13], ou dans [14], j'en tire $z = 7$. — Enfin, les valeurs de y et de z, substituées dans [8], [9], ou [10], nous donnent $x = 3$. — Ainsi les valeurs cherchées sont $x = 3$, $y = 5$, $z = 7$.

III. *Résoudre* $ax + b = by + c$
$$dx - m = my - n$$

Réponse : $x = \dfrac{m(2b - c) - bn}{bd - am}$, $y = \dfrac{a(m - n) + d(b - c)}{bd - am}$.

Remarque. Dans les équations *littérales*, après avoir trouvé une des inconnues, on peut s'y prendre de la même manière pour en trouver une autre : cela est souvent préférable à la substitution dans les valeurs des inconnues éliminées précédemment. — Dans l'Exemple précédent, on peut éliminer y, pour trouver x; puis, éliminer x, pour trouver y.

IV. *Résoudre les quatre équations suivantes*

$$x + y + z = a \qquad x + z + u = c$$
$$x + y + u = b \qquad y + z + u = d$$

Réponse : $x = \tfrac{1}{3}(a + b + c - 2d) = \tfrac{1}{3}(a + b + c + d) - d$
$$y = \tfrac{1}{3}(a + b + d - 2c) = \tfrac{1}{3}(a + b + c + d) - c$$
$$z = \tfrac{1}{3}(a + c + d - 2b) = \tfrac{1}{3}(a + b + c + d) - b$$
$$u = \tfrac{1}{3}(b + c + d - 2a) = \tfrac{1}{3}(a + b + c + d) - a$$

La remarque précédente ne s'applique pas à ce dernier exemple, car il n'y a ici aucun dénominateur littéral.

Leçon IV. — **Résolution des Equations du premier degré, à plusieurs inconnues, — par Réduction.**

111. Si l'on propose de résoudre les deux équations

$$ax + by = c,$$
$$ax + b'y = c',$$

il est évident que, le coefficient de x étant le même, si on retranche membre à membre, l'une des équations de l'autre, x disparaîtra, et que l'on n'aura plus qu'une seule équation contenant la seule inconnue y. — De même, si l'on veut résoudre les deux équations

$$ax + by = c$$
$$a'x - by = c',$$

on remarquera que y ayant le même coefficient, avec des signes contraires, on fera disparaître cette inconnue en ajoutant membre à membre les deux équations proposées.

C'est ainsi que l'on opère dans la Méthode de Réduction : donc, commençons par apprendre comment on peut rendre égaux les coefficients d'une même inconnue dans plusieurs équations.

112. RÈGLE GÉNÉRALE : *Pour rendre égaux les coefficients d'une même inconnue dans plusieurs équations, il suffit,* après les avoir ramenées à la forme $ax + by + \ldots = m$ **(107)**, *de multiplier chacune d'elles par le produit des coefficients de cette inconnue dans toutes les autres équations :* le coefficient dont il s'agit deviendra le même dans toutes les équations, car il sera partout le produit de tous les coefficients primitifs ; et aucune des équations n'aura été troublée **(95)**, attendu que tous ses termes auront été multipliés par le même nombre. — *Exemples.*

I. *Rendre égaux les coefficients de* x *dans*

$$4x - 7y = 8$$
$$5x - 6y = 21$$

Multipliant la première équation par 5, et la seconde par 4, jai les nouvelles équations

$$20x - 35y = 40,$$
$$20x - 24y = 84,$$

dans lesquelles x a le même coefficient $4.5 = 5.4$.

II. *Rendre égaux les coefficients de* y *dans*

$$ax + by = cx + dy + m$$
$$gx - hy = nx - y + p$$

Transposant, j'ai $\left\{\begin{array}{l} ax - cx + by - dy = m \\ gx - nx - hy + y = p \end{array}\right.$

ou bien (**54**), $\left\{\begin{array}{l} x\,(a-c) + y\,(b-d) = m \quad [1] \\ x\,(g-n) - y\,(h-1) = p \quad [2] \end{array}\right.$

Multiplions [1] par $h-1$, et [2] par $b-d$: nous aurons les résultats demandés

$$x\,(a-c)\,(h-1) + y\,(b-d)\,(h-1) = m\,(h-1)$$
$$x\,(g-n)\,(b-d) - y\,(b-d)\,(h-1) = p\,(b-d).$$

113. Mais il est généralement préférable de chercher le plus petit multiple de tous les coefficients qu'on veut rendre égaux (*Arith.* G. M. F. B. N° **242**, ou *Arith. élém.* N° **174**), et de le prendre pour coefficient commun : divisant le coefficient commun par chacun des coefficients de cette inconnue, et multipliant les équations données chacune par le quotient qu'a donné le coefficient qui s'y trouve, on aura les résultats demandés. — *Exemples.*

I. *Rendre égaux les coefficients de* x *dans*

$$15x + 7y = 10$$
$$12x - 4y = 5$$

Les nombres 15 et 12 sont égaux, le premier à 3.5, le second à $2^2.3$; ainsi, leur plus petit multiple est $2^2.3.5 = 60$: c'est le coefficient commun. Divisé par 15, il donne 4 ; et divisé par 12, il donne 5. Ainsi je multiplie la première équation par 4, et la seconde par 5, ce qui me donne pour résultats

$$60x + 28y = 40$$
$$60x - 20y = 25$$

II *Rendre égaux les coefficients de* x *dans*

$$6x - 5y + 2z = a$$
$$9x - 7y + 3z = b$$
$$4x + 3y - 7z = c$$

On a $6 = 2.3$; $9 = 3^2$; $4 = 2^2$: donc, coefficient commun $= 2^2.3^2 = 36$. Divisé tour à tour par 6, 9, 4, il donne les quotients 6, 4, 9, : ainsi, multiplions, la première équation par 6 ; la seconde par 4, et la troisième, par 9, et nous aurons les résultats demandés

$$36x - 30y + 12\,z = 6a$$
$$36x - 28y + 12\,z = 4b$$
$$36x + 27y - 63\,z = 9c$$

Passons maintenant à la résolution des Equations.

114. Ayant choisi l'inconnue qu'on veut éliminer, *on rend son coefficient le même dans toutes les équations proposées* (**112** *et* **113**). *Prenant ensuite une des équations, on l'ajoute à toutes celles où le coefficient de l'inconnue à éliminer a un signe contraire; on la retranche de toutes celles où il a le même signe : on a ainsi une équation et une inconnue de moins. On traite les nouvelles équations comme on a traité les équations proposées, et l'on a encore une équation et une inconnue de moins.* On continue ainsi jusqu'à ce qu'on n'ait plus qu'une équation à une inconnue. — Alors on tire de cette unique équation la valeur de l'inconnue qu'elle renferme (**99**), et l'on s'y prend de la même manière pour trouver chacune des autres inconnues.

115. On peut aussi, ayant la valeur d'une inconnue, la substituer dans une des équations qui ne contient que cette inconnue avec une des autres, et tirer la valeur de cette seconde inconnue; substituer ensuite les deux valeurs calculées dans une des équations qui les contient avec une troisième inconnue, et tirer la valeur de cette troisième inconnue. — Continuer ainsi en remontant jusqu'à ce qu'on ait toutes les inconnues. — Ce dernier procédé est d'usage surtout dans le cas d'équations numériques.

EXEMPLE I. *Résoudre les deux équations suivantes*

$$5x + 3y = 29 \qquad [1]$$
$$4x - 8y = -8 \qquad [2]$$

Pour éliminer x, je divise [2] par 4, et je multiplie le quotient par 5; j'ai $\qquad 5x - 10y = -10 \qquad [3]$

Maintenant, je soustrais [3] de [1], et j'obtiens $13y = 39$, d'où $\qquad y = 3$.

Pour trouver x, je substitue la valeur de y dans [2],

et j'ai $\qquad 4x - 24 = - 8,\qquad$ d'où $x = 4$.

Pour trouver x, je puis aussi éliminer y ; et pour cela, je multiplie [1] par 8, et [2] par 3, et j'ai

$$40x + 24y = 232 \qquad [4]$$
$$12x - 24y = - 24 \qquad [5]$$

et maintenant, l'inconnue y ayant des signes contraires, j'ajoute [4] et [5], membre à membre :

il vient $\qquad 52x = 208,\qquad$ d'où $x = 4$.

EXEMPLE II. *Résoudre les trois équations suivantes*

$$\tfrac{1}{2}x + \tfrac{1}{3}y + \tfrac{1}{4}z = y$$
$$5x - 2y + 3z = 8x$$
$$2x + 3y - 2z = z + 1$$

Réponse : $\quad x = 2,\quad y = 3,\quad z = 4$.

EXEMPLE III. *Résoudre les quatre équations suivantes*

$$3x + 2y = 3u \qquad\qquad 4x - y = 17$$
$$2y + 5z = 5x + 1 \qquad 6z + 2u = 8x - 2$$

Réponse : $\quad x = 5,\ y = 3,\ z = 4,\ u = 7$.

LEÇON V. — Quelques Problèmes du premier degré à plusieurs inconnues.

Revoir la Règle donnée N° **102** pour mettre un Problème en Equation.

I. *Connaissant la somme et la différence de deux quantités, trouver chacune d'elles.*

Soient x la plus grande, y la plus petite des deux quantités, s leur somme, et d leur différence :

on aura $\qquad\qquad x + y = s \qquad [1]$
et $\qquad\qquad\qquad x - y = d \qquad [2]$

Reste à résoudre ces équations par une des méthodes exposées (**108** *et suiv.*). La plus commode ici est celle de Réduction (**114**) : j'ajoute donc [1] à [2], et j'ai $2x = s$

$+ d$; puis j'ôte [2] de [1], et je trouve $2y = s - d$: de là je tire

$$x = \frac{s + d}{2} = \frac{s}{2} + \frac{d}{2}, \qquad y = \frac{s - d}{2} = \frac{s}{2} - \frac{d}{2}.$$

Ces valeurs font voir que, connaissant la somme et la différence de deux quantités, *pour trouver la plus grande, il faut ajouter la différence à la somme, et prendre la moitié du résultat;* et que *pour trouver la plus petite, il suffit d'ôter la différence de la somme, et de prendre la moitié du reste.* Ces mêmes valeurs font voir que *la plus grande des deux quantités égale la moitié de la somme,* PLUS *la moitié de la différence; et la plus petite, la moitié de la somme,* MOINS *la moitié de la différence.*

Nous avions déjà résolu ce problème, mais par une seule équation (**21**).

II. *Pierre et Jean avaient en tout 108 francs. Pierre ayant dépensé le tiers de ce qu'il avait, et Jean le quart, la somme de leurs dépenses monte à 32 francs. Trouver combien ils avaient chacun, et combien chacun a dépensé.*

Appelons x l'argent de Pierre, et y celui de Jean : Pierre a dépensé $\frac{1}{3}x$, et Jean $\frac{1}{4}y$. On a donc

$$\left. \begin{array}{l} x + y = 108 \\ \tfrac{1}{3}x + \tfrac{1}{4}y = 32 \end{array} \right\} \text{ d'où } \begin{array}{l} x = 60, \\ y = 48. \end{array}$$

Ainsi, Pierre avait 60ᶠ, et il en a dépensé 20; Jean avait 48ᶠ, et il en a dépensé 12.

III. *On a fondu ensemble une certaine quantité d'or et une certaine quantité d'argent : en tout 80 centimètres cubes, pesant 1101 grammes. Sachant que le centimètre cube d'or pèse 19,25 grammes, et le centimètre cube d'argent 10,47 grammes, trouver combien de centimètres cubes d'or et combien de centimètres d'argent ont été alliés.*

Soit x le nombre de centimètres cubes d'or; ils pèsent $19,25x$. Le nombre de centimètres d'argent étant y, et leur poids $10,47y$, on aura

$$\left. \begin{array}{l} x + y = 80 \\ 19,25x + 10,47y = 1101 \end{array} \right\} \text{ d'où } \begin{array}{l} x = 30, \\ y = 50. \end{array}$$

IV. *Un marchand donne pour 25 francs un demi-hec-tolitre d'un mélange provenant de vins à 35 centimes et à 42 centimes le litre : combien y a-t-il mis de litres de chaque prix, sachant que de cette sorte il gagne 5^f,54 sur son marché?*

Puisque le marchand gagne 5^f,54, le mélange ne lui revient qu'à 25^f—5^f,54, ou 19^f,46 = 1946 centimes. Cela posé, soient x le nombre de litres à 35 centimes, et y le nombre de litres à 42 centimes : les valeurs étant 35x et 42y, nous aurons

$$\left. \begin{array}{l} x + y = 50 \\ 35x + 42y = 1946 \end{array} \right\} \quad \text{d'où } \begin{array}{l} x = 22 \text{ litres,} \\ y = 28 \text{ litres.} \end{array}$$

V. *Deux sources alimentent un bassin. Lorsque la première coule durant 9 heures, et la seconde durant 7 heures, elles donnent à elles deux 289 litres d'eau ; elles en donnent 303 litres, quand la première coule 7 heures, et la seconde 9. Combien chaque source donne-t-elle de litres d'eau par heure ?*

Soient x le nombre de litres que la première source donne par heure, et y le nombre de litres de la seconde : nous aurons

$$\left. \begin{array}{l} 9x + 7y = 289 \\ 7x + 9y = 303 \end{array} \right\} \quad \text{d'où } \begin{array}{l} x = 15 \text{ lit.} \\ y = 22 \text{ lit.} \end{array}$$

VI. *Il est une fraction qui devient $\frac{3}{5}$, ou $\frac{4}{7}$, selon qu'on augmente ou qu'on diminue ses deux termes d'une unité : trouver cette fraction.*

Soient x le numérateur et y le dénominateur de cette fraction : on aura, d'après l'énoncé,

$$\frac{x+1}{y+1} = \frac{3}{5}, \quad \text{et } \frac{x-1}{y-1} = \frac{4}{7},$$

d'où $\quad x = 17, \quad y = 29, \quad$ et fraction $= \frac{17}{29}$.

VII. *Un nombre de trois chiffres dont la somme égale 13, est tel que si l'on ajoute ensemble le chiffre des centaines et le double du chiffre des unités, on a le quadruple de celui des dizaines ; et que si le chiffre des centaines, est remplacé par celui des unités, et celui des unités par celui des cen-*

taines, le nombre se trouve diminué de 594. Trouver le nombre qui jouit de ces propriétés.

Soient x le chiffre des centaines, y celui des dizaines, z celui des unités : on aura, d'après l'énoncé,

$$[1] \quad x + y + z = 13; \qquad x + 2z = 4y \quad [2]$$

Or, de même que, si dans un nombre, 4 est le chiffre des centaines, 5 celui des dizaines, 6 celui des unités, le nombre est 456, qui peut s'écrire $400 + 50 + 6$, ou $4.100 + 5.10 + 6$, ainsi le nombre qui contient x centaines, y dizaines et z unités, est $x.100 + y.10 + z$, ou $100x + 10y + z$; et quand le chiffre des centaines et celui des unités sont remplacés l'un par l'autre, ce nombre devient $100z + 10y + x$. Par conséquent, l'énoncé nous fournit la nouvelle équation

$$100x + 10y + z - 594 = 100z + 10y + x \quad [3]$$

Résolvant les trois équations [1], [2], [3], on trouve $x = 8$, $y = 3$, $z = 2$: donc le nombre demandé $= 832$.

VIII. *On a trois lingots dans chacun desquels il entre de l'or, de l'argent et du cuivre. L'alliage dans le premier est tel que, sur 16 grammes, il y en a 7 d'or, 8 d'argent et 1 de cuivre. Dans le second, sur 16 grammes, il y en a 5 d'or, 7 d'argent et 4 de cuivre. Dans le troisième, sur 16 grammes, il y en a 2 d'or, 9 d'argent, et 5 de cuivre. — On veut en prenant différentes quantités de ces trois alliages, composer un quatrième lingot qui contienne $4\frac{15}{16}$ grammes d'or, $7\frac{5}{8}$ d'argent, et $3\frac{7}{16}$ de cuivre : combien faut-il prendre de grammes de chaque lingot?*

Soient x, y, z, les nombres respectifs de grammes à prendre dans le premier, le second et le troisième lingot. Nous voyons par l'énoncé que sur un gramme, le premier lingot en contient $\frac{7}{16}$ d'or, $\frac{8}{16}$ d'argent et $\frac{1}{16}$ de cuivre; le second, $\frac{5}{16}$ d'or, $\frac{7}{16}$ d'argent et $\frac{4}{16}$ de cuivre; le troisième $\frac{2}{16}$ d'or, $\frac{9}{16}$ d'argent et $\frac{5}{16}$ de cuivre : donc, sur x grammes, le premier en contient $\dfrac{7x}{16}$ d'or, $\dfrac{8x}{16}$ d'argent, et $\dfrac{x}{16}$ de cuivre; le second sur y grammes, en contient $\dfrac{5y}{16}$ d'or,

$\frac{7y}{16}$ d'argent, et $\frac{4y}{16}$ de cuivre ; le troisième, sur z grammes, en contient $\frac{2z}{16}$ d'or, $\frac{9z}{16}$ d'argent, et $\frac{5z}{16}$ de cuivre.
Or, il faut en tout, $4\frac{15}{16}$ ou $\frac{79}{16}$ grammes d'or, $7\frac{5}{8}$ ou $\frac{61}{8}$ grammes d'argent, et $3\frac{7}{16}$ ou $\frac{55}{16}$ grammes de cuivre : donc il faut que l'on ait

$$\left.\begin{array}{l} \dfrac{7x}{16} + \dfrac{5y}{16} + \dfrac{2z}{16} = \dfrac{79}{16} \\[2mm] \dfrac{8x}{16} + \dfrac{7y}{16} + \dfrac{9z}{16} = \dfrac{61}{8} \\[2mm] \dfrac{x}{16} + \dfrac{4y}{16} + \dfrac{5z}{16} = \dfrac{55}{16} \end{array}\right\} \quad \begin{array}{l} \text{d'où } x = 4 \\[2mm] y = 9 \\[2mm] z = 3 \end{array}$$

CHAPITRE VI. — Indétermination, impossibilité des questions dans le premier degré ; solutions négatives ; interprétation et usage des quantités négatives ; discussion des problèmes, et des équations.

—

116. Dans la résolution d'un système quelconque d'équations du premier degré, on est nécessairement conduit à l'un des quatre résultats

$$Bx = A, \quad 0x = 0, \quad 0x = A, \quad Bx = -A.$$

Le premier cas est le seul qui se soit présenté jusqu'ici : on en a tiré $x = \dfrac{A}{B}$, valeur unique qui a donné aussi une valeur unique pour chacune des autres inconnues : le problème qui fournit les équations, est donc alors *déterminé* (**101**). — Mais le second résultat, $0x = 0$, annonce un problème indéterminé ; le troisième et le quatrième indiquent souvent une question impossible : c'est ce que nous allons voir dans les leçons suivantes.

Leçon I. — Indétermination dans les Problèmes du premier degré.

117. Quelquefois il arrive que, par l'effet des réductions, on trouve une équation de la forme $0x = 0$, ou $0 = 0$: cette équation *identique* montre clairement qu'on peut donner à x telle valeur que l'on voudra, puisque 0 multiplié par un nombre quelconque, donne toujours 0. Or, à chaque valeur arbitraire de x répond une valeur particulière de y, de z, ... : le problème qui fournit les équations, est donc alors *indéterminé* (**101**).

L'indétermination a lieu, dans un système d'équations, lorsqu'une équation est une *conséquence*, une suite nécessaire d'une ou de plusieurs équations du même système, ou lorsque plusieurs d'entre elles sont des conséquences d'une même équation, de sorte que ce n'est qu'*en apparence* qu'il y a autant d'équations que d'inconnues, et qu'en réalité le nombre des équations est moindre que celui des inconnues.

PROBLÈME I. *Un officier supérieur, faisant partie de la garnison d'une ville assiégée, est fait prisonnier dans une sortie. L'ennemi le menace de mort, s'il ne fait pas connaître pour combien de jours encore il y a des vivres dans la place; après quelques moments de réflexion :* «*Du triple du nombre demandé*», *répond l'officier,* «*ôtez 2; multipliez le reste* » *par 4 : si vous diminuez le produit de 4, et que vous di-* » *visiez le reste par 6, vous aurez un quotient égal à l'excès* » *du double du nombre demandé sur 2*». *Quel avantage l'ennemi pourra-t-il tirer de ces renseignements ?*

Soient x le nombre demandé : l'équation du problème sera

$$\frac{(3x - 2).4 - 4}{6} = 2x - 2 \qquad [1]$$

laquelle donne $\qquad 12x - 8 - 4 = 12x - 12;$
ou, transposant, réduisant, $\qquad 0x = 0,$ ou $0 = 0,$
d'où l'on doit conclure que la valeur de x est indéter-

minée, c'est-à-dire qu'on peut faire $x = 1, 2, 3, 4, \ldots$
En effet, remontant à l'équation [1], si l'on effectue les calculs indiqués dans le premier membre, on a successivement

$$\frac{12x - 8 - 4}{6} = 2x - 2,$$

$$\frac{12x - 12}{6} = 2x - 2,$$

$$2x - 2 = 2x - 2 :$$

il est bien évident que cette dernière équation est satisfaite par toute valeur de x. — Ainsi, les renseignements donnés sont absolument nuls, et l'ennemi n'en pourra tirer aucun avantage.

PROBLÈME II. *Trouver deux nombres tels que, si l'on multiplie le premier par 12 et le second par 16, le premier produit surpasse le second de 16 ; et que, si le premier est multiplié par 9 et le second par 12, le premier produit surpasse le second de 12.*

Soient x le premier nombre et y le second : on aura

$$12x - 16y = 16, \qquad 9x - 12y = 12,$$

La 1re équation donne
$$x = \frac{16 + 16y}{12},$$

et la seconde,
$$x = \frac{12 + 12y}{9},$$

d'où il suit que
$$\frac{16 + 16y}{12} = \frac{12 + 12y}{9},$$

ce qui donne (**97**) $\qquad 144 + 144y = 144 + 144y \qquad$ [2]
La réduction fait ici disparaître l'inconnue y, et l'on arrive à $0y = 0$, ou $0 = 0$, identité qui montre que l'on peut donner à y telle valeur que l'on voudra, et que la valeur déduite pour x satisfera toujours à la question : et cette conclusion se tire immédiatement de l'équation [2] qui subsiste, quelque valeur qu'on attribue à y.

Si l'on fait $\quad y = 2, 5, \quad 8, 11, 14, \ldots.$
on trouve $\quad x = 4, 8, 12, 16, 20, \ldots.$

Le problème II reste donc complètement indéterminé, ce qui vient de ce que son énoncé ne fournit en réalité qu'une seule équation. En effet, si l'on divise tous les termes de la première par 4, et tous ceux de la seconde par 3, on aura l'unique équation $3x - 4y = 4$, ce qui montre que les deux équations données par l'énoncé sont une suite, une conséquence l'une de l'autre.

Problème III. *Trouver trois nombres tels que le triple du premier, plus le quintuple du second, moins neuf fois le troisième, donne 11 ; tels que le quadruple du premier, diminué du sextuple du second, et augmenté ensuite du septuple du troisième, soit 2 ; tels enfin que si de 11 fois le second, on ôte le premier et 16 fois le troisième, le résultat soit 9.*

Soient x le premier nombre, y le second et z le troisième : l'énoncé fournit les trois équations

$$3x + 5y - 9z = 11$$
$$4x - 6y + 7z = 2$$
$$-x + 11y - 16z = 9$$

Si l'on examine un peu ces équations, on verra que l'une quelconque d'entre elles est une conséquence des deux autres : on verra, par exemple, que la première est la somme de la seconde et de la troisième ; donc l'énoncé du Problème ne fournit que *deux* équations *indépendantes*, quoiqu'il contienne *trois* inconnues : donc le problème III reste complètement indéterminé.

Dans les cas analogues aux Problèmes II et III, toutes les fois que les inconnues doivent être entières et positives, il faut recourir aux méthodes employées lorsqu'il y a moins d'équations que d'inconnues : ce sera l'objet de la Leçon III du Chapitre VII.

Leçon II.—Impossibilité dans les Problèmes du premier degré.

118. Après la réduction effectuée dans les deux membres, on peut arriver à une équation de la forme $0x = A$, ou $0 = A$, laquelle ne saurait admettre aucune valeur pour x, attendu que 0 multiplié par un nombre quelconque donne toujours 0 : dans ce cas, la question qui fournit l'équation est dite *absurde* ou *impossible*. — L'impossibilité a lieu, dans un système d'équations, lorsqu'une ou plusieurs d'entre elles sont *incompatibles* avec les autres, c'est-à-dire l'orsqu'elles ne peuvent exister toutes ensemble.

PROBLÈME I. *On propose de trouver un nombre dont la moitié et le tiers réunis surpassent de 2 le quintuple de l'excès du quart de ce nombre sur son douzième.*

Soit x le nombre demandé : l'équation du Problème sera

$$\frac{x}{2} + \frac{x}{3} = \left(\frac{x}{4} - \frac{x}{12}\right) \cdot 5 + 2 ,$$

laquelle donne $\quad 10x = 10x + 24$, ou $0 = 24$,

équation qui exprime une condition absurde : donc la question proposée est impossible.

PROBLÈME II. *Trouver deux nombres tels que trois fois le premier, plus quatre fois le second, donne* 20 ; *et que quinze fois le premier, plus dix fois le second, donne l'excès de* 80 *sur le décuple du second.*

Soient x le premier nombre, et y le second : on aura

$[1] .. \ 3x + 4y = 20, \quad$ et $15x + 10y = 80 - 10y .. [2]$

Transposant, réduisant, et divisant tous les termes de [2] par 5, nos équations deviennent

$[3] .. \ 3x + 4y = 20, \quad$ et $3x + 4y = 16 .. [4]$

Retranchons maintenant [4] de [3], et nous aurons

$$0x = 4, \quad \text{ou } 0y = 4, \quad \text{ou } 0 = 4,$$

résultat absurde qui montre que les équations [1] et [2] ne peuvent être satisfaites par aucune valeur, et que le Problème dont elles sont la traduction algébrique, est impossible ; et cependant chacune des équations [1] et [2], prise séparément, est possible et admet pour ses inconnues une infinité de valeurs.

119. Mais, *de la possibilité des équations* peut-on toujours conclure *la possibilité des Problèmes ?*

Non, car les équations d'un Problème peuvent être satisfaites par certaines valeurs, sans que le Problème le soit, et c'est ce qui arrive lorsque l'énoncé renferme des conditions qu'il est impossible de faire entrer dans les équations : par exemple, si l'énoncé exige pour l'inconnue une valeur entière, ou positive, ou une valeur moindre que tel nombre donné, et que les équations amènent un nombre fractionnaire, ou négatif, ou un nombre plus grand que le nombre donné, les équations seront possibles et le Problème ne le sera pas. Après avoir trouvé les valeurs des inconnues, il reste donc à examiner si elles satisfont à celles des conditions, qu'on n'a pu introduire dans les équations.

PROBLÈME I. *Un écolier, interrogé sur le nombre des élèves de sa division, donne cette réponse : « Si aux quatre* » *cinquièmes de ce nombre, on ajoute 9, la somme sera* » *égale au double du nombre demandé, moins 11 ». Quel est ce nombre ?*

Soit x le nombre d'élèves : on a l'équation

$$[5]..\ \tfrac{4}{5}x + 9 = 2x - 11, \quad \text{d'où } x = 16\tfrac{2}{3},$$

résultat absurde puisqu'il donne une fraction d'élève : donc, la question proposée est impossible. — La valeur $x = 16\tfrac{2}{3}$ satisfait cependant l'équation [5], car celle-ci indique simplement que les $\tfrac{4}{5}$ d'un certain nombre, augmentés de 9, donnent le double de ce nombre diminué de 11 ; or, le Problème exige que le nombre soit *entier*, condition qu'on n'a pu faire entrer dans l'équation que fournit l'énoncé.

PROBLÈME II. *Un banquier n'a à sa disposition que des pièces de 20^f et de 40^f ; et voilà que quelqu'un vient lui demander 200 pièces pour une somme de 1000^f : combien devra-t-il lui donner de pièces de chaque valeur ?*

Soient x le nombre de pièces de 20^f, et y le nombre de pièces de 40^f : on a les deux équations

$$\begin{array}{l} x + y = 200 \\ 20x + 40y = 1000 \end{array} \Big\rangle \ \text{d'où } \begin{array}{l} x = 350 \\ y = -150 \end{array}$$

Comme y est négatif, nous devons en conclure que

le banquier ne pourra accorder ce qu'on lui demande ; et cependant, les valeurs trouvées 350 et —150 satisfont aux deux équations tirées du Problème.

Leçon III. — **Nature des Quantités négatives.**

Sur le point de passer à l'interprétation des valeurs négatives pour les inconnues, nous croyons que le moment est venu de compléter ce que nous avons dit ailleurs de ces quantités (Leçon III, Chap. I).

120. I. Les nombres positifs et les nombres négatifs sont des nombres contraires : en sorte que les nombres 1, 2, 3, 4, 5,... formant une suite de nombres de plus en plus grands au-dessus de zéro, il faut, par opposition, que les nombres négatifs — 1, — 2, — 3, — 4, — 5,... forment une suite de nombres de plus en plus petits au-dessous de zéro : ainsi *toute quantité négative est considérée comme plus petite que* 0, et *de deux quantités négatives, la plus petite est celle qui est numériquement la plus grande,* conclusion confirmée par ce qui suit.

1° On doit écrire et admettre $\qquad -a < 0 \qquad$ [1]

En effet, ajoutons à chacun des membres de [1], la somme $a + b$ de deux quantités positives a et b : comme il est clair qu'en augmentant également deux quantités inégales, la plus grande reste la plus grande, et que la plus petite reste la plus petite, nous aurons

$$-a + a + b < 0 + a + b$$

ou, en réduisant, $\quad b < a + b, \quad$ ce qui est vrai ;
tandis que si l'on posait $\qquad -a > 0,$
il faudrait admettre $\quad -a + a + b > 0 + a + b,$
ou, en réduisant, $\quad b > a + b, \quad$ ce qui est absurde.

2° On doit écrire et admettre $\quad -a > -(a + b) \quad$ [2].

En effet, ajoutons $a + b$ à chacun des membres de [2], et nous aurons $\quad -a + a + b > -(a + b) + (a + b),$
ou, en réduisant, $\quad b > 0, \quad$ ce qui est vrai ;
tandis qu'en posant $\qquad -a < -(a + b),$
il faudrait admettre $\quad -a + a + b < -(a + b) + (a + b),$
ou, en réduisant, $\quad b < 0, \quad$ ce qui est absurde.

D'après cette convention, quand on veut indiquer d'une manière abrégée qu'un nombre a est positif, on écrit $a > 0$; et quand on veut indiquer qu'un nombre b est négatif, on écrit $b < 0$. — Si l'on pose

$$ab(1-c) + bd - acf < 0,$$

on doit entendre par là qu'en effectuant les opérations indiquées dans le premier membre de l'inégalité, on aurait un résultat négatif.

121. II. Dans certaines circonstances, et principalement en Géométrie, les quantités négatives sont simplement des grandeurs prises en sens contraire de celles que l'on est convenu de regarder comme positives. En général, *toutes les fois qu'une quantité est susceptible d'être comptée en deux sens opposés* A PARTIR D'UN POINT FIXE, *cette quantité prise dans un certain sens est regardée comme positive; prise dans le sens contraire, elle est regardée comme négative*, ce que vont éclaircir les Exemples suivants.

EXEMPLE I. *Un thermomètre marquait 8° au-dessus de 0 : la température ayant baissé de 6°, on demande ce qu'il marque présentement.*

Il est évident qu'il marque $8° - 6° = +2°$; il est évident de plus que ces 2° sont au-dessus de 0.

Mais, *le thermomètre marquant* toujours 8°, supposons *que la température vienne à baisser de 10°*, et que l'on demande ce qu'il marque actuellement : il est évident que si l'on veut faire la même opération que précédemment, on aura pour la température actuelle $8° - 10° = -2°$. D'un autre côté, il est évident que, si à partir de 8°, on descend de 10°, sur l'échelle du thermomètre, on arrivera à 2° degré au-dessous de 0.

Ainsi, $+2°$ correspond à 2° *au-dessus de* 0,
tandis que $-2°$ correspond à 2° *au-dessous de* 0.

EXEMPLE II. *Un navire se trouvait par 6° de latitude Nord; il a fait 4° vers le Sud, sur le même méridien : quelle est sa latitude actuelle?*

Sa latitude actuelle est évidemment de $6° - 4° = +2°$; on voit de plus qu'elle est Nord.

Mais *si le navire se trouvant par* 6° *de latitude Nord,* *avait fait* 8° *vers le Sud*, sa latitude actuelle serait évidemment 6° — 8° = — 2°; et de plus cette latitude serait Sud, parce que partant de 6° de latitude Nord, en descendant de 6° vers le Sud, on arrive à l'Equateur; par conséquent, en descendant de 8° vers le Sud, on arrive à 2° au Sud de l'Equateur.

Ainsi,   2° de latitude *Nord* correspond à+2°, tandis que 2° de latitude *Sud* correspond à—2°,

EXEMPLE III. *Un événement a eu lieu* 200 *ans après* JÉSUS-CHRIST : *quelle est la date d'un autre événement arrivé* 160 *ans avant le premier?*—La date de second événement est évidemment 200 — 160 = + 40 ans, c'est-à-dire, 40 ans après JÉSUS-CHRIST.

Mais, *si on demandait la date d'un événement arrivé* 240 *ans avant le premier*, la date de ce nouvel événement serait 200 — 240 = — 40 ans, c'est-à-dire, 40 ans avant JÉSUS-CHRIST.

Donc, si + 40 ans indique 40 ans *après* JÉSUS-CHRIST, il faut que — 40 ans indique 40 ans *avant* JÉSUS-CHRIST.

LEÇON IV.— Valeurs négatives des inconnues; interprétation et usage des quantités négatives dans les Problèmes.

122. Enfin, les équations du premier degré conduisent quelquefois à une équation finale de la forme $Bx = -A$, c'est-à-dire, à des valeurs négatives pour les inconnues : il s'agit maintenant d'interpréter ces valeurs, et d'en faire connaître l'usage dans les Problèmes. — Pour nous faire mieux comprendre, nous prendrons trois problèmes qui comprennent tous les cas qui peuvent se présenter.

1ᵉʳ PROBLÈME. *On veut, en augmentant également les deux termes de la fraction* $\frac{15}{29}$, *trouver une autre fraction égale à* $\frac{1}{2}$: *de combien faut-il les augmenter?*

Soit x le nombre demandé : on aura

$$\frac{15 + x}{29 + x} = \frac{1}{2} \qquad [1] \quad , \text{d'où} \quad x = -1.$$

L'équation [1] ne peut être satisfaite que par $x = -1$; et cette équation exprimant les conditions du problème, on en doit conclure qu'il faut ajouter -1 aux deux termes. Mais (**30**), *ajouter* -1, c'est *retrancher* 1 : donc, pour que la question soit résoluble, il faut la construire ainsi : *On veut, en diminuant également les… : de combien faut-il les diminuer ?* Alors, l'équation du problème devient

$$\frac{15 - x}{29 - x} = \frac{1}{2} \qquad [2]$$

L'équation [1] étant satisfaite par $x = -1$, l'équation [2] le sera par $x = 1$, car elles deviennent l'une et l'autre $\frac{15-1}{29-1} = \frac{1}{2}$.

C'est ainsi qu'on agit, en général, lorsqu'on aboutit à une valeur négative pour l'inconnue, c'est-à-dire que, dans l'équation tirée du premier énoncé, on met l'inconnue avec un signe contraire dans tous les termes où elle entre ; — si l'équation ainsi obtenue a un membre entièrement négatif, on change les signes de tous ses termes ; — on examine ensuite comment modifier l'énoncé primitif, pour que la dernière équation en exprime les conditions : alors la question peut se résoudre, et l'on trouve pour l'inconnue la valeur trouvée précédemment, mais qui maintenant a le signe $+$.

2e **PROBLÈME.** *Deux courriers* C *et* C′ *partent en même temps de deux points* A *et* B, *et vont dans la même direction vers un point* P *situé au-delà de* B *par rapport à* A. *La distance de* A *à* P *est de* 100 *kilomètres ; celle de* B *à* P *est de* 70. *Le courrier* C, *parti de* A, *fait* 12 *kilomètres à l'heure, et le courier* C′, *parti de* B, *en fait* 9.

On demande à quelle distance de P *les deux courriers se rencontreront.*

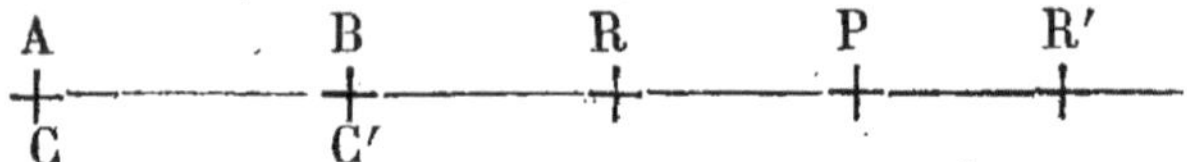

Supposons que la rencontre se fasse en un point R situé entre B et P, et appelons x la distance de P à R. Le chemin fait par C sera égal à $100 - x$, et comme il fait 12 kilom. à l'heure, il marchera pendant $\dfrac{100 - x}{12}$ heures. — Le chemin fait par C′ sera $70 - x$, et comme celui-ci fait 9 kilom. à l'heure, il marchera pendant $\dfrac{70 - x}{9}$ heures. — Or, C et C′ sont partis en même temps ; donc ils ont marché le même nombre d'heures : donc

$$\frac{100 - x}{12} = \frac{70 - x}{9} \quad [3], \quad \text{d'où } x = - 20.$$

De cette valeur négative, faut-il conclure, comme dans le problème 1er, que la question est impossible ? — Evidemment non, car il est clair que C, allant plus vite que C′, atteindra celui-ci tôt ou tard. Mais nous avons supposé que la rencontre pouvait avoir lieu en R entre B et P, supposition toute gratuite, et que rien ne justifiait : c'est dans cette supposition que réside l'impossibilité, et non dans la question. Faisons donc une supposition contraire : plaçons la rencontre en R′, au-delà de P par rapport à B : appelant toujours x la distance de P au point de rencontre, l'énoncé nous donnera l'équation

$$\frac{100 + x}{12} = \frac{70 + x}{9} \quad [4]$$

Sans résoudre cette équation, on sait qu'elle admet la valeur $x = 20$. En effet, elle n'est autre chose que l'équation [3] dans laquelle on remplace $- x$ par $+ x$; or, l'équation [3] est satisfaite par $x = - 20$: donc [4] le sera par $x = 20$. Ainsi, la rencontre a bien lieu en R′, à 20 kilomètre de P, mais *à droite* de ce point, et non à gauche, comme on l'avait supposé d'abord. Par conséquent, la première équation [3] donne bien aussi la

solution du problème, pourvu qu'on regarde le signe —
placé devant la valeur de l'inconnue, comme indiquant
que la distance trouvée doit se compter dans un sens
opposé à celui de la supposition.

3ᵉ PROBLÈME. *Un maître fait avec un élève paresseux la
convention suivante : tous les jours où il aura bien appris
ses leçons, il recevra un nombre* a *de bons points; mais les
jours où il ne les aura pas sues, il en rendra un nombre* b.
Après un nombre n *de jours, ils règlent leurs comptes : il
peut arriver que l'un doive à l'autre* c *bons points, ou qu'ils
ne se doivent rien l'un à l'autre. Trouver une formule qui
exprime dans les trois cas le nombre de jours où l'élève a
bien travaillé.*

Appelons x le nombre de jours où l'élève a bien appris
ses leçons; $n - x$ sera le nombre de jours où il ne les
aura pas sues. Le maître devra ax bons points à l'élève,
et celui-ci devra en rendre $b(n - x)$. Cela posé, l'énoncé
nous fournit les trois équations suivantes, selon que le
maître doit à l'élève [5], ou que l'élève doit au maître
[6], ou qu'ils ne se doivent rien l'un à l'autre [7] :

$$ax - b(n - x) = c \qquad [5]$$
$$b(n - x) - ax = c \qquad [6]$$
$$ax - b(n - x) = 0 \qquad [7]$$

Or, ces trois équations pourraient être remplacées par
une seule, la première. En effet, dans le cas où l'élève
doit c points, [5] devient $ax - b(n - x) = -c$, ou en
changeant les signes, $b(n - x) - ax = c$, c'est-à-dire
qu'en regardant alors c comme négatif, [5] tient lieu de
[6]; elle tient aussi lieu de [7], en faisant $c = 0$, toutes
les fois que le maître et l'élève ne se devront rien l'un
à l'autre.

Résolvant les trois équations [5], [6], [7], on aura

$$x = \frac{bn + c}{a + b}, \quad x = \frac{bn - c}{a + b}, \quad x = \frac{bn}{a + b},$$

où l'on voit que la première valeur comprend les deux
autres, pourvu, comme nous l'avons dit plus haut, que
l'on considère c comme négatif dans le second cas, et
comme égal à zéro dans le troisième.

123. Résumons ce qui vient d'être dit des quantités négatives dans les Problèmes.

1° Une valeur négative pour l'inconnue indique quelquefois un problème impossible, mais que l'on rend possible en donnant à quelques-unes des quantités des signes contraires, et l'on obtient pour l'inconnue la valeur trouvée d'abord, mais devenue positive, par les modifications que l'on a fait subir à l'énoncé (1er *Problème*).

2° Une valeur négative pour l'inconnue peut aussi indiquer, non une impossibilité dans le Problème, mais une fausse supposition : dans ce cas, on trouve la solution du problème en prenant l'inconnue dans un sens contraire à celui de la supposition (2e *Problème*).

3° Enfin, les quantités négatives servent à renfermer en une seule équation, ou en une seule formule, plusieurs cas différents d'un même problème, en considérant les quantités comme étant positives dans certaines acceptions, et comme négatives dans le cas contraire (3e *Problème*.)

Leçon V. — Discussion des Problèmes.

124. Lorsqu'on a résolu un Problème d'une manière générale, c'est-à-dire en représentant les quantités connues par des lettres, on arrive à une formule qui indique les calculs à effectuer sur les données pour obtenir l'inconnue.—Faire ensuite sur ces données toutes les hypothèses particulières possibles, et examiner les conséquences qui en résultent; voir si la formule trouvée donne la solution du Problème dans tous les cas, c'est ce qu'on appelle *discuter* le Problème.

Comme exemple de la marche à suivre dans ces discussions, nous prendrons le Problème suivant

Deux mobiles M et M', qui se meuvent tous deux dans la direction XX', passent en même temps, le premier en A, le second en B. Le premier fait v kilom. à l'heure, et le

second v′. Sachant que de A à B, il y a k kilom., trouver à quelle distance de B aura lieu la rencontre des deux mobiles.

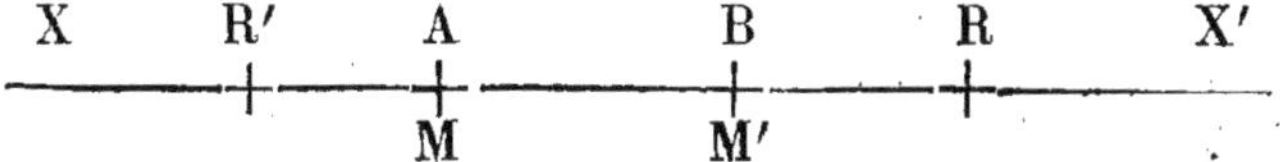

Supposons que la rencontre se fait en R, au-delà de B par rapport à A, et appelons x la distance inconnue BR. — Pour se rendre de A en R, M a eu à parcourir la distance AR $= k + x$, et il l'a parcourue en $\dfrac{k + x}{v}$ heures, puisqu'il fait v kilom. à l'heure. — De B en R, M′ n'a eu à faire que x kilom., qu'il a faits en $\dfrac{x}{v'}$ heures. — Or, M était en A au moment où M′ était en B; donc les deux nombres d'heures sont égaux : de là l'équation

$$\frac{k + x}{v} = \frac{x}{v'}, \quad [1], \quad \text{d'où } x = \frac{v'k}{v - v'}, \quad [2].$$

Discussion. Il ne peut y avoir ici que trois cas à examiner : $v <$ ou $> v'$, ou lui est égal. Nous allons montrer que la formule [2] donne la solution du problème dans tous ces cas.

1º Soit $v > v'$: la valeur de x est positive : ainsi, la rencontre aura lieu à droite de B, comme on a supposé. Et en effet, M étant en A au moment où M′ est en B, il s'ensuit que le mobile qui a la plus grande vitesse, se trouve derrière l'autre; il ne peut donc manquer d'atteindre celui-ci, après que l'un et l'autre auront dépassé le point B.

2º Soit $v < v'$: la valeur de x est négative, puisque le dividende et le diviseur ont des signes contraires : ainsi la rencontre ne se fera pas à droite de B, mais elle a dû se faire à gauche de ce point, en avant du point A, en R; elle s'est faite d'ailleurs à la distance marquée par x, abstraction faite du signe (**123**, 2e *Pr.*).

Et d'abord, le mobile M, qui a, dans l'hypothèse actuelle, la plus petite vitesse, est derrière l'autre; il ne pourra donc atteindre M′ à droite de B; mais une rencontre a dû se faire avant l'arrivée de M en A, car M′ étant devant M dans la direction BX′, si on les fait aller dans la direction contraire BX, le mobile M′ qui a la plus grande vitesse, se trouvant derrière, ne pourra manquer de joindre M à gauche de A : ils ont donc dû se rencontrer avant l'arrivée en A.

En second lieu, la formule [2] qui fait connaître le sens de la rencontre, donne aussi la grandeur absolue de la distance demandée. En effet, soit encore x la distance BR′; la distance AR′ sera $x - k$; pour parcourir R′B, il a fallu $\dfrac{x}{v'}$ heures à M′, et M en a employé $\dfrac{x - k}{v}$ pour franchir $x - k$: on a donc ici

$$\frac{x - k}{v} = \frac{x}{v'} \text{, ce qui revient (94) à } \frac{k - x}{v} = \frac{-x}{v'} \qquad [3]$$

Or, [3] ne différant de [1] que par le signe de l'inconnue, on doit en conclure que toute valeur négative qui satisfait à [1], satisfait aussi à [3], lorsqu'on la prend positivement. Ainsi la formule [2], tirée de [1], résout le problème dans les deux cas, pourvu qu'on ait soin de porter la distance trouvée à gauche de B, lorsque cette distance est négative.

3° Soit $v = v'$: alors on a $\quad x = \dfrac{v'k}{0} = \dfrac{m}{0}$,

en faisant $v'k = m$. — Pour savoir ce que signifie $\dfrac{m}{0}$,

divisons m par les nombres $1, \frac{1}{10}, \frac{1}{100}, \frac{1}{1000}, \ldots$ nous aurons pour quotients $m, 10m, 100m, 1000m, \ldots$ en sorte que le quotient est d'autant plus grand que le diviseur est plus petit. Or, *zéro* est numériquement au-dessous de toute quantité : donc $\dfrac{m}{0} =$ une quantité numériquement plus grande que toute quantité : donc cette quantité est *infinie*. Ainsi, nous sommes portés à conclure, d'après la formule, que les deux mobiles se rencontreront à une distance infinie du point B, ce qui signifie évidemment qu'il ne se rencontreront point. Et en effet,

M étant en A en même temps que M′ est en B, les mobiles sont à k kilomètres l'un de l'autre ; et comme leurs vitesses sont égales, ils ont toujours été et ils seront toujours à la même distance : donc ils ne se sont jamais rencontrés, et ils ne se rencontreront jamais.

LEÇON VI. — Discussion des Formules qui résolvent un système d'équations du 1er degré à deux inconnues.

125. Soient les deux équations générales

$$ax + by = c \quad [1], \quad \text{et } a'x + b'y = c' \quad [2] :$$

En les résolvant par l'une des méthodes exposées (**108, 110, 114**),

on trouve $\quad x = \dfrac{cb' - bc'}{ab' - ba'} \quad [3], \quad \text{et } y = \dfrac{ac' - ca'}{ab' - ba'} \quad [4].$

Ces valeurs, subtituées dans [1], puis dans [2], donnent

$$\frac{a\,(cb' - bc')}{ab' - ba'} + \frac{b\,(ac' - ca')}{ab' - ba'} = \frac{c\,(ab' - ba')}{ab' - ba'} = c \ ,$$

$$\text{et}\;\frac{a'\,(cb' - bc')}{ab' - ba'} + \frac{b'(ac' - ca')}{ab' - ba'} = \frac{c'(ab' - ba')}{ab' - ba'} = c' :$$

les valeurs [3] et [4] satisferont donc aux équations [1] et [2] toutes les fois qu'aucune des différences $cb' - bc'$, $ac' - ca'$, et $ab' - ba'$, ne sera nulle. Mais,

1° Si le dénominateur seul est nul, si $ab' - ba' = 0$, on aura

$$(124,\,3°)\ x = \frac{cb' - bc'}{0} = \infty\,(^*), \ \text{et } y = \frac{ac' - ca'}{0} = \infty,$$

d'où nous concluons que la question qui fournit de telles équations, est absurde. — Pour nous en assurer d'ailleurs, remarquons que de $ab' - ba' = 0$, on tire

$$a = \frac{ba'}{b'} \quad [5].$$

Substituant [5] dans [1], on a $\dfrac{ba'}{b'}\,x + by = c$,

c'est-à-dire $ba'x + bb'y = cb'$, ou $b\,(a'x + b'y) = cb'$ [6];
or, d'après [2], on a $\qquad\qquad b\,(a'x + b'y) = bc'$ [7];
il est évident que les deux équations [6] et [7], ne peuvent exister ensemble, puisque les premiers membres sont égaux, et que les seconds ne le sont pas : donc, la question est absurde et impossible.

2° Si, avec $ab' - ba' = 0$, on a aussi $cb' - bc' = 0$, il en résulte

$$x = \frac{0}{0}.$$

Or, comme $0.1 = 0$,   que $0.2 = 0$,   que $0.3 = 0,\ldots$
on en conclut $\dfrac{0}{0} = 1$, $\dfrac{0}{0} = 2$, $\dfrac{0}{0} = 3,\ldots$

c'est-à-dire que $\dfrac{0}{0}$ représente une quantité quelconque : ainsi, dans l'hypothèse actuelle, la valeur de x est complètement indéterminée. — Cette conclusion découle aussi de l'équation [6], qui devient [7], lorsqu'on remplace cb' par son égal bc'. On y voit en effet que [1] se forme de [2] dont on multiplie tous les termes par une même quantité b. Les équations données, étant alors une *conséquence* l'une de l'autre, n'en font qu'une seule : voilà d'où vient l'indétermination (**117**). — La seconde inconnue y se présentera donc aussi sous la même forme $\dfrac{0}{0}$, ce qu'on trouvera en substituant [5] dans le numérateur de [4], et se rappelant que $cb' = bc'$.

126. *Remarque* I. Quand on trouve $x = \infty$, on en conclut que le problème est impossible. Il faut en excepter certains cas de l'application de l'Algèbre à la Géométrie, dans lesquels une valeur *infinie* peut être une véritable solution. On sait, par exemple, que la tangente de 90° est infinie : si donc on trouve *tang.* $x = \infty$, on saura que $x = 90°$.

Remarque II. Quoique $\dfrac{0}{0}$ soit le symbole de l'indétermination, il est néanmoins des cas où l'on peut trouver pour l'inconnue la valeur $\dfrac{0}{0}$, en faisant quelque hypothèse particulière, sans que le problème soit réellement indéterminé dans cette hypothèse. Si l'on a, par exemple

$$x = \frac{a^3 - b^3}{a^2 - b^2},$$

et que l'on fasse $a = b$, on trouve $x = \dfrac{0}{0}$; mais si on simplifie d'abord la fraction, en supprimant le facteur $a - b$ commun aux deux termes, on aura $x = \dfrac{a^2 + ab + b^2}{a + b}$; faisant maintenant $a = b$, on trouve

$$x = \frac{a^2 + a^2 + a^2}{a + a} = \frac{3a^2}{2a} = \frac{3a}{2}.$$

CHAPITRE VII. — Inégalités ; — Nombre d'Equations $>$ ou $<$ celui des inconnues.

Leçon I. — Des Inégalités.

127. *On ne trouble point une inégalité* (*), *en augmentant ou en diminuant également les deux membres,* car il est évident qu'on ne change rien à la différence de deux quantités, en les augmentant ou en les diminuant également. Si donc on a $x > a$, on en conclura

$$x + b > a + b, \qquad \text{et } x - b > a - b.$$

128. Il suit de là qu'on *peut toujours faire passer un terme quelconque d'une inégalité d'un membre dans l'autre ;*

(*) Nous voulons dire que l'inégalité subsiste dans le même sens.

pour cela, *on l'efface dans le membre où il se trouve, et on l'écrit dans l'autre avec un signe contraire* ; car si le terme qu'on transpose, a le signe $+$, on diminue également les deux membres ; et si ce terme a le signe $-$, on les augmente également : or, cela ne trouble point l'inégalité (**127**). — Chaque terme pouvant changer de membre, il faut en conclure que l'on peut faire passer autant de termes que l'on veut d'un membre dans l'autre.

De l'inégalité $\qquad x + a - b > y - c + d,$

on conclut donc $\qquad x - y + c > b - a + d,$

ou bien $\qquad x + c - d > y - a + b, \ldots$

129. *Si on change les signes de tous les termes d'une inégalité, elle subsiste encore, mais en sens contraire.*

Soit l'inégalité $\qquad x - y > a - b.$

je dis qu'il en résulte $\quad - x + y < - a + b.$

En effet, faisons passer tous les termes du premier membre dans le second, et tous ceux du second dans le premier : nous aurons, d'après le N° **128**,

$$- a + b > - x + y :$$

or, la première quantité étant plus grande que la seconde, il est de toute évidence que la seconde est plus petite que la première : donc

$$- x + y < - a + b.$$

130. *Si l'on ajoute ensemble plusieurs inégalités membre à membre, on obtient une nouvelle inégalité, dans le même sens que chacune des inégalités données, pourvu que celles-ci soient toutes dans le même sens.*

Soient $\quad x > a , \quad$ $\left.\begin{array}{l} \\ \end{array}\right\}$ je dis que $\quad x + y > a + b,$
et $\qquad y > b :$

En effet (**127**), de $x > a$, on conclut $x + b > a + b$; remplaçant, dans le premier membre, b par y qui est plus grand que b, on a, *à fortiori*,

$$x + y > a + b.$$

131. *Si l'on ôte membre à membre une inégalité d'une autre inégalité en sens contraire, on obtient une nouvelle inégalité dans le même sens que celle dont on retranche.*

Soient $x > a$,
et $y < b$: $\Big\}$ je dis que $x - y > a - b$.

En effet (**127**), de $x > a$, on conclut $x - b > a - b$; remplaçant, dans le premier membre, b par y qui est plus petit que b, on a, *à fortiori*.

$$x - y > a - b$$

On démontre de même que $\qquad y - x < b - a$.

132. *On ne trouble point une inégalité en multipliant ou en divisant ses deux membres par une même quantité positive.* Par exemple, si $x > a$, je dis que $px > ap$, en supposant que p soit une quantité positive.

En effet, soit d la quantité dont x surpasse a;

on aura $\qquad\qquad x - a = d :$

donc (**95**) $\qquad\qquad (x - a)\, p = dp,$

c'est-à-dire $\qquad\qquad px - ap = dp,$

donc (**93**) $\qquad\qquad px = ap + dp,$

par conséquent $\qquad\qquad px > ap,$

On démontre de même le cas de la division par p.

133. On fait usage de cette propriété pour simplifier les inégalités, et pour faire disparaître les dénominateurs : pour cela, on opère comme pour les équations (**96, 97**).

Soit l'inégalité $\qquad 3ax - 12ab > 6abc :$
divisant par $3a$, on a $\qquad x - 4b > 2bc.$

Et si l'on a $\qquad \frac{2}{3}x - \frac{3}{4}y < a - \frac{2}{5},$
on a déduira $\qquad 40x - 45y < 60a - 24.$

134. *Si l'on multiplie membre à membre plusieurs inégalités, on obtient une nouvelle inégalité dans le même sens que chacune des inégalités données, pourvu que celles-ci, supposées dans le même sens, aient leurs différents membres positifs.*

Soient $x > a$,
et $y > b$: $\Big\}$ je dis que $xy > ab$.

En effet (**132**), de $x > a$, on conclut $bx > ab$; remplaçant, dans le premier nombre, b par y qui est plus grand que b, on a, *à fortiori*,

$$xy > ab.$$

135. *Si l'on divise l'une par l'autre et membre à membre* *deux inégalités en sens contraire, on obtient une nouvelle inégalité dans le même sens que le dividende, pourvu que les membres des inégalités soient tous positifs.*

Soient les deux inégalités $x > a$ et, $y < b$:

je dis que l'on a $\dfrac{x}{y} > \dfrac{a}{b}$, et $\dfrac{y}{x} < \dfrac{b}{a}$.

En effet (**132**), de $x > a$, on conclut $\dfrac{x}{b} > \dfrac{a}{b}$;

remplaçant dans le premier membre, b par y qui est plus petit que b, on a, *à fortiori*,

$$\frac{x}{y} > \frac{a}{b}.$$

On démontre de même que $\dfrac{y}{x} < \dfrac{b}{a}$.

136. Enfin, *on ne trouble point une inégalité, lorsqu'on élève chacun de ses membres à la même puissance, ou qu'on en extrait des racines de même degré*, pourvu que les deux membres soient positifs, et qu'on ne prenne que les valeurs positives des racines.

La démonstration de cette propriété (si l'on veut une démonstration), est laissée à l'Elève. — Nous le chargeons aussi de trouver pourquoi dans la plupart des propriétés que nous avons fait connaître, nous avons exclu les quantités négatives.

137. En opérant sur les inégalités comme sur les équations (**99**), on arrive toujours à une expression de la forme $ax > b$, ou $ax < b$, d'où l'on tire

$$x > \frac{b}{a}, \quad \text{ou} \quad x < \frac{b}{a} \qquad (\text{N}^\circ\ \textbf{132}) :$$

alors l'inconnue x prend le nom de *variable*, et la quantité $\dfrac{b}{a}$, celui de *limite*.

138. *Résoudre une inégalité* par rapport à une lettre, x par exemple, c'est tirer de cette inégalité la limite de la variable x. — EXEMPLES.

I. *Résoudre l'inégalité* $3x - 29 > \frac{3}{7}x - 12$.

Chassant le dénominat^r (**132**), $21x - 203 > 3x - 84$;
transposant et réduisant (**128**), $18x > 119$,.
d'où $x > \frac{119}{18}$,   ou $x > 6\frac{11}{18}$:
telle est la limite inférieure de la variable x. Si donc x
doit être entier, la moindre valeur de x est 7.

II. *Résoudre l'inégalité* $\frac{3}{4}x + 6 > \frac{7}{8}x + 4$.

Chassant les dénom^{rs}, $6x + 48 > 7x + 32$;
transposant, et réduisant, j'ai $- x > - 16$,
d'où je tire (**129**) $x < 16$:
telle est la limite supérieure de la variable x.

1er PROBLÈME. *Il est un nombre entier tel que le double
diminué de 4, surpasse le triple diminué de 15 ; et que le
triple augmenté de 5, surpasse le double augmenté de 14 :
quel est ce nombre?*

Soit x le nombre demandé : il est clair que l'énoncé
nous fournit les deux inégalités

$$2x - 4 > 3x - 15, \quad \text{d'où } x < 11 ;$$
$$3x + 5 > 2x + 14, \quad \text{d'où } x > 9 ;$$

or, le seul nombre entier compris entre 9 et 11 est 10 :
donc, le nombre demandé $= 10$.

2e PROBLÈME. *On demandait à un calculateur combien
de fois il avait vu le premier jour de l'an : «Si vous
» augmentez le nombre de ses deux tiers, répondit-il, vous
» trouverez plus de 61 ; mais si vous n'ajoutez ensemble que
» le tiers et les trois quarts de ce nombre, vous aurez moins
» de 41 » : trouver le nombre demandé.*

Soit x le nombre demandé : nous aurons

$$x + \tfrac{2}{3}x > 61, \quad \text{d'où } x > 36\tfrac{3}{5} ;$$
$$\tfrac{1}{3}x + \tfrac{3}{4}x < 41, \quad \text{d'où } x < 37\tfrac{11}{13} :$$

de là il suit que le nombre demandé $= 37$.

LEÇON II. — **Nombre d'équations $>$ ou $<$ celui des inconnues ; — analyse indéterminée du premier degré.**

139. Lorsque le nombre des équations surpasse celui

des inconnues, on prend autant d'équations qu'il y a d'inconnues, en ayant soin de choisir ces équations de manière qu'elles renferment toutes les inconnues ; on détermine les valeurs de ces dernières, par une des méthodes que nous avons exposées (CHAP. V) ; puis on substitue ces valeurs dans les équations qui n'ont pas été employées : si elles y satisfont, le problème est résolu ; si elles n'y satisfont pas, le problème est impossible.

EXEMPLE I. *Résoudre les quatre équations*

$$3x + 4y = 39 \qquad [1]$$
$$2x + 3z = 22 \qquad [2]$$
$$3y + 2z = 26 \qquad [3]$$
$$4x - 3z = 8 \qquad [4]$$

Comme j'ai trois inconnues, x, y, z, je prends trois équations qui renferment ces trois inconnues : je choisis les trois premières, qui me donne $x = 5$, $y = 6$, $z = 4$: ce sont les valeurs demandées, car elles satisfont aussi à la quatrième équation.

EXEMPLE II. *Résoudre les cinq équations*

$$x + y + z = 8 \qquad [5]$$
$$2x - y + 1 = 0 \qquad [6]$$
$$3x + 2y = 16 \qquad [7]$$
$$2x - z = 3 \qquad [8]$$
$$3x + y = 14 \qquad [9]$$

Résolvant les trois premières qui renferment entre elles les trois inconnues, je trouve $x = 2$, $y = 5$, $z = 1$. Ces valeurs satisfont à l'équation [8] ; mais substituées dans [9], elles donnent $11 = 14$, absurdité qui montre que les cinq équations proposées ne peuvent exister simultanément, et que la question qui les a fournies, est impossible.

140. Nous n'insisterons pas d'avantage sur cet objet ; nous ajouterons seulement que les équations qui restent, après qu'on en a pris autant qu'il y a d'inconnues, se nomment *équations de condition*, parce qu'elles sont autant de nouvelles conditions que doivent remplir les inconnues pour résoudre le problème qui a donné naissance aux équations proposées. Le premier des deux Exemples ci-dessus contient une équation de condition ; le second

en contient deux. — Les problèmes qui fournissent plus d'équations indépendantes qu'ils ne renferment d'inconnues, sont dits *plus que déterminés*.

141. Si, au contraire, un problème donne moins d'équations qu'il ne contient d'inconnues, il sera *indéterminé*, car on pourra donner des valeurs arbitraires à autant d'inconnues qu'il y a d'inconnues de plus que d'équations, et résoudre ensuite les équations dont le nombre est alors égal à celui des inconnues restantes : on aura pour ces dernières inconnues des valeurs qui, avec les valeurs données arbitrairement aux premières, vérifieront les équations proposées. Par exemple, si j'ai les deux équations

$$3x + 2y + z + u = 36,$$
$$2x + 3y + 2z + 3u = 24,$$

j'ai deux inconnues de plus que d'équations ; je puis donc donner à deux d'entre elles des valeurs arbitraires. Soient $z = 1$, et $u = 2$: les deux équations deviennent

$$\begin{aligned} 3x + 2y &= 33, \\ 2x + 3y &= 16, \end{aligned} \quad \left. \right\} \quad \begin{aligned} \text{d'où } x &= 13\tfrac{2}{5} \\ \text{et } y &= -3\tfrac{3}{5} \end{aligned}$$

Ainsi, lorsque $z = 1$, et $u = 2$, on a $x = 13\tfrac{2}{5}$ et $y = -3\tfrac{3}{5}$.

Si je fais $z = 2$, et $u = 3$, les équations proposées reviennent à celle-ci

$$\begin{aligned} 3x + 2y &= 31, \\ 2x + 3y &= 11, \end{aligned} \quad \left. \right\} \quad \begin{aligned} \text{d'où } x &= 14\tfrac{1}{5} \\ \text{et } y &= -5\tfrac{4}{5} \end{aligned}$$

Ainsi, lorsque $z = 2$, et $u = 3$, on a $x = 14\tfrac{1}{5}$ et $y = -5\tfrac{4}{5}$. On voit donc qu'il y a une infinité de solutions. On voit aussi qu'en opérant de cette manière on tomberait souvent sur des valeurs fractionnaires ou négatives ; or, la plupart des questions qui conduisent à ces équations, exigent que les valeurs des inconnues soient entières et positives : voyons donc comment on peut résoudre en nombres entiers positifs des équations dont le nombre est moindre que celui des inconnues (*).

(*) Nous ne nous occuperons que du cas où l'on a m équations contenant $m + 1$ inconnues.

142. Et d'abord, comment *résoudre en nombres entiers positifs* UNE *équation à* DEUX *inconnues ?*

Soit l'équation $\qquad ax + by = c \qquad$ [1]

Remarquons, avant d'entrer en matière, que, x et y étant des nombres entiers, *tout diviseur commun de* a *et de* b *est diviseur de* c. — En effet, soit d un diviseur commun de a et de b : l'équation [1] nous donne

$$\frac{ax}{d} + \frac{by}{d} = \frac{c}{d}.$$

Or, par hypothèse, d divise a et b ; donc le premier membre de cette dernière équation est la somme de deux nombres entiers, et par conséquent il est un nombre entier ; donc le second membre est aussi un nombre entier : donc c est divisible par d. — Ainsi, on peut supprimer le facteur commun de a et de b, et supposer que ces deux coefficients sont premiers entre eux.

Cela posé on tire de [1], $\qquad x = \dfrac{c - by}{a},$

Je divise c par a, ainsi que b ; nommant les quotients respectifs α et δ, et les restes m et r, nous aurons $c = a\alpha + m$, et $b = a\delta + r$: donc

$$x = \frac{a\alpha + m - (a\delta + r)y}{a} = \alpha + \frac{m}{a} - \delta y - \frac{ry}{a},$$

ou bien **(77)**, $\qquad x = \alpha - \delta y + \dfrac{m - ry}{a} \qquad$ [2]

Puisque x doit être entier, il faut que $\dfrac{m - ry}{a}$ soit u

nombre entier. Soit t ce nombre entier : on aura $\dfrac{m - ry}{a} = t$;

d'où $\qquad y = \dfrac{m - at}{r} = \alpha' - \delta' t + \dfrac{m' - r't}{r} \qquad$ [3]

en conservant aux quotients et aux restes des dénominations analogues aux précédentes. — Pour que y soit entier, il faut que $\dfrac{m' - r't}{r}$ le soit; posons donc

$$\dfrac{m' - r't}{r} = t' : \text{nous aurons}$$

$$t = \dfrac{m' - rt'}{r'} = \alpha'' - \delta''t' + \dfrac{m'' - r''t'}{r'} \qquad [4]$$

Pour que t soit un nombre entier, il faut que $\dfrac{m'' - r''t'}{r'}$

en soit un ; posons donc $\dfrac{m'' - r''t'}{r'} = t''$: nous aurons

$$t' = \dfrac{m'' - r'r''}{r''} = \alpha''' - \delta'''t'' + \dfrac{m''' - r'''t''}{r''} \qquad [5]$$

En continuant ainsi d'égaler la fraction à une nouvelle indéterminée entière, et d'en tirer la valeur de la précédente, on arrivera à une fraction dans laquelle l'indéterminée n'aura que l'unité pour coefficient dans le numérateur, car les divisions affectuées sur les coefficients des inconnues et des indéterminées successives sont celles qui ont lieu pour la recherche du plus grand commun diviseur entre a et b : ces coefficients étant premiers entre eux, on arrive nécessairement au reste 1.

Soit $\dfrac{m''' - r''' t''}{r''}$ cette fraction dans laquelle $r''' = 1$;

alors $r'''t'' = t''$; par suite, en posant $\dfrac{m''' - r'''t''}{r''}$,

ou $\dfrac{m''' - t''}{r''} = t'''$, on en conclura $t'' = m''' - r''t'''$.

Or, d'après les équations [2], [3], [4], [5], et les valeurs attribuées aux diverses fractions, les valeurs de x, y, t, t', peuvent s'écrire comme il suit

$$x = \alpha - \delta y + t; \qquad t = \alpha'' - \delta''t' + t'';$$
$$y = \alpha' - \delta't + t'; \qquad t' = \alpha''' - \delta'''t'' + t'''.$$

Substituons donc la valeur de t'' dans celle de t'; puis celles de t' et de t'', exprimées en t''', dans celles de t ; ensuite celles de t et de t' aussi exprimées en t''', dans

3*

celle de y; et enfin, celles de t et de y, toujours exprimées en t''', dans celle de x : nous aurons les valeurs de x et de y exprimées en fonction de t'''. Il suffira donc de donner à t''' des valeurs entières pour que x et y soient des nombres entiers ; mais ces valeurs de t''' devront être telles que les inconnues x et y soient positives. — *Exemples.*

I. *Résoudre en nombres entiers positifs l'équation*
$$7x + 3y = 23.$$

On en tire $\quad y = \dfrac{23 - 7x}{3} = 7 - 2x + \dfrac{2 - x}{3}.$

Faisant $\dfrac{2 - x}{3} = t$, j'en conclus $\quad x = 2 - 3t.$

Substituant ces valeurs dans celle de y, j'obtiens
$$y = 7 - 2(2 - 3t) + t = 3 + 7t.$$

On doit avoir $x > 0$, $y > 0$: de là les deux inégalités
$$2 - 3t > 0, \qquad \text{d'où } t < \tfrac{2}{3} \ (\mathbf{138});$$
$$3 + 7t > 0, \qquad \text{d'où } t > -\tfrac{3}{7} :$$
d'où il faut conclure que $t = 0$, ni plus, ni moins, ce qui donne $x = 2$, et $y = 3$: aucune autre valeur n'est admissible, par la raison que t ne peut avoir d'autre valeur que *zéro*.

II. *Résoudre en nombres entiers positifs l'équation*
$$7x + 2y = 29.$$

J'en tire $\quad y = \dfrac{29 - 7x}{2} = 14 - 3x + \dfrac{1 - x}{2}.$

Faisant $\dfrac{1 - x}{2} = t$, j'en conclus $\quad x = 1 - 2t.$

Substituant ces valeurs dans celle de y, jai
$$y = 14 - 3(1 - 2t) + t = 11 + 7t.$$
On doit donc avoir les deux inégalités suivantes
$$1 - 2t > 0, \qquad \text{d'où } t < \tfrac{1}{2} \ (\mathbf{138});$$
$$11 + 7t > 0, \qquad \text{d'où } t > -\tfrac{11}{7} :$$
il faut faire $t = 0$, $= -1$, ce qui donne $x = 1$, $= 3$, et $y = 11$, $= 4$: il y a donc ici *deux* solutions, mais il n'y en a point d'autre.

III. *Résoudre en nombres entiers positifs l'équation*

$$8x + 21y = 129.$$

J'en tire $\quad x = \dfrac{129 - 21y}{8} = 16 - 2y + \dfrac{1 - 5y}{8}$.

Faisant $\dfrac{1 - 5y}{8} = t$, j'ai $y = \dfrac{1 - 8t}{5} = -t + \dfrac{1 - 3t}{5}$.

Faisant $\dfrac{1 - 3t}{5} = t'$, j'ai $t = \dfrac{1 - 5t'}{3} = -t' + \dfrac{1 - 2t'}{3}$.

Faisant $\dfrac{1 - 2t'}{3} = t''$, j'ai $t' = \dfrac{1 - 3t''}{2} = -t'' + \dfrac{1 - t''}{2}$.

Enfin, de $\dfrac{1 - t''}{2} = t'''$, je tire $t'' = 1 - 2t'''$.

Par suite, $\quad t' = -1 + 2t''' + t''' = -1 + 3t'''$;
$$t = 1 - 3t''' + 1 - 2t''' = 2 - 5t''';$$
$$y = -2 + 5t''' - 1 + 3t''' = -3 + 8t''';$$
$$x = 16 + 6 - 16t''' + 2 - 5t''' = 24 - 21t'''.$$

Les valeurs de x et de y nous donnent
$$24 - 21t''' > 0, \qquad \text{d'où } t''' < \tfrac{8}{7} \;(\mathbf{138});$$
$$-3 + 8t''' > 0, \qquad \text{d'où } t''' > \tfrac{3}{8} :$$
donc $t''' = 1$, d'où $x = 3$, et $y = 5$. Une solution.

Remarque. On abrége, lorsqu'en divisant b par a (ou a par b), a par r, r par r', r' par r'',... on prend le quotient de manière que le reste soit toujours moindre que *la moitié* du diviseur : la compensation, lorsqu'il en est besoin, s'établit aisément, en donnant au reste un signe contraire. — Reprenant l'équation précédente $8x + 21y = 129$,

j'en tire $\quad x = \dfrac{129 - 21y}{8} = 16 - 3y + \dfrac{1 + 3y}{8}$,

car $\quad \dfrac{-21y}{8} = \dfrac{-21y - 3y + 3y}{8} = \dfrac{-24y + 3y}{8}$.

Faisant $\dfrac{1 + 3y}{8} = t$, j'ai $y = \dfrac{8t - 1}{3} = 3t - \dfrac{t + 1}{3}$,

car $\quad \dfrac{8t}{3} = \dfrac{8t + t - t}{3} = \dfrac{9t - t}{3}$.

Faisant $\dfrac{t + 1}{3} = t'$, j'en conclus $\quad t = 3t' - 1$.

Par suite,　$y = 9t' - 3 - t' = 8t' - 3$;
$$x = 16 - 24t' + 9 + 3t' - 1 = 24 - 21t'.$$

Les résultats sont donc les mêmes comme on devait s'y attendre ; mais ici , *deux* indéterminées ont suffi pour nous conduire au terme, tandis que le premier procédé nous en a demandé *quatre*.

IV. *Résoudre en nombres entiers positifs l'équation*
$$5x - 7y = 6$$
Elle donne　$x = \dfrac{6 + 7y}{5} = 1 + y + \dfrac{1 + 2y}{5}.$

Faisant $\dfrac{1 + 2y}{5} = t$, j'ai $y = \dfrac{5t - 1}{2} = 2t + \dfrac{t - 1}{2}$.

Faisant $\dfrac{t - 1}{2} = t'$, j'en conclus $t = 2t' + 1.$

Par suite,　$y = 4t' + 2 + t' = 5t' + 2$;
$$x = 1 + 5t' + 2 + 2t' + 1 = 7t' + 4.$$

Ainsi,　　　$5t' + 2 > 0$,　　d'où $t' > -\frac{2}{5}$;
$$7t' + 4 > 0,　　\text{d'où } t' > -\tfrac{4}{7}.$$

La variable t', n'ayant qu'une limite inférieure $-\frac{2}{5}$, peut recevoir toutes les valeurs entières possibles plus grandes que $-\frac{2}{5}$: on peut donc faire
$$t = 0,\quad 1,\quad 2,\quad 3,\quad 4,\quad 5,\quad 6,\dots$$
ce qui donne　$x = 4,\ 11,\ 18,\ 25,\ 32,\ 39,\ 46,\dots$
et　　　　　$y = 2,\ \ 7,\ 12,\ 17,\ 22,\ 27,\ 32.\dots$
On voit donc qu'il y a une infinité de solutions.

V. *L'équation*　　　　　$30x + 103y = 1000$
donne　　　　　$x = 103t - 1,$　　　et $y = 10 - 30t.$
d'où l'on tire　　　$t > \frac{1}{103}$,　　et $t < \frac{1}{3}$;
Or, entre $\frac{1}{103}$ et $\frac{1}{3}$, il n'existe aucun nombre entier : donc l'équation donnée n'admet pour ses inconnues aucune valeur entière positive.

VI. *Résoudre en nombres entiers positifs les trois équations.*

$$\tfrac{1}{5}x + \tfrac{1}{6}y + \tfrac{1}{2}u = \tfrac{1}{7}z + 5 \qquad [1]$$
$$2x + z + \tfrac{3}{4}u = \tfrac{1}{2}y + 20 \qquad [2]$$
$$3x + 2y + 4z = 5u + 15 \qquad [3]$$

Eliminant z, j'ai $204x + 40y + 255u = 3300 \quad [4]$
$$129x + 100y + 135u = 2325 \quad [5]$$

Eliminant y, j'obtiens $254x + 335u = 3950$

d'où je tire $\qquad x = 5 + 335t, \qquad u = 8 - 254t.$

Substituant ces valeurs dans [5], j'en tire

$$4y = 24 - 357t,$$

d'où $\qquad t = 4t', \qquad$ et $y = 6 - 357t'$:

donc $\qquad x = 5 + 1340t', \qquad u = 8 - 1016t'.$

Ces valeurs de x, y, u, substituées dans [3],
donnent $\qquad 2z = 14 - 4193t',$

d'où $\qquad t' = 2t'', \qquad$ et $z = 7 - 4193t''$:

donc $x = 5 + 2680t''$, $y = 6 - 714t''$, $u = 8 - 2032t''$.

Il faut faire $t'' = 0$, d'où $x = 5$, $y = 6$, $z = 7$, $u = 8$.

143. *Observations.* I. La résolution en nombres entiers positifs de l'équation $ax + by = c$, comprend tous les cas où l'on a m équations contenant $m + 1$ inconnues : c'est ce que l'on doit conclure de l'Exemple VI, ci-dessus.

II. La question est quelquefois impossible, ce que l'on reconnaît *avant l'opération*, 1° lorsque les coefficients a et b ont un facteur commun qui ne divise pas c ; 2° lorsque les deux termes ax et by du premier membre étant positifs, et c n'étant divisible ni par a ni par b, on a $a + b > c$: telle serait l'équation $7x + 8y = 12, \ldots$ Et *après l'opération*, lorsque les limites de l'indéterminée ne renferment aucun nombre entier (*Exemple* V). Mais dans ce cas, on pourrait craindre quelque erreur dans le calcul : pour lever tous les doutes, il faut substituer les valeurs trouvées dans l'équation proposée : si les calculs sont exacts, cette équation se transforme en identité. Opérant ainsi pour l'Exemple V, nous aurons

$$30 (103t - 1) + 103 (10 - 30t) = 1000,$$

c'est-à-dire, $\quad 30.103t - 30 + 1030 - 103.30t = 1000,$

qui se réduit à $\qquad 1000 = 1000.$

Leçon III. — Problèmes indéterminés du premier degré.

I. *Une personne qui doit 542 francs, n'a chez elle que des pièces de 6ᶠ et de 5ᶠ : en combien de manière peut-elle faire son payement ?*

Appelant x le nombre de pièces de 6ᶠ, et y le nombre de pièces de 5ᶠ, nous aurons

$$6x + 5y = 542,$$

d'où $\qquad x = 2 - 5t, \qquad y = 106 + 6t.$

Or, d'après la valeur de x, on a $t < \frac{2}{5}$, et d'après celle de y, on a $t > -17\frac{2}{3}$: donc la plus grande valeur de t est 0, et la plus petite, -17,

ce qui donne $x = \qquad 2, \quad 7, 12, 17, 22, 27, \ldots 87,$
et $\qquad\qquad y = 106, 100, 94, 88, 82, 76, \ldots 4$:

Ainsi le payement peut s'effectuer de 18 manières.

II. *Une personne qui doit à une autre 77ᶠ,50, n'a sur elle que des pièces de 5 francs. L'autre n'a pour monnaie que des pièces de 1ᶠ,50. Combien faudra-t-il que la première donne de pièces de 5ᶠ, et que la seconde lui rende de pièces de 1ᶠ,50, pour que celle-ci reçoive précisément la somme qui lui est due ?*

Appelant x le nombre de pièces de 5ᶠ que donnera la première, et y le nombre de pièces de 1ᶠ,50 que rendra la seconde, nous aurons

$$5x - 1,50y = 77,50,$$

ou bien $\qquad 10x - 3y = 155,$

d'où $\qquad x = 3t + 2, \qquad y = 10t - 45.$

D'après la valeur de y, on a $t > 4\frac{1}{2}$; d'ailleurs rien n'empêche de donner à t une valeur entière quelconque plus grande que $4\frac{1}{2}$: il y a donc ici une infinité de solutions. La plus simple est celle qui répond à $t = 5$: elle donne $x = 17$, et $y = 5$.

III. *Nos pièces d'or de 100ᶠ ont 35 millimètres de diamètre, celles de 50ᶠ ont 28 millimèt. : combien faut-il en placer bord à bord les unes à la suite des autres, les centres sur la même droite, pour obtenir une longueur de 1 mèt. 631 mill.?*

Le mètre vaut 1000 millimètres : si donc x est le nombre de pièces de 100^f, et y le nombre de pièces de 50^f, nous aurons l'équation suivante

$$35x + 28y = 1631,$$

d'où l'on tire $x = 1 - 4t, \quad y = 57 + 5t.$

On trouvera aisément que t peut avoir les douze valeurs 0, — 1, — 2, — 3,... — 11, d'où il suit que

$$x = \quad 1, \quad 5, \quad 9, 13, 17, 21,\ldots.45$$
$$y = 57, 52, 47, 42, 37, 32\ldots.. \ 2$$

IV. *On demandait à un berger combien il avait de moutons dans son troupeau : «J'en ai plus de 200 et moins* » *de 300, répondit-il ; et si je les compte par huitaines,* » *par dizaines, par douzaines ou par quinzaines, je trouve* » *toujours 3 de reste : devinez combien j'en ai. »*

Soit x le nombre demandé : en appelant a, b, c, d, les quotients de x par 8, 10, 12, 15, on verra que

$$x = 8a + 3 = 10b + 3 = 12c + 3 = 15d + 3.$$

Or, 1° de $8a + 3 = 10b + 3$, on tire $b = 4b'$:
donc $x = 10b + 3 = 40b' + 3$;
donc 2° $12c + 3 = 40b' + 3$, d'où $b' = 3c'$:
donc $x = 40b' + 3 = 120c' + 3$;
donc 3° $15d + 3 = 120c' + 3$, d'où $d = 8c'$:
donc on a encore $x = 120c' + 3,$

Mais, d'après l'énoncé, $x > 200$, et $x < 300$ donc $c' > \frac{197}{120}$ et $c' < \frac{297}{120}$: donc $c' = 2$, et $x = 243$.

V. *Trouver deux fractions dont la somme soit* $1\frac{8}{15}$, *et les dénominateurs 5 et 15.*

Soient x le numérateur de la première, et y celui de la seconde : on aura, d'après l'énoncé,

$$\frac{x}{5} + \frac{y}{15} = 1\frac{8}{15}, \quad \text{ou} \quad 3x + y = 23,$$

d'où $y = 23 - 3x.$

On peut donner à x les valeurs 1, 2, 3, 4, 5, 6, 7,
d'où $y = 20, 17, 14, 11, 8, 5, 2$:

il y a donc *sept* solutions; mais, si l'on rejette les fractions qui ne sont pas moindres que l'unité, il n'y en aura que *deux*, savoir :

$$1^{re} \ldots \tfrac{3}{5} \text{ et } \tfrac{14}{15}; \qquad 2^{de} \ldots \tfrac{4}{5} \text{ et } \tfrac{11}{15}.$$

CHAPITRE VIII. — PUISSANCES ET RACINES DES NOMBRES.

—

LEÇON Ire. — Principes préliminaires.

144. *Pour que le produit de deux facteurs soit divisible par un troisième nombre premier avec l'un de ces facteurs, il faut que l'autre facteur soit divisible par ce troisième nombre.* Par exemple, si d est premier avec b, pour que le nombre d divise le produit ab, il faut qu'il divise a.

En effet, divisons b par d, puis d par le reste, ensuite le premier reste par le second, le second par le troisième,... en un mot, opérons sur b et d comme pour en trouver le plus grand commun diviseur. Si nous appelons δ, δ', δ'',... les quotients, et r, r', r'',... les restes successifs, nous aurons

$$
\begin{array}{c|c|c|c}
 & \delta & \delta' & \delta'' \\
b & d & r & r' \\
\hline
r & r' & r'' &
\end{array} \ldots \quad \text{d'où} \quad \left\{ \begin{array}{l} b = d\delta + r \\ d = r\delta' + r', \\ r = r'\delta'' + r'', \text{etc.} \end{array} \right.
$$

Multiplions par a les deux nombres de chacune de ces égalités, puis divisons-les par d : nous aurons

$$\frac{ab}{d} = a\delta + \frac{ar}{d}, \quad a = \frac{ar}{d}\delta' + \frac{ar'}{d}, \quad \frac{ar}{d} = \frac{ar'}{d}\delta'' + \frac{ar''}{d}, \ldots$$

Or, pour que ab soit divisible par d, on voit, par la première de ces nouvelles égalités, que ar doit être divisible par d; mais, par la seconde, on voit que ar étant divisible par d, il en résulte que ar' l'est aussi; ar' étant divisible par d ainsi que ar, il suit de la troisième que ar'' l'est pareillement, et ainsi de suite. Donc d doit diviser tous les produits qu'on obtient en multipliant par a chacun des restes r, r', r''...; mais b et d étant premiers entre eux, on arrive à un reste égal à 1, qui multiplié par a donne simplement a : donc, il faut que a soit divisible par d.

145. *Tout nombre premier qui divise le produit de deux facteurs, divise l'un de ces facteurs.* Par exemple si d est un nombre premier qui divise le produit ab, je dis qu'il divise a ou b.

En effet, supposons que d ne divise pas b; il est nécessairement premier avec b, car alors b et d ne peuvent avoir d'autre commun diviseur que l'unité : donc (**144**), si d divise ab, il divise a.

146. *Tout nombre premier qui divise une puissance quelconque d'un nombre, divise ce nombre.* Ainsi d étant un nombre premier qui divise a^m, je dis que d divise a.

En effet, $a^m = a^{m-1} \times a$: donc, (**145**), d qui divise a^m, divise a ou a^{m-1}. Mais $a^{m-1} = a^{m-2} \times a$: donc, si d divise a^{m-1} il divise a ou a^{m-2}. De même, a^{m-2} étant égal à $a^{m-3} \times a$, si d divise a^{m-2} il divise a ou a^{m-3}. — Continuant ainsi, on arrivera à conclure que d divise a ou a^2 ; et comme $a^2 = a \times a$, on conclura enfin que d divise a.

147. *Si plusieurs nombres sont premiers entre eux, les puissances de ces nombres sont aussi des nombres premiers entre eux.* Ainsi, a, b, c, étant des nombres premiers entre eux, je dis que a^m, b^n, c^p, sont aussi des nombres premiers entre eux.

En effet, un nombre premier qui diviserait plusieurs de ces puissances, diviserait aussi plusieurs des nombres a, b, c, (**146**) : donc, ceux-ci ne seraient pas premiers entre eux, ce qui serait contre l'hypothèse.

148. *Division abrégée.* Pour calculer à moins d'une unité près le quotient de deux nombres entiers, on peut supprimer sur la droite du dividende autant de chiffres, *moins un,* qu'il y en a dans le diviseur ; faire ensuite la division comme d'habitude : s'il n'y a point de reste, écrire à la suite du quotient calculé autant de zéros qu'on a supprimé de chiffres dans le dividende. S'il y a un reste, continuer de diviser, non plus par le diviseur proposé, ce qui n'est plus possible, mais par ce diviseur dont on aura supprimé le dernier chiffre de la droite. Après cette division, diviser le nouveau reste par le diviseur précédent dont on aura supprimé le chiffre de la droite. Continuer ainsi de diviser en supprimant à chaque division un chiffre sur la droite du diviseur.

Observations. I. La partie supprimée au diviseur doit être considérée comme *décimale :* il faut la multiplier mentalement par le chiffre qu'on porte au quotient, joindre la retenue au produit de la partie restante, et retrancher la somme du dividende partiel.

II. Si le reste de la division par le diviseur proposé, se trouvait plus petit que n'est le diviseur après qu'on en a supprimé le dernier chiffre, on écrirait zéro au quotient ; on supprimerait un second chiffre sur la droite du diviseur ; et si le reste se trouvait encore plus petit que le nouveau diviseur, on écrirait un nouveau zéro au quotient, et ainsi de suite.

III. Si, au commencement de l'opération, après la suppression des chiffres sur la droite du dividende, il se trouve que les chiffres restants ne contiennent pas le diviseur, on supprimera tout de suite sur la droite de ce dernier, autant de chiffres qu'il est nécessaire pour que le nouveau diviseur soit contenu dans la partie restante du dividende.

EXEMPLE I. *Diviser* 1 234 562 000 *par* 9876 *et calculer le quotient à moins d'une unité près.*

EXEMPLE II. *Le dividende étant* 9 876 543 210, *et le diviseur* 485 743 , *quel est le quotient à moins d'une unité près ?*

<pre>
1 234 562 | 9876   98 765 | 485 743
  246 96 | 125 006   1 616 | 20 332
   49 442   159
    ..62   13
      3   3
</pre>

Le premier diviseur 9876 ayant *quatre* chiffres, je supprime les *trois* derniers de la droite du dividende, et j'ai 1 234 562, que je divise par 9876, ce qui me donne 125 avec un reste 62. Je barre le chiffre 6 du diviseur, et, comme 62 ne contient pas le nouveau diviseur 987,6, j'écris 0 au quotient. Je barre le chiffre 7 du diviseur : le reste 62 étant encore moindre que le nouveau diviseur 98,76, j'écris un second 0 au quotient. Enfin, barrant le chiffre 8 du diviseur, je divise 62 par 9, ou plutôt par 9,876, je trouve 6 pour dernier chiffre du résultat. Ainsi le quotient demandé $= 125\,006$.

Le second diviseur a *six* chiffres; c'est pourquoi j'en supprime *cinq* sur la droite du dividende, et j'ai 98 765 pour nouveau dividende; comme il est moindre que le diviseur, je barre dans celui-ci le premier chiffre à droite, et je trouve 2 pour premier chiffre du quotient. Le diviseur exact étant 48 574,3, son produit par 2 est $48\,574.2 + 0,3.2$, ou à peu près $48\,574.2 + 1$; ainsi au produit de 48 574 par 2, j'ajoute 1; faisant la soustraction, je trouve 1616 de reste. Le nouveau diviseur 4857,43 n'étant pas contenu dans 1616, j'écris 0 au quotient; etc. —Le second quotient demandé est donc 20 332.

Mais comment se fait-il qu'en abrégeant ainsi le calcul, on parvienne au résultat?

Dans l'*Exemple I*, les trois chiffres supprimés dans le dividende, étant des zéros, nous avons divisé le dividende par 1000; mais le diviseur a été pareillement divisé par 1000, puisque nous y avons effectué trois divisions successives par 10 : donc le quotient n'a pas dû changer de valeur.

Dans l'*Exemple II*, si nous remplaçons au dividende les cinq derniers chiffres par des zéros, nous aurons 9876 500 000 à diviser par 485 743, et la division rentre dans le cas précédent. Mais, en opérant ainsi, nous avons diminué le dividende de 43 210; voyons l'erreur qui en résulte dans le quotient, et pour cela, faisons le dividende donné $= D$, le diviseur donné $= d$, le quotient vrai $= \delta$, le quotient trouvé $= \delta'$ et le nombre 43 210 $= n$: nous aurons

$$\delta = \frac{D}{d}, \quad \text{et } \delta' = \frac{D - n}{d} = \frac{D}{d} - \frac{n}{d}.$$

Le quotient trouvé δ' est donc trop faible de $\dfrac{n}{d}$; mais n est nécessairement moindre que d : donc l'erreur résultante est moindre que l'unité.

Quand à l'erreur provenant des chiffres supprimés dans le diviseur, remarquons que le produit par chaque chiffre du quotient ne peut être fautif de plus d'une demi-unité ; donc, lorsqu'on supprime m chiffres au diviseur, l'erreur totale ne peut surpasser $\frac{1}{2}m$: donc, comme les erreurs particulières, la dernière exceptée, se portent sur le dernier dividende partiel, si le dernier chiffre à gauche du diviseur n'est pas moindre que $\frac{1}{2}m$, l'erreur dans le quotient sera moindre que l'unité. — Ajoutons que les erreurs particulières étant ordinairement les unes en plus, les autres en moins, se détruisent mutuellement en tout ou en partie. — Concluons de tout ce qui précède que le procédé que nous venons de faire connaître, donne une exactitude suffisante dans un très-grand nombre de circonstances, et notamment, comme on le verra, dans les racines carrées et cubiques, auxquelles nous nous proposons de l'appliquer.

Leçon II. — Puissances et Racines des Nombres, en général.

149. Nous avons déjà démontré 1° que *pour élever une fraction à une puissance quelconque, il suffit d'élever à cette puissance le numérateur et le dénominateur* (**83**). Ainsi, $\left(\frac{3}{4}\right)^2 = \frac{9}{16}$; $\left(\frac{9}{4}\right)^3 = \frac{729}{64}$; ...

2° Que *pour élever un produit à une puissance quelconque, il suffit d'élever chacun de ses facteurs à cette puissance* (**45**). Ainsi, $(2.3.4)^2 = 4.9.16$.

3° Que *pour élever à une puissance quelconque un nombre affecté d'un exposant, il suffit de multiplier son exposant par le nombre qui marque le degré de la puissance* (**46**). Ainsi $(9^2)^3 = 9^6$; $(8^2.5^3)^2 = 8^4.5^6$.

150. *Aucune puissance d'une fraction irréductible ne peut être un nombre entier.*

En effet, pour élever une fraction à une puissance quelconque, il suffit d'élever chacun de ses termes à cette puissance (**149**, 1°); or, les termes d'une fraction irréductible, étant nécessairement premiers entre eux, il en est de même de leurs puissances (**147**) : donc *aucune puissance*... Par exemple, le carré de $\frac{4}{3}$ ne peut être un nombre entier, car le carré de 4 ne peut contenir exactement le carré de 3, puisque ces carrés sont deux nombres premiers entre eux.

151. *Pour extraire une racine d'un degré quelconque d'un nombre affecté d'un exposant, il suffit de diviser, lorsque cela se peut exactement, l'exposant de la quantité par le degré de la racine dont il s'agit.* Par exemple, la racine cubique de 9^6 est 9^2.

En effet, $(9^2)^3 = 9^6$ (**149**, 3°) : donc, $\sqrt[3]{9^6} = 9^2$ (**11**).

152. *Pour extraire d'une fraction une racine d'un degré quelconque, on peut l'extraire de chacun de ses termes, si cette racine est exacte.* Par exemple, la racine carrée de $\frac{9}{16}$ est $\frac{3}{4}$.

En effet, $\left(\frac{3}{4}\right)^2 = \frac{9}{16}$ (**149**, 1°) : donc, $\sqrt{\frac{9}{16}} = \frac{3}{4}$ (**11**).

153. *Pour extraire d'un produit une racine d'un degré quelconque, on peut, si elle est exacte, l'extraire de chacun de ses facteurs.* Par exemple la racine carrée du produit $4.9.16$ est $2.3.4.$ — En effet, $(2.3.4)^2 = 4.9.16$ (**149**, 2°) : donc, $\sqrt{4.9.16} = 2.3.4$.

154. *Aucune racine d'un nombre entier ne peut être un nombre fractionnaire irréductible.*

Car si elle l'était, en élevant ce nombre fractionnaire irréductible à la puissance marquée par le dégré de la racine, on retrouverait le nombre entier proposé (**11**); mais aucune puissance d'une fraction, et par conséquent d'un nombre fractionnaire irréductible, ne peut être un nombre entier (**150**) : donc *aucune racine d'un nombre entier,* etc.

155. *Lorsqu'une racine d'un degré quelconque d'un nombre entier n'est pas elle-même un nombre entier, il est impossible d'exprimer exactement cette racine.*

En effet, puisqu'elle n'est pas un nombre entier, si elle pouvait s'exprimer exactement, elle serait un nombre fractionnaire irréductible, ce qui ne peut être **(154)** : donc *lorsqu'une racine*, etc,

156. On dit qu'une racine d'un degré quelconque d'un nombre est *à moins d'une unité près*, lorsqu'elle n'est pas fautive d'une unité. Par exemple, la racine carrée de 20 est comprise entre 4 et 5 (attendu que $4^2 = 16$, et que $5^2 = 25$) ; elle ne diffère donc pas d'une unité de chacun de ces deux nombres. Mais 4 est moindre que la racine exacte, et 5 est plus grand : ainsi 4 est la racine *en moins*, et 5 la racine *en plus*, à moins d'une unité près. Par là on voit que dans les racines qu'on ne peut obtenir exactement, il y a toujours deux nombres qui satisfont à la question. Ordinairement, on prend le plus petit.

Une racine est dite *à moins d'un demi, d'un tiers, d'un quart, d'un 10e, d'un 100e*,..., lorsqu'elle n'est pas fautive d'une demi-unité, ou d'un tiers, d'un quart, d'un 10e, d'un 100e,... d'unité.

157. Les nombres entiers, fractionnaires et fractions, s'appellent d'un nom commun, *nombres commensurables*, ou *rationnels*, parce que les quantités qu'ils représentent, sont mesurables exactement, soit au moyen de l'unité, soit au moyen de parties dont la relation à l'unité est connue.

Par opposition, on appelle *nombre incommensurable*, ou *irrationnel*, un nombre qu'on ne peut exprimer exactement, ni au moyen de l'unité, ni au moyen de ses parties, parce que la quantité qu'il représente n'a aucune mesure commune avec l'unité. Ainsi, *une racine d'un degré quelconque d'un nombre entier, lorsqu'elle n'est pas elle-même en nombre entier, est un nombre incommensurable* **(155)** : par exemple, $\sqrt{2}, \sqrt{3}, \sqrt[3]{4},,\ldots$ sont incommensurables.

Soit *abcd* un carré : si on en tire la diagonale *bd*, on aura deux triangles rectangles *abd, bcd*, dont *bd* sera l'hypothénuse commune. Or, la Géométrie démontre que le carré de l'hypothénuse $=$ la somme des carrés des côtés de l'angle droit : donc le carré de $bd =$ le carré de $bc +$ le carré de cd ; mais les côtés du carré étant égaux, $bc = cd$; par conséquent, le carré de $bd = 2$ fois le carré de bc. Si donc $bc = 1$, le carré de bd sera égal à 2 ; donc (11), bd sera égal à la racine carrée de 2 ; et comme la racine carrée de 2 est incommensurable , puisqu'elle n'est pas un nombre entier, il faudra en conclure que *dans le carré, le côté et la diagonale sont incommensurables entre eux*.

158. *On peut toujours trouver un nombre commensurable qui approche aussi près qu'on le voudra d'un nombre incommensurable indiqué.*

En effet, on peut toujours diviser l'unité, ou du moins la concevoir divisée en parties égales aussi petites qu'on le veut : en mesurant la quantité proposée avec une de ces parties, on aura un nombre commensurable dont la différence à la quantité donnée sera moindre qu'une de ces petites parties : il en différera donc aussi peu qu'on le voudra.

Leçon III. — Carrés des Nombres.

159. *Le carré d'un nombre composé de dizaines et d'unités renferme trois parties, savoir : le carré des dizaines, $+$ le double des dizaines $\times$ les unités, $+$ le carré des unités.*

En effet, un nombre composé de dizaines et d'unités peut se partager en deux parties, dont la première contienne les dizaines, et la seconde les unités : donc il est la somme de deux nombres. Or (**58, 1°**), le carré de la somme de deux nombres renferme trois parties, savoir : le carré du premier nombre, $+$ le double du premier $\times$ par le second, $+$ le carré du second : donc, le carré d'un nombre composé de dizaines et d'unités, renferme trois parties, savoir : *le carré des dizaines,* $+$ etc. Par conséquent,

$$36^2, \text{ ou } (30+6)^2, = 30^2 + 30.2.6 + 6^2,$$
$$123^2, \text{ ou } (120+3)^2, = 120^2 + 120.2.3 + 3^2.$$

160. Le nombre représenté par les dizaines, étant toujours terminé par un zéro, il s'ensuit que le carré des dizaines est toujours terminé par deux zéros, et que le double des dizaines $\times$ les unités est toujours terminé par un zéro. Par exemple, on a

$$37^2 = 30^2 + 30.2.7 + 7^2 = 900 + 420 + 49.$$

Ainsi, des trois parties que renferme le carré d'un nombre composé de dizaines et d'unités, la première donne des centaines, et la seconde des dizaines.

161. *Le carré d' (un nombre $+ 1$) renferme trois parties : le carré de ce nombre, $+$ le double de ce nombre, $+1$.*

En effet, $\qquad (x+1)^2 = x^2 + 2x + 1$ (**58**, 3°);
Or, x représente un nombre quelconque : donc *le carré...*
On a donc $\quad 10^2, \text{ ou } (9+1)^2, = 9^2 + 9.2 + 1,$
$$9^2, \text{ ou } (8+1)^2, = 8^2 + 8.2 + 1,...$$

162. *Quelle que soit la quantité de chiffres d'un nombre entier, son carré en a* LE DOUBLE, *ou* LE DOUBLE *moins* UN.

Soit A un nombre entier contenant n chiffres : on a
$$A < 10^n, \qquad \text{donc } A^2 < 10^{2n}.$$
Or (**50**), $10^{2n} = $ l'unité suivie de $2n$ zéros $=$ le plus petit nombre de $2n + 1$ chiffres : donc A^2 ne contient pas plus de $2n$ chiffres.

Mais A $=$ *au moins* 10^{n-1}; donc $A^2 =$ *au moins* 10^{2n-2}. Or, $10^{2n-2} = $ l'unité suivie de $2n - 2$ zéros $=$ le plus petit nombre de $2n - 1$ chiffres : donc A^2 ne contient pas moins de $2n - 1$ chiffres.— Concluons de ces deux résultats que *quelle que soit* etc.

Leçon IV. — Racines carrées des Nombres, à moins d'une unité près.

163. *Si un nombre n'a pas plus de* DEUX *chiffres, sa racine carrée ne peut en avoir qu'un à sa partie entière.*

En effet, puisque le carré de 10 est 100, la racine carrée de 100 est 10 (N° 11); or, tout nombre qui n'a pas plus de deux chiffres, est moindre que 100; donc sa racine carrée est moindre que 10 : donc cette racine ne peut avoir qu'un chiffre à sa partie entière, ce que l'on voit d'ailleurs par le tableau ci-dessous, au moyen duquel on trouve sans calcul et à moins d'une unité près, la racine carrée d'un nombre entier qui n'a pas plus de deux chiffres :

Nombres   1, 2, 3, 4, 5, 6, 7, 8, 9, 10;
Carrés   1, 4, 9, 16, 25, 36, 49, 64, 81, 100.

On voit par ce tableau que $\sqrt{16}=4$, $\sqrt{25}=5$, $\sqrt{64}=8$; que 60 étant compris entre 49 et 64, on a $\sqrt{60} > 7$, < 8, et que par conséquent, $\sqrt{60}=7$ en moins, et 8 en plus, à moins d'une unité près.

164. *Si un nombre entier a plus de* DEUX *chiffres, sa racine carrée en a plus d'un.*

En effet, la racine carrée de 100 est 10; or, aucun nombre entier de plus de deux chiffres n'est moindre que 100; sa racine carrée n'est donc pas moindre que 10 : donc elle a plus d'un chiffre; donc en général elle renferme des dizaines et des unités.

165. Voyons maintenant ce qu'on peut faire pour *extraire à moins d'une unité près la racine carrée d'un nombre entier qui a plus de deux chiffres*, et pour cela proposons-nous de *trouver la racine carrée de* 501 264.

I. Ce nombre, ayant plus de deux chiffres, a des dizaines et des unités à sa racine (**164**); donc il renferme *le carré* d'un certain nombre *de dizaines* $+$ *le double de ces dizaines* $\times$ *les unités*, $+$ *le carré des unités* (**159**). Si je connaissais le carré des dizaines, j'en chercherais la racine et j'aurais les dizaines; mais le carré des dizaines donnant des centaines (**160**), les deux premiers chiffres à droite ne peuvent en faire partie; c'est pourquoi je les sépare des autres. Pour obtenir les dizaines, l'opération revient donc à extraire la racine carrée de 5012. Ne nous occupons donc maintenant que de trouver la racine de 5012 : quand nous la connaîtrons, nous saurons combien il y a de dizaines dans la racine demandée.

II. Raisonnant sur 5012 comme sur le nombre proposé, j'en conclus qu'il faut aussi en séparer les deux derniers chiffres à droite, et que c'est dans 50 qu'est contenu le carré des dizaines de la racine de 5012.

III. Or, le plus grand carré contenu dans 50, est 49, dont la racine est 7 (163) : donc 7 est le chiffre des dizaines de la racine carrée de 5012.

$$\begin{array}{l|l} 50 \cdot 12 \cdot 64 & 708 \\ 49 & \\ \hline 11264 & \\ 1408 & \\ \hline 0000 & \end{array}$$

IV. Calculons maintenant le chiffre des unités. Le nombre 5012 renferme le carré des 7 dizaines calculées, + le double de ces 7 dizaines $\times$ les unités, + le carré des unités (159) : donc, si j'en ôte le carré des 7 dizaines, il me restera *le double de 7 dizaines $\times$ les unités,* + le carré des unités. J'effectue la soustraction ; il reste 1 centaine qui, étant jointe aux 12 unités, donne 112 pour l'excès de 5012 sur le carré des 7 dizaines de la racine.

V. Le nombre 112 contenant *le double des 7 dizaines* $\times$ *les unités* + etc., si je le divise par le double des 7 dizaines, j'aurai *au moins* les unités. Mais le double des dizaines $\times$ les unités, donnant des dizaines (160), il s'ensuit que le chiffre 2 des unités ne peut en faire partie, et que c'est dans les 11 dizaines de 112 qu'est contenu le double des 7 dizaines calculées $\times$ les unités ; donc, pour obtenir le chiffre des unités, je dois diviser seulement 11 par 7.2 ou par 14. Or, 11 est plus petit que 14 : donc il n'y a pas d'unités. En effet, s'il y en avait seulement une, son produit par 14 serait 14 : j'écris donc zéro à la racine.

VI. La racine du plus grand carré contenu dans 5012, étant 70, il s'ensuit que les dizaines de la racine demandée sont au nombre de 70 (1). — En ôtant du nombre donné le carré de ces 70 dizaines, on a 112 centaines qui, réunies aux 64 unités, donnent pour reste total 11264 : ce nombre renferme les deux dernières parties du carré de la racine demandée, savoir : le double de

70 dizaines $\times$ les unités, $+$ le carré des unités. Raisonnant sur 11264 comme plus haut (V) sur 112, je vois que pour obtenir le chiffre des unités, il faut diviser 1126 par 140, double de 70, ce qui me donne 8 pour le chiffre des unités.

VII. Le chiffre 8 pouvant être trop fort, il faut le vérifier : formons donc les deux dernières parties du carré de 708, et voyons si elles n'excèdent point 11264. Or, ces deux parties étant (**159**)

$$700.2.8 + 8^2, \quad \text{ou } (700.2 + 8).8,$$

je vois que pour les former, il suffit d'écrire le chiffre 8 des unités à la droite du double de 70, ce qui donne 1408, et de multiplier le tout par 8. J'effectue la multiplication, et retranchant au fur et à mesure de 11264, je trouve un reste nul : donc 8 est le chiffre des unités : donc la racine demandée est exactement 708.

166. Les raisonnements qui précèdent ne sont point particuliers au nombre que nous avons choisi ; ils sont applicables à tous les cas semblables. Donc, *pour extraire, à moins d'une unité près la racine carrée d'un nombre entier de plus de deux chiffres, on le sépare en tranches de deux chiffres, à partir de la droite (**165**, I, II). La racine du plus grand carré contenu dans la première tranche à gauche, est le premier chiffre de la racine (III) ; on ôte ce carré de la première tranche, et à droite du reste on écrit la seconde tranche (IV). On divise les dizaines du reste suivi de la tranche par* LE DOUBLE *du premier chiffre de la racine : le quotient donne le second chiffre ; on l'écrit à la droite du premier (V, VI).*

Pour vérifier le second chiffre, on l'écrit aussi à la droite du double du premier ; on multiplie le nombre ainsi formé par le second chiffre de la racine, et l'on ôte le produit du premier reste suivi de la seconde tranche. Si la soustraction n'est pas possible, c'est une preuve évidente que le second chiffre est trop fort : on le diminue d'une unité, on recommence la vérification, et l'on continue de même jusqu'à ce que la soustraction puisse s'effectuer.

Les deux premiers chiffres calculés font connaître

combien il y a de dizaines dans la racine du nombre formé par les trois premières tranches à gauche. *Pour trouver le troisième chiffre de la racine, on se sert des deux premiers comme on s'est servi du premier pour obtenir le second.* On continue de la même manière, jusqu'à ce qu'on ait employé toutes les tranches du nombre proposé.

167. Il faut bien remarquer que, pour obtenir chaque nouveau chiffre à la racine, on ne doit diviser par le double de la racine calculée, que le nombre des dizaines du dernier reste suivi de la tranche écrite à droite. En effet, c'est cette partie seule qui renferme le double de la racine obtenue $\times$ le chiffre que l'on cherche : donc, si cette partie ne contient pas le double de la racine calculée, le chiffre cherché est *zéro* (V). — Si au contraire, on trouve que cette partie contient plus de 9 fois le double de la racine trouvée, il ne faut pas pour cela écrire plus de 9 ; car, si l'on pouvait seulement écrire *dix*, ce serait une preuve que le chiffre précédent serait trop faible, puisque cette dizaine l'augmenterait évidemment d'une unité.

168. *Preuve.* Si à la fin de l'opération, on n'obtient aucun reste, le nombre proposé est un carré parfait, et la racine trouvée est exacte ; de sorte que si l'on carre cette racine, on retrouve exactement le nombre proposé. — Mais si l'on a un reste, le nombre proposé n'est pas un carré parfait, et sa racine est incommensurable (**157**) : dans ce cas, au carré de la racine il faut ajouter le reste, pour retrouver le nombre proposé.

169. Mais *aucun reste ne doit surpasser le double de la racine trouvée.*

Soit N le nombre dont on a extrait la racine R : on doit conclure de ce que nous avons dit (**165**), que $N = R^2 + $ *le reste*. Si le reste surpasse 2R, il est au moins égal à $2R + 1$; donc, alors,

$$N = \text{*au moins*}\ R^2 + 2R + 1$$
$$= \text{*au moins*}\ (R + 1)^2 \quad (\textbf{161}).$$

La racine de N est donc *au moins* $R + 1$: donc, *quand*

le reste surpasse le double de la racine obtenue, le dernier chiffre calculé est trop faible au moins d'une unité, et par conséquent, *aucun reste* etc.

EXEMPLE I. *Extraire la racine carrée de* 629156889.

Je sépare ce nombre en tranches de deux chiffres, et j'ai 6·29·15·68·89. — Le plus grand carré contenu dans la première tranche 6 est 4, dont la racine est 2, premier chiffre du résultat. Je retranche 4 de 6, et à droite du

6·29·15·68·89 ⟩ 25083 — reste 2, j'écris la seconde
4

229
45

·41568
5008

150489
50163

00000

tranche 29; j'ai 229. Je divise 22 par 4, double du premier chiffre calculé, et j'ai 5 pour second chiffre de la racine. Pour vérifier ce chiffre, je l'écris à la droite du double du premier, j'ai 45. Multipliant 45 par 5, et ôtant le produit de 229, j'obtiens un reste 4, à la droite duquel j'écris la troisième tranche, j'ai 415. — Pour obtenir le troisième chiffre de la racine, il faut diviser 41 par le double de 25, ce qui donne *zéro* pour troisième chiffre. Pour trouver le quatrième, j'écris la quatrième tranche à la droite de 415, ce qui forme le nombre 41568, et je divise 4156 par 500, double de la racine trouvée : j'obtiens 8. Continuant l'opération suivant la règle générale (**166**), je trouve que la racine demandée est exactement 25083.

En effet, $25083 \times 25083 = 629156889$ (**168**).

EXEMPLE II. *Extraire à moins d'une unité près la racine carrée de* 34567,89.

N. B. Le reste que l'on aura dans l'extraction de la racine carrée de 34567, ne surpassera pas le double de cette racine (**169**); en y ajoutant la fraction 0,89 (quantité moindre que l'unité, on aura le reste exact, lequel sera moindre que le double de la racine trouvée, $+\ 1$: donc, pour trouver la racine demandée, on peut négliger la fraction, et se borner à extraire la racine de la partie entière. — En opérant ainsi, je trouve que le résultat demandé $= 185$, reste 342 (si l'on tient compte de la fraction, le reste est $342,89$).

EXEMPLE III. $\sqrt{8\,101\,234\,567} = 90\,006$; reste $154\,531$.

EXEMPLE IV. $\sqrt{45\,678\,921\,234} = 213\,726$;   reste 118158.

Leçon V. — Abréviations dans l'extraction des Racines carrées.

170. *Quand on a obtenu* PLUS DE LA MOITIÉ *des chiffres d'une racine carrée, on peut calculer les autres, en divisant le reste total par le double de la racine trouvée, prise avec sa valeur relative.*

Soient a la valeur relative de la première partie de la racine, b la seconde partie, et N le nombre dont on l'a extraite :

on aura (**168**) $N = (a + b)^2 = a^2 + 2ab + b^2$

Puisqu'on a ôté de N le carré de a, il reste $2ab + b^2$; divisant ce reste par $2a$, il vient (**78**)

$$\frac{2ab}{2a} + \frac{b^2}{2a} = b + \frac{b^2}{2a}.$$

Or, on devrait trouver simplement b : donc, la racine calculée de cette manière, est trop forte d'une fraction qui a pour numérateur le carré b^2 de la partie calculée par la division, et pour dénominateur le double $2a$ de la valeur relative de la partie calculée par la méthode ordinaire d'extraction de la racine carrée (**166**). Ainsi l'erreur e sera à son *maximum*, lorsque b sera le plus grand possible et a le plus petit possible. Soit n le nombre de chiffres de b; on aura $b < 10^n$; donc $b = $ tout au plus $10^n - 1$. Alors a contient au moins $2n + 1$ chiffres; donc $a = $ au moins 10^{2n}. Donc

$$e = \frac{b^2}{2a} = \text{tout } au\ plus\ \frac{(10^n - 1)^2}{2.10^{2n}},$$

ou bien (**58, 2°**) $= \text{tout } au\ plus\ \dfrac{10^{2n} - 2.10^n + 1}{2.10^{2n}},$

ce qui donne (**78**) $e = \text{tout } au\ plus\ \dfrac{1}{2} - \dfrac{1}{10^n} + \dfrac{1}{2.10^{2n}}.$

La fraction retranchée de $\frac{1}{2}$, étant plus grande que celle qu'on y ajoute (elle est 2.10^n fois plus grande), il s'ensuit que l'erreur e sera toujours moindre qu'une demi-unité. Donc, *quand on a obtenu*, etc.

EXEMPLE. *Extraire la racine carrée de* 629 156 889.

6·29·15·68·89) 250
4
―――――
229
45
―――――) 50 000
·4 156 889) 83
156 889)
·6 889

Racine = 25 083.

Le nombre proposé, ayant neuf chiffres, donne *cinq* tranches, d'où l'on conclut que la racine aura *cinq* chiffres : on peut donc en calculer *deux* par la division. Après avoir calculé les trois premiers, j'ai le reste partiel 415, à la droite duquel écrivant les chiffres non employés, j'ai 4 156 889 pour reste total : tel est le nombre que je divise par 50 000, valeur relative du double de la première partie de la racine. Je trouve ainsi 83 pour les deux derniers chiffres du résultat : donc la racine demandée est 25 083, comme nous l'avions déjà trouvée ci-devant (*Exemple* I, N° **169**).

171. Appliquons ici la division abrégée (**148**).

La seconde partie b de la racine (celle qui est calculée par une simple division), contenant n chiffres, la valeur relative a de la première en contient au moins $2n + 1$ (**170**) : donc on peut supprimer $2n$ chiffres, c'est-à-dire n tranches de *deux* chiffres, sur la droite du reste total. Mais alors la partie conservée dans ce reste est précisément le reste partiel trouvé en calculant les $n + 1$ premiers chiffres du résultat : donc, *pour calculer à moins d'une unité près, la racine carrée d'un nombre entier* N, *on peut supprimer sur la droite de* N *autant de tranches de* DEUX *chiffres qu'on peut calculer de chiffres par la seule* *division* (**170**); *extraire la racine de la partie restante, et diviser le reste que l'on trouve, par le double de la racine calculée,* sans avoir égard à sa valeur relative, mais en se rappelant que la suppression des chiffres est faite dans le dividende. Il faut donc barrer tout de suite le premier chiffre à droite du diviseur, et on trouve le premier des chiffres que l'on cherche ; barrer un second chiffre au diviseur, et on trouve le second chiffre cherché ; continuer ainsi, jusqu'à ce qu'on ait calculé les n chiffres de la seconde partie b de la racine. — EXEMPLES.

Calculer à moins d'une unité près la racine carrée de 104 121 800 906 648, *et de* 10 009 136 485 931 584.

Le premier de ces deux nombres ayant 15 chiffres, et le second 17, la racine du premier aura *huit* chiffres, et celle du second *neuf :* je puis donc calculer par la seule division *trois* chiffres dans la première racine, et *quatre* dans la seconde (**170**). C'est pourquoi je supprime trois tranches de deux chiffres dans le premier nombre, et quatre dans le second. Ainsi, j'opère sur 104 121 800, et 100 091 364. Voici les calculs :

```
1·04.12.18·00 ) 10204       1·00·09·13·64 ) 10004
1             )             1             )
────────────                ────────────────────
  .412                        ..... 91364
   202                              20004
 ─────────                          ───────
  ..81800                           11348     ) 20008
   20404                             1344     )───────
 ─────────  ) 20408                   144     ) 5672
   ..184    )──────                    .4
     00     ) 009
Racine 10 204 009.          Racine 100 045 672.
```

Dans la première opération, après avoir barré le chiffre 8, il se trouve que 184 ne contient pas 2040, c'est pourquoi j'écris 0 au quotient ; 184 ne contenant pas non plus 204, j'écris un second 0 au quotient ; enfin, divisant 184 par 20, ou plutôt par 20,408, je trouve 9 pour troisième chiffre. L'opération est terminée, car je n'avais que trois chiffres à calculer par la division.— La seconde opération ne présente aucune difficulté.

172. *Preuve*. En carrant la racine trouvée, on aura le carré dont la racine est exactement celle qu'on a choisie (**11**) : la différence entre ce carré et le nombre proposé fera connaître si le résultat est exact à moins d'une unité près, car *cette différence ne peut surpasser le double de la* RACINE EN MOINS (**169**).

LEÇON VI. — Cubes des Nombres.

173. *Le cube d'un nombre composé de dizaines et d'unités renferme quatre parties, savoir : Le cube des dizaines, + le triple carré des dizaines ✕ par les unités, + le triple des dizaines ✕ le carré des unités, + le cube des unités.*

En effet, un nombre composé de dizaines et d'unités peut se partager en deux parties, dont la première contienne les dizaines, et la seconde les unités : donc il est la somme de deux nombres. Or (**59, 1°**), le cube de la somme de deux nombres renferme quatre parties, savoir : le cube du premier nombre, + le triple carré du premier nombre ✕ le second, + le triple du premier nombre ✕ le carré du second, + le cube du second : donc le cube d'un nombre composé de dizaines et d'unités renferme quatre parties, savoir : *Le cube des dizaines,* + etc. Par conséquent,

$$36^3 = 30^3 + 30^2.3.6 + 30.3.6^2 + 6^3,$$
$$234^3 = 230^3 + 230^2.3.4 + 230.3.4^2 + 4^3.$$

174. Le nombre représenté par les dizaines, étant toujours terminé par un zéro, il s'ensuit que le cube des dizaines est toujours terminé par trois zéros; le triple carré des dizaines ✕ les unités, par deux zéros, et le triple des dizaines ✕ le carré des unités, par un zéro. Par exemple, on a

$$36^3 = 27\,000 + 16\,200 + 3\,240 + 216.$$

Ainsi, des quatre parties que renferme le cube d'un

nombre composé de dizaines et d'unités, la première donne des mille, la seconde des centaines, et la troisième des dizaines.

175. *Le cube d' (un nombre $+1$) renferme quatre parties, savoir : Le cube de ce nombre $+$ le triple carré de ce nombre, $+$ le triple de ce nombre, $+1$.*

En effet, $(x+1)^3 = x^3 + 3x^2 + 3x + 1$ (**59, 3°**) ; Or, x représente un nombre quelconque : donc, *le cube...*

176. *Quelle que soit la quantité de chiffres d'un nombre entier, son cube en a* LE TRIPLE, *ou* LE TRIPLE *moins* UN, *ou* LE TRIPLE *moins* DEUX.

Soit A un nombre entier contenant n chiffres : on a

$$A < 10^n, \qquad \text{donc } A^3 < 10^{3n}.$$

Or, (**50**), $10^{3n} = $ l'unité suivie de $3n$ zéros $= $ le plus petit nombre de $3n + 1$ chiffres : donc A^3 ne contient pas plus de $3n$ chiffres.

Mais $A = $ *au moins* 10^{n-1} ; donc $A^3 = $ *au moins* 10^{3n-3}. Or $10^{3n-3} = $ l'unité suivie de $3n - 3$ zéros $= $ le plus petit nombre de $3n - 2$ chiffres : donc A^3 ne contient pas moins de $3n - 2$ chiffres. — Concluons de ces deux résultats que *quelle que soit*, etc.

Leçon VII. — Racines cubiques des Nombres, à moins d'une unité près.

177. *Si un nombre n'a pas plus de* TROIS *chiffres, sa racine cubique ne peut en avoir qu'un à sa partie entière.*

En effet, puisque le cube de 10 est 1000, la racine cubique de 1000 est 10 (**11**) ; or, tout nombre qui n'a pas plus de trois chiffres, est moindre que 1000 ; donc sa racine cubique est moindre que 10 : donc cette racine ne peut avoir qu'un chiffre à sa partie entière, ce que l'on voit d'ailleurs par le tableau ci-dessous, au moyen duquel on trouve sans calcul et à moins d'une unité près, la racine cubique d'un nombre entier qui n'a pas plus de trois chiffres :

Nombres 1, 2, 3, 4, 5, 6, 7, 8, 9, 10;
Cubes 1, 8, 27, 64, 125, 216, 343, 512, 729, 1000.

On voit par ce tableau que $\sqrt[3]{64} = 4$, $\sqrt[3]{343} = 7$, ... que 600 étant compris entre 512 et 729, on a $\sqrt[3]{600} > 8$, et < 9; par conséquent, $\sqrt[3]{600} = 8$ en moins, et 9 en plus, à moins d'une unité près.

178. *Si un nombre entier a plus de* TROIS *chiffres, sa racine cubique en a plus d'un.*

En effet, la racine cubique de 1000 est 10; or, aucun nombre entier de plus de trois chiffres n'est moindre que 1000; sa racine cubique n'est donc pas moindre que 10 : donc elle a plus d'un chiffre; donc, en général, elle contient des dizaines et des unités.

179. Voyons maintenant ce qu'on peut faire pour *extraire à moins d'une unité près la racine cubique d'un nombre entier qui a plus de trois chiffres*, et pour cela proposons-nous de *trouver la racine cubique de* 502 459 875.

I. Ce nombre ayant plus de trois chiffres, a des dizaines et des unités à sa racine (**178**); donc, il renferme *le cube* d'un certain nombre *de dizaines* + *le triple carré de ces dizaines* × *par les unités*, + *le triple de ces dizaines* × *le carré des unités*, + *le cube des unités* (**173**). Si je connaissais le cube des dizaines, j'en chercherais la racine, et j'aurais les dizaines; mais le cube des dizaines donnant des mille (**174**), les trois premiers chiffres à droite ne peuvent en faire partie; c'est pourquoi je les sépare des autres. Pour obtenir les dizaines, l'opération revient donc à extraire la racine cubique de 502 459. Ne nous occupons donc maintenant que de trouver la racine de 502 459 : quand nous la connaîtrons, nous saurons combien il y a de dizaines dans la racine demandée.

II. Raisonnant sur 502 459 comme sur le nombre proposé, j'en conclus qu'il faut aussi en séparer les trois derniers chiffres à droite; et que c'est dans 502 qu'est contenu le cube des dizaines de la racine de 502 459.

III. Or, le plus grand cube contenu dans 502, est 343, dont la racine est 7 (**178**) : donc 7 est le chiffre des dizaines de la racine cubique de 502459.

IV. Calculons maintenant le chiffre des unités. — Le nombre 502459 renferme le

$$
\begin{array}{ll}
\left. \begin{array}{l} 502 \cdot 459 \cdot 875 \\ 343\,000 \end{array} \right\} & \left. \begin{array}{l} 795 \\ \hline 14700 \end{array} \right. \qquad 219\ldots\ (A) \\[2ex]
\left. \begin{array}{l} \overline{159\ 459} \\ 16\ 671 \end{array} \right. & \left. \begin{array}{l} 1971 \\ \hline 16671 \end{array} \right\} 81 \\[2ex]
\overline{9\ 420\ 875} & 1872300 \qquad 2375\ldots\ (B) \\
1\ 884\ 175 & 11875 \\
\hline
0\ 000\ 000 & 1884175
\end{array}
$$

cube des 7 dizaines calculées, c'est-à-dire de 70, $+$ le triple carré de 70 multiplié par le chiffre des unités, $+\ldots$ (**173**) : donc, si j'en ôte le cube de 70, ou 343000, il me restera *le triple carré de* 70 *multiplié par le chiffre des unités,* $+\ldots$ J'effectue la soustraction ; il reste 159459 pour l'excès de 502459 sur le cube des 7 dizaines de la racine.

V. Le nombre 159459 contenant le triple carré de 70 multiplié par le chiffre des unités,$+\ldots$ Si je le divise par le triple carré de 70, lequel est 14700, j'aurai au moins les unités : ainsi, le chiffre des unités est tout au plus $\frac{159\ 459}{14\ 700}$, ou 9. — Pour vérifier le chiffre 9, je forme les trois dernières parties du cube de 79 : si elles n'excèdent pas le reste 159459, je connaîtrai que le chiffre 9 n'est pas trop fort. Or (**173**), ces trois dernières parties sont

$$70^2.3.9 + 70.3.9^2 + 9^3,$$

ou bien (**54**) $\quad (70^2.3 + 70.3.9 + 9^2).9.$

Déjà nous avons $14700 = 70^2.3$; et en remarquant que $70.3.9 + 9^2 = (70.3 + 9).9$, on voit qu'en écrivant à part (A) les 9 unités, et à leur gauche le triple du premier chiffre, si on multiplie le nombre 249, ainsi formé, par les 9 unités, on aura un nombre 1971 qui contient $70.3.9 + 9^2$; donc $14700 + 1971$ ou 16671, renferme $70^2.3 + 70.3.9 + 9^2$: donc, multipliant 16671 par 9, et ôtant le produit de 159 459, on aura le reste, ou l'excès de 502 459 sur le cube de 79. — Pour plus de commodité, j'écris 16 671 au-dessous de 159 459 : multipliant par 9, et faisant la soustraction, je trouve pour reste 9 420. — Quand cette soustraction est impossible, on sait que le chiffre essayé est trop fort.

VI. La racine du plus grand cube contenu dans 502 459, étant 79, il s'ensuit que les dizaines de la racine demandée sont au nombre de 79 (I). — Nous avons ôté du nombre proposé le cube des 79 dizaines, puisque nous en avons ôté successivement les quatre parties du cube de 79. Le reste 9 420 mille, réuni aux 875 unités, donne pour reste total 9 420 875 : ce nombre renferme les trois dernières parties du cube de la racine demandée, savoir : *le triple carré des* 79 *dizaines*, c'est-à-dire de 790, *multiplié par les unités*, $+$ le triple de 790 multiplié par le carré des unités, $+$ le cube des unités : donc en divisant 9 420 875 par le triple carré de 790, lequel est celui de 79 suivi de deux zéros, on ne peut avoir moins que les unités. Or, le triple carré de 79, est (**159**)

$$(70^2 + 70.2.9 + 9^2).3 = 70^2.3 + 70.6.9 + 9^2.3 :$$

pour le former commodément, ce triple carré, je remarque

que le nombre $16\,671 = 70^2.3 + 70.3.9 + 9^2$;
en y ajoutant $1\,971 = \quad\ .\ \ .\ \ 70.3.9 + 9^2$,
et le carré de 9, ou $81 = \quad\ .\ \ .\ \ .\ \ .\ \ 9^2$,
j'ai . . . . . . $\overline{18\,723} = \overline{70^2.3 + 70.3.9 + 9^2.3}$:

donc 1 872 300 est le triple carré de 790 ; et par conséquent le chiffre des unités de la racine demandée ne peut surpasser $\frac{9\,420\,875}{1\,872\,300}$, ou 5.

Je puis raisonner sur 795, comme plus haut (V) sur 79. Ainsi, pour vérifier le chiffre 5, je l'écris à part (B), et à sa gauche le triple de 79, j'ai 2375 ; je multiplie ce nombre par 5, et ajoutant le produit 11 875 à 1 872 300, triple carré des 79 dizaines, je trouve 1 884 175. Je multiplie ce dernier nombre par 5, j'ôte le produit de 9 420 875, et j'obtiens *zéro* pour reste, d'où je conclus que 5 est bien le chiffre des unités de la racine demandée, et que celle-ci est exactement 795.

Effectivement, 795^3, ou $795.795.795$, $= 502\,459\,875$.

Pour nous faire mieux comprendre, nous proposerons, pour second Exemple, *d'extraire à moins d'une unité près, la racine cubique de* 91 532 754 772 552.

Raisonnant ici comme dans le premier Exemple, on voit qu'il faut séparer le nombre en tranches de trois chiffres, à partir de la droite (I, II) ; et que le plus grand cube contenu dans 91, étant 64 dont la racine est 4, il s'ensuit (III) que 4 est le chiffre des dizaines de la racine

```
91·532·754·772·552 )  45 067
64                  )  ─────────          125... (C)
─────                   4 800
27 532                    625 )
  5 425                 ───── } 25
  ─────                  5 425 )
    407 754 772        60 750 000          13 506... (D)
     60 831 036            81 036 )
     ──────────         ───────── } 36
     42 768 556 552    60 831 036 )
      6 092 157 109    6 091 210 800       135 187... (E)
      ──────────          946 309
        123 456 789    ───────────
                       6 092 157 109
```

cubique de 91 532. Otant 64 de 91, et à droite du reste 27, écrivant la seconde tranche, on a 27 532, qu'on divise par 4 800, triple carré des 4 dizaines calculées, et l'on trouve 5 pour chiffre des unités (V). Pour vérifier ce chiffre, on l'écrit à part (C), et à sa gauche le triple du chiffre des dizaines, ce qui donne le nombre 125. Multipliant 125 par 5, et ajoutant le produit 625 à 4800, on multiplie la somme 5425 par 5 ; ôtant le produit du premier reste 27 532, on obtient 407 pour l'excès de 91 532 sur le cube de 45.

Ce résultat 45 est le nombre des dizaines de la racine cubique de 91 532 754. Pour trouver le chiffre des unités, on divise le second reste suivi de la troisième tranche (le nombre 407 754) par le triple carré des 45 dizaines, c'est-à-dire de 450. — Pour former ce triple carré, on ajoute ensemble 625, 5425, et le carré de 5. La somme $6075 = 45^2.3$ (VI) ; par conséquent, $607\,500 = 450^2.3$.

— Or, 407 754 ne contient pas 607 500 : donc, le chiffre cherché est *zéro*, et les dizaines de la racine cubique de 91 532 754 772 sont au nombre de 450.

Pour trouver le chiffre des unités, on divise le troisième reste suivi de la quatrième tranche (le nombre 407 754 772) par le triple carré des 450 dizaines, lequel est 60 750 000, et l'on trouve 6. Pour vérifier ce chiffre, on l'écrit à part (D), et à la gauche le triple de 450, ce qui donne le nombre 13 506. Multipliant 13 506 par 6, et ajoutant le produit 81 036 à 60 750 000, on multiplie la somme 60 831 036 par 6 : ôtant le produit de 407 754 772 , on trouve 42 768 556 pour l'excès de 91 532 754 772 sur le cube de 4506.— Ainsi, les dizaines de la racine demandée sont au nombre de 4506.

Pour trouver le chiffre des unités, on divise le quatrième reste suivi de la cinquième tranche (le nombre 42 768 556 552) par le triple carré des 4506 dizaines (c'est-à-dire de 45 060). — Pour former ce triple carré, on ajoute ensemble 81 036, 60 831 036, et le carré de 6 : la somme $60 912 108 = 4506^2 . 3$; par conséquent, $6 091 210 800 = 45 060^2 . 3$. — On obtient ainsi 7 pour le chiffre des unités. Pour vérifier ce chiffre, on l'écrit à part (E), et à sa gauche le triple de 4506, ce qui donne le nombre 135 187. Multipliant 135 187 par 7, et ajoutant le produit 946 309 à 6 091 210 800, on multiplie la somme 6 092 157 109 par 7 : ôtant le produit du quatrième reste 42 768 556 552, on obtient 123 456 789 : c'est l'excès du nombre proposé sur le cube de 45 067. — L'opération est finie, et 45 067 est la racine demandée. — En effet, $45 067^3 + 123 456 789 = 91 532 631 315 763 + 123 456 789 = $ le nombre proposé 91 532 754 772 552.

180. On voit, par ce que nous venons de dire, que pour vérifier l'opération, il faut cuber la racine trouvée, et ajouter au cube le reste, s'il y en a un : on doit retrouver le nombre proposé.

181. Mais, *aucun reste ne doit surpasser le triple carré de la racine trouvée, $+$ le triple de cette racine.*

Soit N le nombre dont on a extrait la racine R : on a

$N = R^3 + \textit{le reste}$. Si le reste supasse $3R^2 + 3R$, il est au moins égal à $3R^2 + 3R + 1$; donc alors

$$N = \textit{au moins } R^3 + 3R^2 + 3R + 1,$$
$$= \textit{au moins } (R + 1)^3 \qquad (\mathbf{254}).$$

La racine de N est donc alors *au moins* R + 1 : donc, *quand le reste surpasse le triple carré de la racine obtenue, + le triple de cette racine, le dernier chiffre calculé est trop faible au moins d'une unité*, et par conséquent *aucun reste* etc.

Leçon VIII. — Abréviations dans l'extraction des Racines cubiques.

182. *Quand on a obtenu* PLUS DE LA MOITIÉ *des chiffres d'une racine cubique, on peut calculer les autres, en divisant le reste total par le triple carré de la racine trouvée, prise avec sa valeur relative.*

Soient a la valeur relative de la première partie de la racine, b la seconde, et N le nombre dont on l'a extraite : on aura (**173**) $N = (a + b)^3 = a^3 + 3a^2b + 3ab^2 + b^3$. Puisqu'on a ôté de N le cube de a, il reste $3a^2b + 3ab^2 + b^3$; divisant ce reste par $3a^2$, il vient (**78**)

$$\frac{3a^2b}{3a^2} + \frac{3ab^2}{3a^2} + \frac{b^3}{3a^2} = b + \frac{b^2}{a} + \frac{b^3}{3a^2}.$$

Or, on devrait trouver simplement b : donc, la racine calculée comme nous venons de le dire, est trop forte

d'une quantité $\qquad e = \dfrac{b^2}{a} + \dfrac{b^3}{3a^2}$,

qui est à son *maximum*, lorsque b est le plus grand possible, et a le plus petit possible. Soit n le nombre de chiffres de b : on aura $b < 10^n$; donc $b =$ tout au plus $10^n - 1$. Alors a ne contient pas moins de $2n + 1$ chiffres ; donc $a =$ au moins 10^{2n}. Donc la plus grande erreur

$$e = \frac{(10^n - 1)^2}{10^{2n}} + \frac{(10^n - 1)^3}{3.10^{4n}},$$

$$\text{ou (58, 59)} = \frac{10^{2n} - 2.10^n + 1}{10^{2n}} + \frac{10^{3n} - 3.10^{2n} + 3.10^n - 1}{3.10^{4n}},$$

$$\text{ou (78)} = \frac{10^{2n}}{10^{2n}} - \frac{2.10^n}{10^{2n}} + \frac{1}{10^{2n}} + \frac{10^{3n}}{3.10^{4n}} - \frac{3.10^{2n}}{3.10^{4n}} + \frac{3.10^n}{3.10^{4n}} - \frac{1}{3.10^{4n}},$$

$$\text{ou (73)} = 1 - \frac{2}{10^n} + \frac{1}{10^{2n}} + \frac{1}{3.10^n} - \frac{1}{10^{2n}} + \frac{1}{10^{3n}} - \frac{1}{3.10^{4n}},$$

$$\text{ou enfin,} \quad e = 1 - \left(\frac{2}{10^n} + \frac{1}{3.10^{4n}} \right) + \left(\frac{1}{3.10^n} + \frac{1}{10^{3n}} \right).$$

On voit que la première des deux fractions qu'on retranche de l'unité, est plus grande que la somme des deux qu'on y ajoute : donc, l'erreur e est toujours moindre que l'unité. Donc, *quand on a obtenu* etc.

183. Appliquons ici la division abrégée (**148**).

La seconde partie b de la racine, contenant n chiffres, la valeur relative a de la première en contient au moins $2n + 1$ (**182**), et son triple carré au moins $4n + 1$ (**162**) : donc on peut supprimer $4n$ chiffres (ou n tranches de 3 chiffres, $+ n$ chiffres) sur la droite du reste total. Mais alors la partie conservée dans ce reste est égale au reste partiel trouvé en calculant les $n + 1$ premiers chiffres du résultat, après qu'on a supprimé les n derniers chiffres à droite de ce reste partiel : donc, *pour calculer à moins d'une unité près la racine cubique d'un nombre entier* N, *on peut supprimer sur la droite de* N *autant de tranches de* TROIS *chiffres qu'on peut calculer de chiffres par la seule division* (**182**); *extraire la racine de la partie restante ; supprimer* n *chiffres sur la droite du reste, et diviser le nouveau reste par le triple carré de la racine calculée*, sans avoir égard à sa valeur relative, mais en se rappelant que la suppression des chiffres est faite dans le dividende. Il faut donc supprimer n chiffres sur la droite du diviseur (qui en contient au moins $2n + 1$) ; barrant ensuite le premier des chiffres qui restent sur la droite du diviseur, on trouve le premier des chiffres que l'on cherche ; barrant un nouveau chiffre au diviseur, on trouve le second chiffre cherché. On continue ainsi jusqu'à ce qu'on ait calculé les n chiffres de la seconde partie b de la racine.

EXEMPLE. *Extraire à moins d'une unité près la racine cubique de* 67 967 283 426 467 560 123 456 789.

Ce nombre formant neuf tranches, donnera neuf chiffres à sa racine ; je puis donc calculer les *quatre* derniers par la division : ainsi, j'opère d'abord sur 67 967 283 426 467, en supprimant les *quatre* dernières tranches.

```
67·967·283·426·467          40 810
64                          ─────────            1208
──────────                  480 000
   3 967 283                    9 664
     489 664                ─────────  ⎫ 64
   ──────────                489 664   ⎭
      49 971 426            49 939 200            12 241
      49 951 441                12 241  ⎫
      ──────────            ─────────   ⎬ 1
         19 985 467         49 951 441  ⎭
             0 00            4996 368 300
                           ─────────────
                              0040
```

Racine   408 100 040.

Ayant extrait la racine du nombre formé par les cinq premières tranches, je trouve pour reste 19 985 467. Après en avoir supprimé les quatre chiffres à droite, je divise le nouveau reste 1998 par 4 996 368 300, nombre dont je supprime aussi les quatre chiffres de la droite. Je supprime ensuite le cinquième chiffre 6, et comme 1998 ne contient pas le diviseur 49 963, j'écris zéro au quotient ; je supprime le chiffre 3, et 1998 étant aussi plus petit que le nouveau diviseur 4 996, j'écris un second zéro au quotient. Je supprime ensuite le chiffre 6, ce qui me donne à très peu près 4 pour troisième chiffre du quotient ; le reste est nul : ainsi, le quatrième chiffre est zéro, et la racine 408 100 040.

184. Pour vérifier le calcul, il suffit de cuber la racine adoptée : si la différence entre le cube et le nombre proposé n'excède pas *le triple carré de la racine* EN MOINS,—

le triple de cette racine, le résultat n'est pas fautif d'une unité (175). — Dans l'exemple précédent, on trouve que le cube de la racine *surpasse* le nombre proposé de 7 598 756 607 211 : cette différence qui paraît énorme, pourrait être *cinquante mille fois* plus grande, sans passer la limite : donc 408 100 040 est la racine *en plus*, à moins d'une unité près.

Leçon IX. — Racine *m* des Nombres, à un degré quelconque d'exactitude.

185. *Pour obtenir la racine* m *d'un nombre* N, *à moins d'un* $p^{ième}$ *près, il suffit de multiplier* N *par* p^m, *d'extraire la racine* m *du produit, à moins d'une unité près, et de donner à cette racine le nombre* p *pour dénominateur.*

En effet, soit z la racine *m* en moins de Np^m, à moins d'une unité près : on aura

$$Np^m > z^m, \quad \text{et} \quad < (z+1)^m ;$$

$$\text{donc} \quad \frac{Np^m}{p^m} > \frac{z^m}{p^m}, \quad \text{et} \quad < \frac{(z+1)^m}{p^m} ;$$

$$\text{donc} \quad \sqrt[m]{\frac{Np^m}{p^m}} > \sqrt[m]{\frac{z^m}{p^m}}, \quad \text{et} \quad < \sqrt[m]{\frac{(z+1)^m}{p^m}}$$

$$\text{c'est-à-dire,} \quad \sqrt[m]{N} > \frac{z}{p}, \quad \text{et} \quad < \frac{z+1}{p} \quad (152) :$$

donc enfin, $\dfrac{z}{p}$ est la racine *m* en moins, et $\dfrac{z+1}{p}$, la racine *m* en plus, du nombre N, à moins d'un $p^{ième}$ près. Ainsi, *pour obtenir la racine* m *d'un nombre* N, *etc.* — EXEMPLES :

I. *Trouver* $\sqrt{12}$ *à moins d'un quart près.*

Ici $m = 2$, $p = 4$, $N = 12$; il faut donc multiplier 12 par 4^2 ou 16, ce qui donne 192 ; extraire la racine carrée de 192, et l'on trouve 13 (en moins). Ainsi, racine demandée $= \frac{13}{4} = 3\,\frac{1}{4}$.

II. *Evaluer* $\sqrt[3]{39}$, *à moins d'un* 7e *près.*

Ici, $m = 3$, $p = 7$, N $= 39$: je multiplie 39 par 7^3 ou 343, et j'ai 13 377, dont la racine cubique $= 23\ldots$: donc, racine demandée $= \frac{23}{7} = 3\frac{2}{7}$.

III. *On demande* $\sqrt{11\frac{5}{7}}$, *à moins d'un* 9e *près.*

Je multiplie $11\frac{5}{7}$ par 9^2 ou 81, et j'ai $948\frac{6}{7}$, dont la racine carrée $= 30\ldots$: racine demandée $= \frac{30}{9} = 3\frac{1}{3}$.

IV. *Evaluer* $\sqrt[3]{7\frac{4}{5}}$, *à moins d'un* 11e *près.*

Je multiplie $7\frac{4}{5}$ par 11^3 ou 1331, et j'ai $10381\frac{4}{5}$, dont la racine cubique $= 21\ldots$: Racine demandée $= \frac{21}{11} = 1\frac{10}{11}$.

V. *Trouver la racine carrée et la racine cubique de* $\frac{3}{20}$, *à moins d'un* 7e *près.*

$$\frac{3}{20} \times 7^2 = 7\frac{7}{20} ; \quad \sqrt{7} = 2\ldots$$
$$\frac{2}{30} \times 7^3 = 51\frac{9}{20} ; \quad \sqrt[3]{51} = 3\ldots$$

Résultats demandés : $\frac{2}{7}$, et $\frac{3}{7}$.

186. *Lorsque le degré d'approximation de la racine est* DÉCIMAL, *l'opération revient à multiplier* N *par l'unité suivie d'autant de tranches de* m *zéros qu'on veut avoir de décimales à la racine ; à extraire la racine* m *de la partie entière du produit, et à séparer sur sa droite le nombre de chiffres décimaux demandé.*

En effet, soit n le nombre de chiffres décimaux de la racine : alors, le dénominateur $p = 10^n$ (*Arith.* G. M. F. B. **49** et **107**) ; donc $p^m = 10^{mn}$: il faut donc (**185**) multiplier N par 10^{mn}, extraire la racine m du produit, à moins d'une unité près, et donner à cette racine le dénominateur p ou 10^n, c'est-à-dire séparer n chiffres décimaux sur sa droite. Mais $10^{mn} = 1$ suivi de mn zéros (**50**), ou de n tranches de m zéros : donc, *l'opération revient à*, etc. — EXEMPLES :

I. *Evaluer* $\sqrt{7643}$, *à moins d'un* 1000e *près.*

Ici $m = 2$, $p = 1000$, N $= 7643$: je multiplie 7643 par 1000^2 ou 1 000 000, et j'ai 7 643 000 000, dont la racine carrée $= 87\,424\ldots$: Racine demandée $= 87,424$.

II. *Evaluer* $\sqrt[3]{7432}$, *à moins d'un* 100ᵉ *près.*

Ici $m = 3$, $p = 100$, $N = 7432$: je multiplie 7432 par 100³ ou 1 000 000, et j'ai 7 432 000 000, dont la racine cubique $= 1951\ldots$: Racine demandée $= 19,51$.

III. *Evaluer* $\sqrt{71,42}$, *à moins d'un* 1000ᵉ *près.*

Multipliant 71,42 par 1000², on a 71 420 000, dont la racine carrée $= 8451\ldots$: Racine demandée $= 8,451$.

IV. *Evaluer* $\sqrt[3]{14\frac{5}{6}}$ *à moins d'un* 10000ᵉ *près.*

Multipliant $14\frac{5}{6}$ par 10 000³, on a 14 833 333 333 333..., dont la racine cubique $= 24\,570\ldots$: Racine demandée $= 2,4570$.

V. *Trouver la racine carrée et la racine cubique de* $\frac{4}{5}$, *à moins d'un* 10 000ᵉ *près.*

$$\frac{4}{5} \times 10000^2 = 80\,000\,000; \quad \sqrt{80\,000\,000} = 8944\ldots$$
$$\sqrt[3]{\frac{4}{5} \times 10\,000^3} = \sqrt[3]{800\,000\,000\,000} = 9283\ldots$$

Résultats demandés : $0,8944\ldots$ et $0,9283\ldots$

187. *Observations.* I. Quand on demande la racine *m* d'une fraction, et que les deux termes sont des puissances *m* parfaites, on se borne souvent à extraire la racine du numérateur et du dénominateur (**152**). Ainsi, la racine carrée de $\frac{49}{81} = \frac{7}{9}$; la racine cubique de $\frac{125}{343} = \frac{5}{7}\ldots$

II. On peut encore opérer de la même manière, quand même le numérateur ne serait pas une puissance *m* parfaite, pourvu que le dénominateur en soit une : alors *on extrait la racine* m *du numérateur au degré d'approximation demandée, et on la divise par la racine* m *du dénominateur.* Ainsi, pour avoir la racine *m* de $\dfrac{a}{b^{\mathrm{m}}}$, on peut l'extraire de a, puis la diviser par b.

En effet, soit z la racine *m* de a, en moins : on aura
$$a > z^{\mathrm{m}}, \qquad \text{et} \qquad < (z + 1)^{\mathrm{m}};$$

134   LEÇONS D'ALGÈBRE.

donc $\quad \dfrac{a}{b^m} > \dfrac{z^m}{b^m}, \qquad$ et $\qquad < \dfrac{(z+1)^m}{b^m}$;

donc $\quad \sqrt[m]{\dfrac{a}{b^m}} > \sqrt[m]{\dfrac{z^m}{b^m}}, \quad$ et $< \sqrt[m]{\dfrac{(z+1)^m}{b^m}},$

c'est-à-dire (**152**), $\quad \sqrt[m]{\dfrac{a}{b^m}} > \dfrac{z}{b} \quad$ et $\quad < \dfrac{z+1}{b} :$

donc la racine m de $\dfrac{a}{b^m}$ est $\dfrac{z}{b}$, en moins, et $\dfrac{z+1}{b}$ en plus.

III. Si le dénominateur n'est pas une puissance m parfaite, on lui donne cette condition en multipliant les deux termes de la fraction par la puissance $m - 1$ du dénominateur : alors, on rentre dans le cas précédent (II). Mais il est bon de remarquer que, pour obtenir un dénominateur qui soit une puissance m parfaite, il suffit de multiplier les deux termes de la fraction par une quantité telle que chacun des facteurs premiers du dénominateur devienne une puissance m parfaite. Par exemple, pour que 18, ou $3^2.2$, devienne un carré, il suffit de multiplier 18 par 2; pour que ab^2 devienne un cube, il suffit de multiplier par $a^2 b$; etc.

Exemple I. *Evaluer* $\sqrt{\dfrac{7}{9}}$, *à moins d'un* 100ᵉ *près*.

Le dénominateur est un carré dont la racine est 3. Je calcule $\sqrt{7}$, à moins d'un 100ᵉ, et j'ai 2,64. Racine demandée $=$ le tiers de 2,64 $=$ 0,88.

Exemple II. *Evaluer* $\sqrt[3]{\dfrac{5}{8}}$, *à moins d'un* 1000ᵉ *près*.

On a $\sqrt[3]{8} = 2$, et $\sqrt[3]{5} = 1,709\ldots$ Racine demandée $=$ la moitié de 1,709 $=$ 0,854.

Exemple III. *Evaluer* $\sqrt{\dfrac{5}{7}}$, *à moins d'un* 100ᵉ *près*.

Je multiplie les deux termes de $\dfrac{5}{7}$ par 7, j'ai $\dfrac{35}{49}$. Or, $\sqrt{35}$ $=$ 5,91 : Racine demandée $=$ le 7ᵉ, de 5,91 $=$ 0,84.

Exemple IV. *Evaluer* $\sqrt[3]{\dfrac{3}{4}}$, *à moins d'un* 1000ᵉ *près*.

Le dénominateur $4 = 2^2$: il suffit de multiplier les deux termes de $\frac{3}{4}$ par 2, et l'on a $\frac{6}{8}$; et comme $\sqrt[3]{8} = 2$, et que $\sqrt[3]{6} = 1{,}817$, il s'ensuit que la racine demandée $=$ la moitié de $1{,}817 = 0{,}908$.

EXEMPLE V. *Evaluer* $\sqrt{8\frac{11}{12}}$ *à moins d'un* 1000e *près.*

On a $8\frac{11}{12} = \frac{107}{12}$. Le dénominateur $12 = 2^2.3$: il suffit de multiplier les deux termes de $\frac{107}{12}$ par 3, ce qui donne $\frac{321}{36}$. Or, $\sqrt{36} = 6$, et $\sqrt{321} = 17{,}916$: donc, racine demandée $=$ le 6e de $17{,}916 = 2{,}986$.

EXEMPLE VI. *Evaluer* $\sqrt[3]{7\frac{3}{40}}$, *à moins d'un* 100e *près.*

On a $7\frac{3}{40} = \frac{283}{40}$. Comme $40 = 2^3.5$, il suffit de multiplier les deux termes de $\frac{283}{40}$ par 5^2 ou 25, ce qui donne $\frac{7075}{1000} = 7{,}075$, dont la racine cubique $= 1{,}91$: c'est la racine demandée.

188. Lorsque le degré de la racine est un nombre composé *mnp*..., l'extraction peut se faire successivement ; et pour cela, on extrait la racine *m* du nombre donné, puis la racine *n* du résultat, ensuite la racine *p* du nouveau résultat,... ; on continue ainsi jusqu'à ce qu'on ait employé tous les facteurs : le dernier résultat est la racine cherchée. — Soient $\sqrt[m]{A} = x$, $\sqrt[n]{x} = y$, et $\sqrt[p]{y} = z$: je dis que z est la racine *mnp* de A.

En effet, (**11**), on aura $z^p = y$, $y^n = x$, $x^m = A$; donc $A = x^m = (y^n)^m = [(z^p)^n]^m = z^{mnp}$; donc la racine *mnp* de A est z.

Comme $4 = 2^2$, que $6 = 2.3$, que $8 = 2^3$, que $9 = 3^2$,... on voit que l'on peut extraire une racine 4e par *deux* racines carrées successives ; une racine 6e par la racine cubique de la racine carrée ; une racine 8e, par *trois* racines carrées successives ; une racine 9e par *deux* racines cubiques successives ;..... Tout cela est évident, lorsque les racines particulières *m, n, p,*... sont exactes ; quand ces racines sont incommensurables, je dis que l'on peut encore opérer de la même manière.

En effet, soient x la racine *en moins* du nombre A, y celle de x et z celle de y : on aura

$$\text{et} \quad A > x^m \qquad x > y^n, \qquad y > z^p,$$
$$A < (x+1)^m, \quad x < (y+1)^n, \quad y < (z+1)^p,$$

d'où il résulte, *à fortiori,* $A > y^{mn}, \quad > z^{mnp}$.

D'autre part, $\quad (z+1)^p =$ au moins $y+1$;
donc $\quad (z+1)^{np} =$ au moins $(y+1)^n =$ au moins $x+1$:
et $\quad (z+1)^{mnp} =$ au moins $(x+1)^m =$ au moins $A+1$:

Ainsi, $z^{mnp} < A$, et $(z+1)^{mnp} > A$: donc $z = \sqrt[mnp]{A}$.

Au moyen des racines carrées et cubiques, et des abréviations que nous avons fait connaître (**171**, **183**), on pourra donc extraire sans beaucoup de travail toutes les racines du degré $2^b.3^c$, b et c étant des nombres entiers quelconques : Pour y parvenir, *on extraira successivement* b *fois la racine carrée, et du résultat* c *fois successivement la racine cubique ; on négligera tous les restes, et le dernier résultat sera la racine cherchée.— Exemples.*

I. *Trouver* $\sqrt[4]{45}$, *à moins d'un* 100e *près.*

Ici, $m = 4$, $n = 2$; donc (**186**), à la droite de 45, il faut placer 4.2 ou 8 zéros, ce qui donne 4 500 000 000 = N ; et, comme $4 = 2.2$, il faut extraire de N deux racines carrées successives : la 1re aura 5 chiffres, et la seconde 3. Or, dans une racine de 3 chiffres, on peut en calculer *un* par la division (**170**) ; on peut donc (**171**) calculer 2 chiffres de moins dans la 1re racine R (qui n'en aura plus que *trois*), et par conséquent supprimer deux tranches ou 4 chiffres dans N, qui devient ainsi 450 000 = N'. — Il suffit que R ait 3 chiffres calculés en tout ; or, on en peut trouver un par la division : donc, on peut supprimer une tranche de 2 chiffres sur la droite de N', et opérer d'abord sur 4500. — On trouve ainsi

$$1^{re} \text{ Racine} = 670\ldots; \quad 2^{de} \text{ Racine} = 259\ldots :$$

d'où   Racine demandée . . . . 2,59.

II. *Evaluer* $\sqrt[6]{54}$, *à moins d'un* $10\,000^e$ *près.*

On a $m = 6$, $n = 4$: donc (**186**), à la droite de 54, il faut écrire 6.4 ou 24 zéros, ce qui donne 54 000 000 000 000 000 000 000 000 = N; et, comme $6 = 2.3$, il faudra extraire de N la racine cubique, et du résultat la racine carrée. — La racine cubique R aura 9 chiffres, et la racine carrée 5. — Or, dans une racine de 5 chiffres, on peut en calculer 2 par la division (**170**) ; on peut donc calculer 4 chiffres de moins dans R (qui n'en aura plus que *cinq*), et par conséquent supprimer 4 tranches de 3 chiffres dans N, qui devient ainsi 54 000 000 000 000 = N′.

— Il suffit que R ait 5 chiffres calculés en tout ; mais on en peut trouver 2 par la division (**182**) : donc, on peut supprimer 2 tranches de 3 chiffres sur la droite de N′ (**183**), qui devient alors 54 000 000. — On opèrera donc d'abord sur 54 000 000, et l'on trouvera

Racine cubique = 37 797... ; Racine carrée = 19 441... ;
d'où   Racine demandée.....   1,9441.

Si l'on commençait par la racine carrée, on opèrerait d'abord sur 54 000 000, et l'on trouverait : *Racine carrée* 7 348 469... puis *Racine cubique* 19 441...

CHAPITRE IX. — Calcul des Radicaux ; Racines des quantités algébriques ; Résolution des Équations du second degré, a une seule inconnue.

Leçon I. — Calcul des Radicaux.

189. Avant d'entrer dans le calcul des radicaux, appliquons aux quantités algébriques, trois principes dont nous allons bientôt faire usage, et que nous avons déjà démontrés (**151, 152, 153**) pour les nombres, savoir :

1° Que *pour extraire une racine* m *d'une quantité affectée d'un exposant* p, *il suffit de diviser* p *par* m, LORSQUE p *contient exactement* m ;

2° Que *pour extraire une racine* m *d'une fraction, on peut l'extraire de chacun de ses termes*, LORSQUE *cette racine est exacte* ;

3° Que *pour extraire une racine* m *d'un produit, on peut*, SI *elle est exacte*, *l'extraire de chacun de ses facteurs.*

I. Ainsi, $\sqrt[m]{a^{mp}} = a^p$, car $(a^p)^m = a^{mp}$ **(46)** ;

II. $\sqrt[m]{\dfrac{a^2}{b^4}} = \dfrac{a}{b^2}$, car $\left(\dfrac{a}{b^2}\right)^2 = \dfrac{a^2}{b^4}$ **(83)** ;

III. $\sqrt[m]{a^m b^{2m}} = ab^2$, car $(ab^2)^m = a^m b^{2m}$ **(77)**.

Ces principes sont donc vrais, *dans tous les cas où les racines sont* EXACTES, ce qui suffit à notre objet.

190. ADDITION. Pour avoir la somme de plusieurs quantités radicales **(17)**, il suffit de les écrire à la suite les unes des autres, chacune avec son signe, puis de faire la réduction, s'il se trouve plusieurs radicaux semblables. — *Exemples :*

I. $\sqrt{a} + 3\sqrt[3]{b} + (3\sqrt{a} - 4\sqrt[3]{b}) = 4\sqrt{a} - \sqrt[3]{b}$.

II. $a\sqrt{b} + (6\sqrt{b} - c\sqrt[3]{a}) + (2a\sqrt{b} - d\sqrt[3]{a}) =$
$(3a + 6)\sqrt{b} - (c + d)\sqrt[3]{a}$.

191. SOUSTRACTION. Pour soustraire une quantité radicale, il suffit de changer son signe, de l'écrire à la suite de celle dont on la soustrait, et de faire la réduction, s'il y a lieu. — *Exemples.*

I. $\sqrt{a} - (\sqrt{b}) = \sqrt{a} - \sqrt{b}$.

II. $2\sqrt{a} + 3\sqrt{b} - (5\sqrt{a} - 4\sqrt{b}) = -3\sqrt{a} + 7\sqrt{b}$.

192. MULTIPLICATION. *Pour multiplier l'une par l'autre deux quantités radicales* DE MÊME DEGRÉ, *on peut faire la multiplication sans avoir égard au radical, et affecter le produit de ce radical.* Ainsi, $\sqrt[m]{a} \times \sqrt[m]{b} = \sqrt[m]{ab}$.

En effet, soient $z = \sqrt[m]{a}$, et $z' = \sqrt[m]{b}$:
on aura **(11)** $z^m = a$, et $z'^m = b$;
donc $z^m z'^m = ab$,
d'où, extrayant la racine m, $zz' = \sqrt[m]{ab}$ **(189, 3°)**
c'est-à-dire, $\sqrt[m]{a} \times \sqrt[m]{b} = \sqrt[m]{ab}$.

EXEMPLE I. $\sqrt{a} \times \sqrt{b^3} \times \sqrt{c} = \sqrt{ab^3 c}$.

EXEMPLE II. $\sqrt{6a^3 b} \times \sqrt{3ab} \times \sqrt{2} = \sqrt{36a^4 b^2} = 6a^2 b$.

193. DIVISION. *Pour diviser l'une par l'autre deux quantités radicales* DE MÊME DEGRÉ, *on peut opérer sans avoir égard au radical, et affecter le quotient de ce radical.* Ainsi,

$\sqrt[m]{a}$ divisé par $\sqrt[m]{b}$ donne $\sqrt[m]{\dfrac{a}{b}}$.

En effet, soient $z = \sqrt[m]{a}$, et $z' = \sqrt[m]{b}$:

on aura (**11**) $z^m = a$, et $z'^m = b$; donc $\dfrac{z^m}{z'^m} = \dfrac{a}{b}$,

d'où, extrayant la racine m, $\dfrac{z}{z'} = \sqrt[m]{\dfrac{a}{b}}$ (**189**, 2°),

c'est-à-dire, $\sqrt[m]{a} : \sqrt[m]{b} = \sqrt[m]{\dfrac{a}{b}}$.

EXEMPLE I. $\sqrt{a} : \sqrt{ab} = \sqrt{\dfrac{a}{ab}} = \sqrt{\dfrac{1}{b}}$

EXEMPLE II. $\sqrt{a^2 - b^2} : \sqrt{a - b} = \sqrt{a + b}$.

194. PUISSANCES. *Pour élever une quantité radicale à la puissance* m, *on peut toujours opérer sans avoir égard au radical, et affecter le résultat de ce radical ; mais on peut diviser l'indice du radical par* m, LORSQUE *la division se fait exactement, et conserver sans aucun changement la quantité soumise au radical.* Ainsi,

$$\left(\sqrt[n]{a^p}\right)^m = \sqrt[n]{a^{mp}}, \text{ et } \left(\sqrt[mn]{a^p}\right)^m = \sqrt[n]{a^p}.$$

En effet, 1°, soit $z = \sqrt[n]{a^p}$: il en résulte $z^n = a^p$ (**11**) ; donc, élevant à la puissance m, $z^{mn} = a^{mp}$ (**46**),

d'où, extrayant la racine n, $z^m = \sqrt[n]{a^{mp}}$ (**189**, 1°),

c'est-à-dire, $\left(\sqrt[n]{a^p}\right)^m = \sqrt[n]{a^{mp}}$.

2° Soit $x = \sqrt[mn]{a^p}$: il en résulte $x^{mn} = a^p$,

d'où, extrayant la racine n, $x^m = \sqrt[n]{a^p}$,

c'est-à-dire, $\left(\sqrt[mn]{a^p}\right)^m = \sqrt[n]{a^p}$.

EXEMPLE I. *Le carré de* $\sqrt[3]{5a^2bc^2} = \sqrt[3]{25a^4b^2c^4}$.

EXEMPLE II. *Le cube de* $\sqrt{3a+1} = \sqrt{27a^3 + 27a^2 + 9a + 1}$.

EXEMPLE III. *Le carré de* $\sqrt[4]{2a^3 + 4bc} = \sqrt{2a^3 + 4bc}$.

EXEMPLE IV. *Le cube de* $\sqrt[6]{9\,a^2 b^2} = \sqrt{9\,a^2 b^2} = 3ab$.

195. La puissance m de $\sqrt[mn]{a^p}$ est $\sqrt[mn]{a^{mp}}$, d'après le procédé général (**194**); et elle est $\sqrt[n]{a^p}$, d'après le second procédé :

donc $\qquad \sqrt[n]{a^p} = \sqrt[mn]{a^{mp}}, \quad$ ou $\sqrt[mn]{a^{mp}} = \sqrt[n]{a^p},$

ce qui veut dire qu'*on ne change point la valeur d'une quantité radicale, en multipliant ou en divisant par un même nombre, l'indice du radical et l'exposant de la quantité qu'il recouvre.*

196. RACINES. *Pour extraire une racine* m *d'une quantité radicale, on peut toujours multiplier l'indice du radical par* m, *et conserver la quantité soumise au radical; mais on peut extraire la racine* m *de cette quantité,* LORS-QU'ELLE *est une puissance* m *parfaite, et conserver le radical.* Ainsi, la racine m de $\sqrt[n]{a^p} = \sqrt[mn]{a^p}$, et la racine m de $\sqrt[n]{a^{mp}} = \sqrt[n]{a^p}$.

En effet, 1° soit $z = \sqrt[n]{a^p}$: il en résulte $z^n = a^p$.

d'où, extrayant la racine mn, $\qquad \sqrt[mn]{z^n} = \sqrt[mn]{a^p},$

ou bien (**195**), $\qquad\qquad \sqrt[m]{z} = \sqrt[mn]{a^p},$

c'est-à-dire, *la racine* m *de* $\sqrt[n]{a^p} = \sqrt[mn]{a^p}$.

2° Soit $x = \sqrt[n]{a^{mp}}$: il en résulte $x^n = a^{mp}$,

d'où, extrayant la racine mn, $\quad \sqrt[mn]{x^n} = \sqrt[mn]{a^{mp}},$

ou bien (**195**), $\qquad\qquad \sqrt[m]{x} = \sqrt[n]{a^p},$

c'est-à-dire, *la racine* m *de* $\sqrt[n]{a^{mp}} = \sqrt[n]{a^p}$.

EXEMPLE I. *La racine carrée de* $\sqrt{2\,ab^3 c} = \sqrt[4]{2ab^3 c}$.

EXEMPLE II. *La racine cubique de* $\sqrt{7m} = \sqrt[6]{7m}$.

EXEMPLE III. *La racine carrée de* $\sqrt[3]{9a^2b^4} = \sqrt[3]{3ab^2}$.

EXEMPLE IV. *La racine cubique de* $\sqrt{8a^9b^3} = \sqrt{2a^3b}$.

197. MULTIPLICATION *et* DIVISION *des Radicaux de diffé-rents degrés.*

Nous savons comment opérer pour les radicaux de même degré (**192, 193**) : apprenons donc d'abord à réduire au même degré, un nombre quelconque de quantités radicales ; nous ferons ainsi une nouvelle application de la remarque Nº **195**.

Pour réduire plusieurs radicaux au même degré, on opère absolument *comme s'il s'agissait de réduire au même dénominateur des fractions ayant pour dénominateurs les indices des radicaux proposés, et pour numérateurs, les exposants des quantités soumises à ces radicaux* (Arith. th. et prat. 206, 207 ; Arith. G. M. F. B. 301, 302, 303). — Se rappelant que l'indice de la racine carrée est 2, et que l'exposant est 1, lorsqu'il n'y en a pas d'écrit, on trouvera aisément que

Les quantités   sont de mêmes valeurs que

I. $\sqrt[m]{a},\ \sqrt[b]{b^2},\ \ldots\ \sqrt[mn]{a^n},\ \sqrt[mn]{b^{2m}}.$

II. $\sqrt{a},\ \sqrt[3]{b},\ \sqrt[4]{c},\ldots\ \sqrt[12]{a^6},\ \sqrt[12]{b^4},\ \sqrt[12]{c^3},$

III. $\sqrt{a^3},\ \sqrt{b},\ \sqrt[6]{c^5}\ldots\ \sqrt[6]{a^9},\ \sqrt[6]{b^2},\ \sqrt[6]{c^5}.$

Pour faire la Multiplication, la Division des quantités radicales de différents degrés, on commence par les réduire au même degré, puis on opère comme pour les radicaux de même degré (**192, 193**). — EXEMPLES.

I. $\sqrt[m]{a} \times \sqrt[n]{b} = \sqrt[mn]{a^n} \times \sqrt[mn]{b^m} = \sqrt[mn]{a^n b^m}.$

II. $\sqrt[m]{a} \times b,\ \text{ou}\ \sqrt[m]{a} \times \sqrt[1]{b^1} = \sqrt[m]{a} \times \sqrt[m]{b^m} = \sqrt[m]{ab^m}.$

III. $\sqrt[m]{a^3} : \sqrt[3]{a^2} = \sqrt[6]{a^9} : \sqrt[3]{a^4} = \sqrt[6]{a^5}.$

IV. $\sqrt[m]{a} : b,\ \text{ou}\ \sqrt[m]{a} : \sqrt[1]{b^1}, = \sqrt[m]{a} : \sqrt[m]{b^m} = \sqrt[m]{\dfrac{a}{b^m}}.$

198. Les Exemples II et IV montrent que *pour multiplier ou diviser la racine* m *d'une quantité* a *par une quantité rationnelle* b, *il suffit de multiplier ou diviser* a *par* b^m, *et d'extraire la racine* m *du résultat.*

Leçon II. — **Racine m d'une quantité monome ; — Quantités imaginaires ; Exposants fractionnaires.**

199. *Pour avoir la racine* m *d'un produit, il suffit de l'extraire de chacun de ses facteurs.* Ainsi la racine m du produit abc est $\sqrt[m]{a} \times \sqrt[m]{b} \times \sqrt[m]{c}$.

En effet, $\sqrt[m]{a} \times \sqrt[m]{b} \times \sqrt[m]{c} = \sqrt[m]{abc}$ (**192**).

Exemple I. $\sqrt{9a^4 b^2 c^2 d^4} = 3a^2 bcd^2$.

Exemple II. $\sqrt[3]{32x^2 y^4 z^3} = \sqrt[3]{8y^3 z^3 . 4x^2 y} = 2yz \sqrt[3]{4x^2 y}$.

Par ce dernier Exemple, on voit que quand les facteurs d'un produit P ne sont pas tous des puissances m parfaites, on peut décomposer P en deux autres produits, le premier contenant toutes les puissances m parfaites, et le second tous les autres facteurs : alors *on extrait la racine* m *du premier, et l'on indique celle du second.*

200. *Pour obtenir la racine* m *d'une fraction, on peut l'extraire de chacun de ses termes.*

Ainsi, $\sqrt[m]{\dfrac{a}{b}} = \dfrac{\sqrt[m]{a}}{\sqrt[m]{b}}$, car $\left(\dfrac{\sqrt[m]{a}}{\sqrt[m]{b}}\right)^m = \dfrac{(\sqrt[m]{a})^m}{(\sqrt[m]{b})^m} = \dfrac{a}{b}$ (**83, 194**).

Si le dénominateur n'est pas une puissance m parfaite, on lui donne cette condition en multipliant les deux termes de la fraction par la puissance $m - 1$ du dénominateur ; ou bien, on se borne à introduire dans les deux termes les facteurs qui manquent au dénominateur pour être une puissance m parfaite : alors, extrayant la racine m, on n'a de radical qu'au numérateur. — *Exemples.*

I. $\quad \sqrt{\dfrac{a}{b^2}} = \dfrac{\sqrt{a}}{\sqrt{b^2}} = \dfrac{\sqrt{a}}{b}, \quad$ ou $\dfrac{1}{b}\sqrt{a}$.

II. $\quad \sqrt[3]{\dfrac{9a}{2b}} = \sqrt[3]{\dfrac{9a.4b^2}{2b.4b^2}} = \dfrac{\sqrt[3]{36ab^2}}{\sqrt[3]{8b^3}} = \dfrac{\sqrt[3]{36ab^2}}{2b}$.

$$\text{III.} \quad \sqrt{\dfrac{ab^2}{8c^3}} = \sqrt{\dfrac{ab^2 \cdot 2c}{8c^3 \cdot 2c}} = \dfrac{\sqrt{2ab^2c}}{\sqrt{16c^4}} = \dfrac{b}{4c^2}\sqrt{2ac}.$$

Il est donc aisé d'extraire la racine m d'une quantité monome, *abstraction faite du signe*, ce que nous avons fait jusqu'ici.

201. Quand on a égard au signe, il se présente deux cas principaux : le degré m de la racine est *pair*, ou il est *impair*.

1° Si m est impair, la racine a le même signe que la quantité (**47**). — *Exemples :*

$$\sqrt[3]{a^6} = + a^2; \qquad \sqrt[3]{-64a^9b^6c^3} = - 4a^3b^2c.$$

2° Si m est pair, et que la quantité donnée soit *positive*, la racine doit être précédée du double signe $\pm$. Par exemple, $\sqrt{a^4} = \pm a^2$, car $(-a^2)^2$, aussi bien que $(+a^2)^2$, $= + a^4$ (**47**).

Mais, m étant pair, si la quantité dont on doit extraire la racine, est *négative*, comme il n'existe aucune quantité positive ou négative qui, élevée à la puissance m, puisse reproduire la quantité proposée, on ne peut extraire la racine : c'est pourquoi on se contente de l'indiquer, et le Symbole qui la représente, s'appelle *quantité imaginaire* (*). — Par exemple, $\sqrt{-a^2}$ est une quantité imaginaire. Cette racine, en effet, ne peut être ni $+ a$, ni $- a$, car $(+a)^2 = (-a)^2 = + a^2$ (**47**).

202. Pour extraire la racine m d'une quantité affectée d'un exposant n, il suffit de diviser n par m, lorsque n contient exactement m (**189**, 1°). Ainsi, $\sqrt[m]{a^{mp}} = a^p$.

Mais si n ne contient pas exactement m, la racine ne peut plus s'extraire; on ne peut que l'indiquer, et l'on convient de le faire indifféremment par deux notations $\sqrt[m]{a^n}$ et $a^{\frac{n}{m}}$, que l'on regarde comme équivalentes : dans ce cas la division de n par m, ne pouvant s'effectuer, $\dfrac{n}{m}$ est un *exposant fractionnaire*.

(*) Par opposition, les quantités positives et négatives sont nommées *quantités réelles*, quand on a en vue de les distinguer des quantités imaginaires.

LEÇON III. — Calcul des Imaginaires du second degré.

203. On est convenu d'étendre aux quantités imaginaires les règles du calcul des quantités réelles : c'est ce qu'on appelle le *calcul des imaginaires*. Dans ce qui va suivre, nous nous occuperons uniquement des imaginaires du second degré : en les combinant ensemble, on arrive souvent à des quantités réelles.

204. Remarquons que $\sqrt{-a^2} = \sqrt{a^2 \times -1} = \sqrt{a^2} \times \sqrt{-1} = \pm a \sqrt{-1}$. C'est sous cette forme que l'on présente ordinairement les quantités imaginaires : on extrait la racine de la quantité considérée comme positive, on multiplie cette racine par $\sqrt{-1}$, et l'on affecte le produit du signe $\pm$. — *Exemples.*

I. $\sqrt{-4a^2b^4} = \sqrt{4a^2b^4 \times -1} = \pm 2ab^2\sqrt{-1}.$

II. $\sqrt{-25ab^3} = \sqrt{25ab^3 \times -1} = \pm 5b\sqrt{ab}\sqrt{-1}.$

III. $\sqrt{-20a^3b^2} = \sqrt{20a^3b^2 \times -1} = \pm 2ab\sqrt{5a}\sqrt{-1}.$

205. On rencontre fréquemment les puissances de $\sqrt{-1}$: or, il est évident que l'on a

$$(\sqrt{-1})^1 = \sqrt{-1}; \qquad\qquad (\sqrt{-1})^2 = -1 ;$$
$$(\sqrt{-1})^3 = (\sqrt{-1})^2 \times \sqrt{-1} = -1 \times \sqrt{-1} = -\sqrt{-1};$$
$$(\sqrt{-1})^4 = [(\sqrt{-1})^2]^2 = (-1)^2 = +1 :$$

Si donc i est un nombre entier quelconque, on a

$$(\sqrt{-1})^{4i} = [(\sqrt{-1})^4]^i = (+1)^i = +1 ;$$
$$(\sqrt{-1})^{4i+1} = (\sqrt{-1})^{4i} \times \sqrt{-1} = \sqrt{-1};$$
$$(\sqrt{-1})^{4i+2} = (\sqrt{-1})^{4i} \times (\sqrt{-1})^2 = -1 ;$$
$$(\sqrt{-1})^{4i+3} = (\sqrt{-1})^{4i} \times (\sqrt{-1})^3 = -\sqrt{-1} :$$

Ainsi, on n'aura que quatre résultats, qui sont : $+1$, $\sqrt{-1}$, -1, $-\sqrt{-1}$, selon qu'en divisant l'exposant par 4, on aura pour reste, 0, 1, 2, ou 3.

206. Nous allons soumettre les quantités imaginaires aux opérations fondamentales, en désignant toujours par x le résultat demandé.

I. *Ajouter ensemble* $2\sqrt{-4}$, $3\sqrt{-25}$, $3\sqrt{-9}$.

On a $x = 4\sqrt{-1} + 15\sqrt{-1} + 9\sqrt{-1} = 28\sqrt{-1}$.

II. *De* $\quad m\sqrt{-a}$, *ôter* $\quad n\sqrt{-b}$.

On a $\quad x = m\sqrt{a}\sqrt{-1} - n\sqrt{b}\sqrt{-1}$
$$= (m\sqrt{a} - n\sqrt{b})\sqrt{-1}.$$

III. $\quad x = \sqrt{-a} \times \sqrt{-b} = \sqrt{a}\sqrt{-1} \times \sqrt{b}\sqrt{-1}$
$$= -\sqrt{ab}.$$

IV. $\quad x = \sqrt{-a} : \sqrt{-b} = \dfrac{\sqrt{a}\sqrt{-1}}{\sqrt{b}\sqrt{-1}} = \dfrac{\sqrt{a}}{\sqrt{b}} = \sqrt{\dfrac{a}{b}}.$

207. Les quantités imaginaires qu'on a le plus souvent à considérer sont celles de la forme $a + b\sqrt{-1}$, composées d'une partie réelle a, et d'une partie imaginaire $b\sqrt{-1}$. Tous les calculs que l'on peut avoir à effectuer sur des quantités imaginaires de cette forme, ramènent aussi à des expressions de la même forme, comme on peut s'en convaincre par les Exemples suivants.

I. $x = (a + b\sqrt{-1}) + (m - n\sqrt{-1} = (a + m) + (b - n)\sqrt{-1},$

où l'on voit que la somme de deux quantités de la forme $a + b\sqrt{-1}$, est encore une expression de la même forme, puisque la première partie $a + m$ est réelle, et la seconde $(b - n)\sqrt{-1}$ est imaginaire. Même conclusion des résultats ci-après.

II. $x = (a + b\sqrt{-1}) - (m - n\sqrt{-1}) = (a - m) + (b + n)\sqrt{-1}.$

III. $x = (a + b\sqrt{-1})(m - n\sqrt{-1}) = am + bm\sqrt{-1} - an\sqrt{-1} + bn = (am + bn) + (bm - an)\sqrt{-1}.$

$$\text{IV.} \quad x = \frac{a + b\sqrt{-1}}{m - n\sqrt{-1}} = \frac{(a + b\sqrt{-1})\,(m + n\sqrt{-1})}{(m - n\sqrt{-1})\,(m + n\sqrt{-1})}$$

$$= \frac{am - bn}{m^2 + n^2} + \frac{bm + an}{m^2 + n^2}\sqrt{-1} \quad (^*).$$

$$\text{V.} \quad x = (a + b\sqrt{-1})^2 = a^2 + 2ab\sqrt{-1} - b^2 = (a^2 - b^2) + 2ab\sqrt{-1}.$$

208. Les commençants se demandent de quelle utilité peut être le calcul des imaginaires, puisque ces quantités n'ont aucune réalité. —Nous répondrons d'abord que ces expressions se présentant souvent dans la discussion des Problèmes, il est nécessaire de les étudier. Nous dirons en second lieu que ces quantités servent souvent à des transformations auxquelles il serait difficile de parvenir sans elles. — Plusieurs des Exemples précédents (**206**) montrent que les quantités imaginaires, combinées entre elles, conduisent quelquefois à des quantités réelles ; et, comme l'ont dit très-heureusement quelques Analystes, elles sont une sorte de *pont* que l'on jette d'une quantité réelle à une autre, et qu'on brise après l'avoir passé. — Pour rendre plus sensible ce que nous disons, soit proposé de démontrer que *si un nombre* s *est la somme des carrés de deux nombres* m *et* n, *son carré sera aussi la somme de deux carrés.*

On a par hypothèse, $s = m^2 + n^2$;

mais (**207, IV**) $m^2 + n^2 = (m + n\sqrt{-1})\,(m - n\sqrt{-1})$;

donc $s = (m + n\sqrt{-1})\,(m - n\sqrt{-1})$;

donc $s^2 = (m + n\sqrt{-1})^2\,(m - n\sqrt{-1})^2$,

c'est-à-dire (**58**), $s^2 = (m^2 + 2mn\sqrt{-1} - n^2)\,(m^2 - 2mn\sqrt{-1} - n^2)$,

ou bien $s^2 = [(m^2 - n^2) + 2mn\sqrt{-1}] \times [(m^2 - n^2) - 2mn\sqrt{-1}]$:

Ainsi, (**55, 205**), $s^2 = (m^2 - n^2)^2 + (2mn)^2$,

(*) Cet Exemple montre à quel artifice on a recours, dans les radicaux du second degré, pour avoir un dénominateur rationnel,

ce qui démontre que si s est la somme des carrés m^2 et n^2, il en résulte que s^2 est la somme des carrés $(m^2 - n^2)^2$ et $(2mn)^2$. — Ainsi, par le moyen des quantités imaginaires, on démontre un principe vrai pour les quantités réelles. — *Exemples*.

I. Comme $3^2 + 4^2 = 9 + 16 = 25$, on aura
25^2, ou 625, $= (4^2 - 3^2)^2 + (2.3.4)^2 = 7^2 + 24^2$.

II. Comme $8^2 + 6^2 = 64 + 36 = 100$, on aura,
100^2, ou $10\,000$, $= (8^2 - 6^2)^2 + (2.6.8)^2 = 28^2 + 96^2$.

III. Parce que $10^2 + 9^2 = 100 + 81 = 181$, on aura
181^2, ou 32761, $= (10^2 - 9^2)^2 + (2.9.10)^2 = \ldots$

Leçon IV. — **Calcul des quantités affectées d'exposants fractionnaires.**

209. L'extraction impossible des racines conduit aux exposants fractionnaires (**202**), comme la division impossible conduit aux exposants négatifs (**85**, 2°).

La combinaison d'une extraction de racine et d'une division impossibles conduit aux exposants fractionnaires *négatifs*. Par exemple, si l'on a $\sqrt[m]{\dfrac{1}{a^n}}$: comme $\dfrac{1}{a^n} = a^{-n}$, on aura $\sqrt[m]{\dfrac{1}{a^n}} = \sqrt[m]{a^{-n}} = a^{-\frac{n}{m}}$, d'après la convention (**202**).

210. Puisque l'on est convenu de regarder les notations $a^{\frac{n}{m}}$ et $\sqrt[m]{a^n}$ comme équivalentes, on peut les employer indifféremment l'une pour l'autre, suivant le besoin ; il en est de même de $a^{-\frac{n}{m}}$, et $\sqrt[m]{a^{-n}}$ ou $\sqrt[m]{\dfrac{1}{a^n}}$.

---

lorsque le dénominateur donné est un binome : S'il est la somme de deux quantités, $m + n\sqrt{-1}$, par exemple, on multiplie les deux termes de la fraction par la différence $m - n\sqrt{-1}$; et, s'il est une différence, on multiplie par la somme : le dénominateur, devenant ainsi la différence des carrés de deux quantités (**55**), ne contient plus aucun radical.

Donc, *pour évaluer une quantité affectée d'un exposant fractionnaire, il suffit d'élever la quantité à la puissance marquée par le numérateur, et d'extraire du produit une racine du degré marqué par le dénominateur :* cette racine sera la valeur cherchée, si l'exposant est *positif* ; si l'exposant est *négatif*, il faudra diviser l'unité par la racine trouvée, le quotient sera la valeur demandée.—*Exemples.*

I. $\qquad 9^{\frac{1}{2}} = \sqrt{9} = 3 ; \qquad 8^{\frac{2}{3}} = \sqrt[3]{8^2} = \sqrt[3]{64} = 4.$

II. $\qquad 12^{\frac{2}{3}} = \sqrt[3]{12^2} = \sqrt[3]{144} = 5,24\ldots$

III. $\qquad 12^{\frac{3}{2}} = \sqrt{12^3} = \sqrt{1728} = 41,569\ldots$

IV. $\qquad 4^{-\frac{3}{2}} = \sqrt{\frac{1}{4^3}} = \sqrt{\frac{1}{64}} = \frac{1}{8}.$

211. Le calcul des quantités affectées d'exposants fractionnaires peut remplacer le calcul des radicaux. Or, le calcul des nouvelles expressions n'exige pas d'autres règles que celles qui ont été données pour le cas de l'exposant entier (*Voir N*^{os} **42, 86,** — **64, 3°** — **46,** — **189, 1°**).

I. $\qquad a^{\frac{n}{m}} \times a^{\frac{x}{z}} = a^{\frac{n}{m} + \frac{x}{z}} = a^{\frac{nz + mx}{mz}}.$

En effet (**202**), $a^{\frac{n}{m}} = \sqrt[m]{a^n}$, et $a^{\frac{x}{z}} = \sqrt[z]{a^x}$: donc (**197**),

$$a^{\frac{n}{m}} \times a^{\frac{x}{z}} = \sqrt[m]{a^n} \times \sqrt[z]{a^x} = \sqrt[mz]{a^{nz+mx}} = a^{\frac{nz + mx}{mz}}.$$

II. $\qquad a^{\frac{n}{m}} \times a^{-\frac{x}{z}} = a^{\frac{n}{m} - \frac{x}{z}} = a^{\frac{nz - mx}{mz}},$

car $a^{\frac{n}{m}} \times a^{-\frac{x}{z}} = \sqrt[m]{a^n} \times \sqrt[z]{a^{-x}} = \sqrt[mz]{a^{nz-mx}} = a^{\frac{nz - mx}{mz}}.$

On démontre semblablement

III. Que $a^{\frac{n}{m}} : a^{\frac{x}{z}} = a^{\frac{n}{m} - \frac{x}{z}} = a^{\frac{nz - mx}{mz}}.$

IV. Que $a^{\frac{n}{m}} : a^{-\frac{x}{z}} = a^{\frac{n}{m} + \frac{x}{z}} = a^{\frac{nz + mx}{mz}}.$

V. Que la puissance p de $a^{\frac{n}{m}}$, ou $\left(a^{\frac{n}{m}}\right)^p$, $= a^{\frac{np}{m}}.$

VI. Que la racine m de $a^{\frac{n}{p}}$, ou $\sqrt[m]{a^{\frac{n}{p}}}$, $= a^{\frac{n}{mp}}$.

Exemples.

I. $\quad a^{\frac{1}{2}} + 3b^{\frac{1}{3}} - 3a^{\frac{1}{2}} + 4b^{\frac{1}{3}} = -2a^{\frac{1}{2}} + 7b^{\frac{1}{3}}$.

II. $\quad$ Ajouter ensemble $5a^{\frac{1}{2}}$, $2b^{\frac{1}{2}}$, $\frac{1}{2}b^{\frac{1}{2}}$, $\frac{3}{4}a^{\frac{1}{2}}$, $2c^{\frac{1}{2}}$.

Somme demandée $\quad \frac{23}{4}a^{\frac{1}{2}} + \frac{5}{2}b^{\frac{1}{2}} + 2c^{\frac{1}{2}}$.

III. $\quad$ De $6a^{\frac{2}{3}}b^{\frac{1}{3}}$, ôter $4a^{\frac{2}{3}}b^{\frac{1}{3}}$. — Reste $2a^{\frac{2}{3}}b^{\frac{1}{3}}$.

IV. $\quad (ab^{\frac{1}{2}} + 2c^{\frac{1}{3}}d^{\frac{1}{2}})(ab^{\frac{1}{2}} - 2c^{\frac{1}{3}}d^{\frac{1}{2}}) = a^2 b - 4c^{\frac{2}{3}}d$.

V. $\quad 6a^{\frac{1}{2}}b^{\frac{1}{3}}cd^{\frac{1}{4}} : 2ab^{\frac{2}{3}}c^{\frac{1}{2}}d^{\frac{1}{2}} = 3a^{-\frac{1}{2}}b^{-\frac{1}{3}}c^{\frac{1}{2}}d^{-\frac{1}{4}}$.

VI. $\quad \dfrac{5a - 8a^{\frac{1}{2}}b^{\frac{1}{3}} + 2a^{\frac{1}{2}}c^{\frac{1}{4}} + 3b^{\frac{2}{3}} - 2b^{\frac{1}{3}}c^{\frac{1}{4}}}{a^{\frac{1}{2}} - b^{\frac{1}{3}}} = 5a^{\frac{1}{2}} - 3b^{\frac{1}{3}} + 2c^{\frac{1}{4}}$.

VII. $\quad (9^{\frac{1}{6}}a^{\frac{1}{3}}b^{\frac{1}{3}})^3 = 9^{\frac{3}{6}}ab = (3^2)^{\frac{1}{2}}ab = 3ab$.

VIII. $\quad \left\{ 2(a-b)^{\frac{1}{3}}x \right\}^6 = 64(a-b)^2 x^6 = 64x^6(a^2 - 2ab + b^2)$.

IX. $\quad \sqrt[3]{8^{\frac{1}{2}}a^{\frac{9}{2}}b^{\frac{3}{2}}} = \sqrt[3]{(2^3)^{\frac{1}{2}}a^{\frac{9}{2}}b^{\frac{3}{2}}} = 2^{\frac{1}{2}}a^{\frac{3}{2}}b^{\frac{1}{2}}$.

Leçon V. — **Résolution des Équations du second degré à une seule inconnue ; — Équation $x^4 + ax^2 = b$.**

212. Il y a deux sortes d'équations du second degré : les équations *pures,* ou *incomplètes,* ou *à deux termes,* qui ne contiennent que le carré de l'inconnue ; et les équations *complètes,* ou *à trois termes,* qui avec le carré de l'inconnue, contiennent la première puissance de cette inconnue.

213. *Toute équation du second degré à une seule incon-nue, peut se ramener à l'une des formes*

$$[1]\ldots\ x^2 = a, \qquad x^2 + ax = b \ldots [2]$$

En effet, on peut faire disparaître les dénominateurs (**97**) ; puis, faire passer dans le premier membre tous les termes affectés de l'inconnue, et dans le second tous les termes connus (**93**) ; ensuite, ayant fait la réduction, on peut changer les signes de tous les termes, s'il en est besoin, pour rendre positif le terme qui contient le carré de l'inconnue (**94**) : alors, divisant tous les termes de l'équation par le coefficient du carré de l'inconnue, il est évident qu'on trouve une équation de la forme $x^2 = a$, ou $x^2 + ax = b$.

EXEMPLE I. *Soit l'équation* $\quad \dfrac{3x^2}{4} + 29 = \dfrac{7x^2}{2} - \dfrac{7}{9}.$

On a, en chassant les dénominateurs,

$$27x^2 + 1044 = 126x^2 - 28 ;$$

transposant, réduisant, $\qquad - 99x^2 = - 1072 ;$

changeant les signes, $\qquad\qquad 99x^2 = 1072,$

et, divisant par 99, $\qquad\qquad\qquad x^2 = \frac{1072}{99}.$

EXEMPLE II. *Soit l'équation*

$$3x^2 - 9x + \dfrac{10x}{3} = \dfrac{5x^2}{4} + 15\,\tfrac{5}{12} :$$

On a, en chassant les dénominateurs,

$$36x^2 - 108x + 40x = 15x^2 + 185 ;$$

transposant et réduisant, $\quad 21x^2 - 68x = 185 ;$

et divisant par 21, $\qquad\qquad x^2 - \frac{68}{21}x = \frac{185}{21}.$

EXEMPLE III. *Soit l'équation* $ax^2 - \dfrac{bx}{c} = bx^2 - cx + \dfrac{a}{b} :$

On a, en chassant les dénominateurs,

$$abcx^2 - b^2x = b^2cx^2 - bc^2x + ac ;$$

transposant, $\quad (abc - b^2c)\, x^2 + (bc^2 - b^2)\, x = ac ;$

et divisant par $abc - b^2c$, $\quad x^2 + \dfrac{bc^2 - b^2}{abc - b^2c}\, x = \dfrac{ac}{abc - b^2c},$

ou, en simplifiant, $\qquad\qquad x^2 + \dfrac{c^2 - b}{ac - bc}\, x = \dfrac{a}{ab - b^2}.$

EXEMPLE IV. *Soit l'équation* $3x - 2\sqrt{x-1} = 11$.
Transposant le radical dans le second membre, et les autres
termes dans le premier, on a $\qquad 3x - 11 = 2\sqrt{x-1}$;
carrant les deux membres, $\qquad 9x^2 - 66x + 121 = 4(x-1)$;
transposant, réduisant, $\qquad 9x^2 - 70x = -125$,
et divisant par 9, $\qquad x^2 - \frac{70}{9}x = -\frac{125}{9}$.

EXEMPLE V. *Soit l'équation* $2\sqrt{16-3x} = 9 - \sqrt{7x-3}$.
Transposant les deux radicaux dans le premier membre, et le terme connu dans le second, on a

$$2\sqrt{16-3x} + \sqrt{7x-3} = 9\,;$$

carrant les deux membres,

$$4(16-3x) + 4\sqrt{(16-3x)(7x-3)} + (7x-3) = 81\,;$$

effectuant les multiplications indiquées, réduisant, et
mettant le radical seul dans le second membre,

$$-5x - 20 = 4\sqrt{-21x^2 + 121x - 48}\,;$$

carrant encore,

$$25x^2 + 200x + 400 = 16(-21x^2 + 121x - 48)\,;$$

transposant, réduisant, $\qquad 361x^2 - 1736x = -1168$,
et divisant par 361, $\qquad x^2 - \frac{1736}{361}x = -\frac{1168}{361}$.

EXEMPLE VI. *Soit l'équation* .

$$\sqrt{x-1} + \sqrt{x+1} - 3\sqrt{x-12} = 0.$$

Laissant les deux premiers radicaux dans le premier
membre, et mettant le troisième dans le second membre,
puis carrant de part et d'autre, on a

$$(x-1) + 2\sqrt{x^2-1} + (x+1) = 9x - 108,$$

Réduisant et transposant, $-7x + 108 = -2\sqrt{x^2-1}$;
carrant encore, $\qquad 49x^2 - 1512x + 11664 = 4x^2 - 4$;
transposant, réduisant, $\qquad 45x^2 - 1512x = -11668$,
et divisant par 45, $\qquad x^2 - \frac{1512}{45}x = -\frac{11668}{45}$.

Ces trois derniers Exemples montrent comment opérer, en certains cas particuliers, lorsque l'inconnue est
engagée sous des radicaux.

214. Cela posé, il est clair que de $\qquad x^2 = a$,
on doit conclure (**11**) $\qquad\qquad x = \pm\sqrt{a}$:
donc, *pour résoudre une équation incomplète du second*

degré, il faut d'abord la ramener à la forme $x^2 = a$ **(213)** : *alors l'inconnue est égale à la racine carrée du second membre, précédée du signe* $\pm$. — Ainsi, toute équation incomplète du second degré a deux racines égales et de signes contraires ; elles sont réelles, si le second membre *a* est positif ; elles sont imaginaires **(201, 2°)**, si *a* est négatif.

EXEMPLE I. *Résoudre l'équation* $3x^2 - 20 = 155 - 4x^2$.

Transposant et réduisant, on a $\qquad 7x^2 = 175$,

d'où, en divisant par 7, $\qquad x^2 = \frac{175}{7} = 25$:

par conséquent, $\qquad x = \pm\sqrt{25} = \pm 5$.

EXEMPLE II. *Résoudre l'équation*

$$5x^2 + \frac{12x^2}{5} = \frac{5x^2}{2} + \frac{9x^2}{4} + 95,4.$$

Chassant les dénominateurs, puis transposant, réduisant, et divisant par 53, coefficient de x^2, il vient

$$x^2 = 36, \text{ d'où } x = \pm 6.$$

EXEMPLE III. *Résoudre l'équation* $ax^2 - b = bx^2 - c$,

Transposant, on a $\qquad (a - b)\, x^2 = b - c$,

d'où l'on tire $\qquad x = \pm\sqrt{\dfrac{b - c}{a - b}}$.

EXEMPLE IV. *Résoudre l'équation*

$$\frac{3x^2}{2} - 40\,\tfrac{5}{6} = \frac{5x^2}{6} - 73\,\tfrac{1}{2}.$$

Chassant les dénominateurs, puis transposant,...

on trouve $\quad x^2 = -49$, d'où $x = \pm\sqrt{-49} = \pm 7\sqrt{-1}$.

N. B. Que les racines de l'équation soient positives ou négatives, réelles ou imaginaires, substituées dans l'équation proposée, elles doivent toujours la vérifier, ce qu'il est aisé de voir dans les Exemples qui précèdent.

215. S'il s'agit de l'équation complète du second degré,

$$x^2 + ax = b,$$

nous remarquerons que $x^2 = $ le carré de x, et que $ax = 2x \cdot \tfrac{1}{2}a$; ainsi, dans $x^2 + ax$, nous avons les deux premiers termes du carré de $x + \tfrac{1}{2}a$ **(58)** ; donc, ajoutons $(\tfrac{1}{2}a)^2$ ou $\tfrac{1}{4}a^2$ aux deux membres : nous ne troublerons pas l'équation (**92**), et le premier membre deviendra un carré parfait :

nous aurons $\quad x^2 + ax + \frac{1}{4}a^2 = \frac{1}{4}a^2 + b,$

ou bien $\quad (x + \frac{1}{2}a)^2 = \frac{1}{4}a^2 + b :$

donc (**11**), $\quad x + \frac{1}{2}a = \pm \sqrt{\frac{1}{4}a^2 + b},$

d'où $\quad x = -\frac{1}{2}a \pm \sqrt{\frac{1}{4}a^2 + b},$

ce qui montre que, *dans toute équation complète du second degré*, ramenée préalablement à la forme $x^2 + ax = b$ (**213**), *l'inconnue est égale à* LA MOITIÉ *du coefficient du second terme pris avec un signe contraire,* $\pm$ *la racine* (DU CARRÉ *de cette moitié, joint au second membre de l'équation*).

EXEMPLE I. *Résoudre l'équation* $\quad x^2 - 12x = -35.$

On a $\quad x = 6 \pm \sqrt{36 - 35} = 7,$ ou $5.$

EXEMPLE II. *Résoudre l'équation*
$$5x + 4x^2 = 9x^2 - 7x - 9.$$
Transposant, réduisant, changeant les signes, et divisant par le coefficient de x^2, j'ai
$$x^2 - \frac{12}{5}x = \frac{9}{5}.$$

d'où $\quad x = \frac{6}{5} \pm \sqrt{\frac{36}{25} + \frac{9}{5}} = 3,$ ou $-\frac{3}{5}.$

EXEMPLE III. *Résoudre* $\dfrac{5 + x}{2(4 - x)} = \dfrac{3x + 6}{7 - 2x} - \dfrac{11}{4 - x}.$

On voit que le dénominateur commun $= 2(4-x)(7-2x)$. — Chassant les dénominateurs, on a
$$(5 + x)(7 - 2x) = 2(4 - x)(3x + 6) - 11.2(7 - 2x);$$
effectuant les multiplications, transposant, réduisant, on a $\quad 4x^2 - 59x = -141 ;$

d'où $\quad x = \frac{59}{8} \pm \sqrt{\left(\frac{59}{8}\right)^2 - \frac{141}{4}} = 11\frac{3}{4},$ ou $3.$

EXEMPLE IV. *Résoudre* $(m^2 - n^2)x^2 + m^2n^2 = 2m^2nx.$

Transposant, on a $\quad (m^2 - n^2)x^2 - 2m^2nx = -m^2n^2 ;$

divisant par $m^2 - n^2$, $\quad x^2 - \dfrac{2m^2n}{m^2 - n^2}x = -\dfrac{m^2n^2}{m^2 - n^2} ;$

d'où $x = \dfrac{m^2n}{m^2 - n^2} \pm \sqrt{\dfrac{m^4n^2}{(m^2 - n^2)^2} - \dfrac{m^2n^2(m^2 - n^2)}{(m^2 - n^2)^2}} ;$

ou $\quad x = \dfrac{m^2n}{m^2 - n^2} + \dfrac{mn^2}{m^2 - n^2} = \dfrac{(m+n)mn}{(m+n)(m-n)} = \dfrac{mn}{m-n} ;$

et $\quad x = \dfrac{m^2 n}{m^2 - n^2} - \dfrac{m n^2}{m^2 - n^2} = \dfrac{(m - n) m n}{(m + n)(m - n)} = \dfrac{m n}{m + n}.$

216. Soit l'équation $\quad x^4 + a x^2 = b, \ldots$ [3] :
considérant x^2 comme l'inconnue, nous en tirerons

(215) $\qquad x^2 = -\tfrac{1}{2} a \pm \sqrt{\tfrac{1}{4} a^2 + b};$

donc **(11)**, $\qquad x = \pm \sqrt{-\tfrac{1}{2} a \pm \sqrt{\tfrac{1}{4} a^2 + b}}.$

Par conséquent, l'inconnue x a ici quatre valeurs. En
les nommant x', x'', x''', x'''', et posant, pour abréger,
$\sqrt{\tfrac{1}{4} a^2 + b} = \omega$, nous aurons

$$x' = + \sqrt{-\tfrac{1}{2} a + \omega}, \quad x'' = - \sqrt{-\tfrac{1}{2} a + \omega},$$
$$x''' = + \sqrt{-\tfrac{1}{2} a - \omega}, \quad x'''' = - \sqrt{-\tfrac{1}{2} a - \omega}.$$

EXEMPLE I. *Résoudre l'équation* $\quad x^4 - 26 x^2 = -25 ;$

On en tire $\quad x = \pm \sqrt{13 \pm \sqrt{169 - 25}},$
d'où $\quad x' = + 5, \ x'' = -5, \ x''' = +1, \ x'''' = -1.$

EXEMPLE II. *Résoudre* $\qquad \tfrac{2}{3} x^4 + 5 x^2 = x^4 + \tfrac{4}{3} x + 6.$

Chassant le dénom^r, $\qquad 2 x^4 + 15 x^2 = 3 x^4 + 4 x^2 + 18;$
transposant, réduisant, $\qquad - x^4 + 11 x^2 = 18 ;$
et changeant les signes, $\qquad x^4 - 11 x^2 = -18,$

d'où l'on tire $\qquad x = \pm \sqrt{\tfrac{11}{2} \pm \sqrt{\tfrac{121}{4} - 18}},$
et $x' = + 3, \ x'' = -3, \ x''' = + \sqrt{2}, x'''' = - \sqrt{2}.$

EXEMPLE III. *Résoudre* $\tfrac{2}{5} x^4 + x^2 = \tfrac{1}{2} x^4 - \tfrac{7}{10} x^2 - 830$
Chassant les dénominateurs, transposant, réduisant,
et changeant les signes de tous les termes, on a
$$x^4 - 17 x^2 = 8300,$$

d'où l'on tire $\quad x = \pm \sqrt{\tfrac{17}{2} \pm \sqrt{\tfrac{289}{4} + 8300}},$
et $x' = +10, x'' = -10, x''' = + \sqrt{-83}, x'''' = -\sqrt{-83}.$

Remarque. L'équation [3] ci-dessus, qu'on appelle
quelquefois *bi-carrée*, n'est qu'un cas particulier de
$$x^{2m} + a x^m = b,$$
dans laquelle m est un nombre entier quelconque, et qui
devient l'équation [3], lorsque $m = 2$.

Leçon VI. — Composition de l'Equation générale du second degré, à une seule inconnue.

217. Appelons x' et x'' les racines de l'équation générale
$$x^2 + ax = b,$$

nous aurons (**215**)
$$\begin{cases} x' = -\tfrac{1}{2}a + \sqrt{\tfrac{1}{4}a^2 + b}, \\ x'' = -\tfrac{1}{2}a - \sqrt{\tfrac{1}{4}a^2 + b} : \end{cases}$$

Proposons-nous de *trouver* LA SOMME *et* LE PRODUIT *de ces deux racines.*

1° Les quantités radicales étant égales et de signes contraires, se détruisent par la réduction, et il vient
$$x' + x'' = -\tfrac{1}{2}a - \tfrac{1}{2}a = -a,$$
d'où il faut conclure que, *dans toute équation complète du second degré, ramenée à la forme* $x^2 + ax = b$, LA SOMME *des deux racines est égale au coefficient* a *du second terme pris avec un signe contraire.*

2° La première racine x' est la somme des deux quantités $-\tfrac{1}{2}a$ et $\sqrt{\tfrac{1}{4}a^2 + b}$; l'autre x'' est la différence des mêmes quantités ; par conséquent, leur produit $x'x''$ est la différence des carrés de ces quantités (**55**) :

donc,
$$x'x'' = \left(-\tfrac{1}{2}a\right)^2 - \left(\sqrt{\tfrac{1}{4}a^2 + b}\right)^2,$$
c'est-à-dire (**11**), $x'x'' = \tfrac{1}{4}a^2 - \left(\tfrac{1}{4}a^2 + b\right) = -b$,
ce qui montre que, *dans toute équation complète du second degré, ramenée à la forme* $x^2 + ax = b$, LE PRODUIT *des deux racines est égal au terme connu* b *pris avec un signe contraire.*

218. Réciproquement : *Si deux quantités* m *et* n *sont telles qu'on ait à la fois*
$$m + n = -a \dots [1] \quad mn = -b \dots [2],$$
ces quantités m *et* n *sont les racines de l'équation* $x^2 + ax = b$, c'est-à-dire que, mises à la place de x, elles satisfont à cette équation.

En effet, 1° de [1] on tire $m = -a - n$; substituant cette valeur dans [2], on a $(-a - n)n = -b$, ce qui donne $-an - n^2 = -b$, ou, changeant les signes, $n^2 + an = b$:

donc n est une racine de $x^2 + ax = b$.

2° De [1] on tire aussi $n = - a - m$;

substituant cette valeur dans [2], on a $(- a - m)\, m = - b$,

ce qui donne $- am - m^2 = - b$,

ou, changeant les signes, $m^2 + am = b$:

donc m est aussi une racine de $x^2 + ax = b$.

219. Ce que nous venons de dire (**217, 218**), met à nu la composition des équations complètes du second degré, ramenées à la forme $x^2 + ax = b$, et nous donne le moyen de construire l'équation dont les racines sont connues : pour cela, il suffit d'*ajouter la première racine à la seconde, et de changer le signe de la somme*, on obtient ainsi le coefficient du second terme ; puis, *ayant multiplié la première par la seconde, il suffit de changer le signe du produit*, pour avoir le terme connu b placé dans le second membre. — *Exemples*.

	Racines.	Equations.
I.	$3,\ 4$	$x^2 - 7x = -12$.
II.	$\frac{1}{2},\ -\frac{2}{3}$	$x^2 + \frac{1}{6}x = \frac{1}{3}$.
III.	$a,\ b$	$x^2 - (a+b)x = -ab$.
IV.	$-\dfrac{a}{b},\ +\dfrac{m}{n}$ ..	$x^2 + \dfrac{an - bm}{bn}\, x = \dfrac{am}{bn}$.
V.	$+m,\ -\dfrac{a}{m}$ ..	$x^2 + \dfrac{a - m^2}{m}\, x = a$.

220. Soit encore l'équation $x^2 + ax = b$,

laquelle revient à $x^2 + ax - b = 0$ [3].

Nous savons (**217**) que $a = -(x' + x'')$, et que $-b = x'x''$. Remplaçant dans [3], a et b par leurs valeurs, on a

$$x^2 + ax - b = x^2 - (x' + x'')x + x'x'',$$

c'est-à-dire, $x^2 + ax - b = x^2 - xx' - xx'' + x'x''$,

ou bien (**54**), $x^2 + ax - b = x(x - x') - x''(x - x')$,

ou encore $x^2 + ax - b = (x - x')(x - x'')$,

ce qui montre que *le premier membre de l'équation* $x^2 + ax - b = 0$, *peut s'obtenir en faisant le produit des restes que l'on trouve en ôtant tour à tour de* x *chacune des deux racines* ; par conséquent, *en divisant ce premier membre par l'un des deux restes, on aura l'autre* (**61**).

Soient 3 et 4 les deux racines : comme $(x-3)(x-4)$ $= x^2 - 7x + 12$, j'en conclus l'équation $x^2 - 7x + 12$ $= 0$, ou $x^2 - 7x = -12$, dont les racines sont 3 et 4. — *Autres Exemples.*

	Racines.	Produits.	Equations.
I.	$\frac{1}{2}, -\frac{1}{3}$	$(x-\frac{1}{2})(x+\frac{1}{3})$	$x^2-\frac{1}{6}x=\frac{1}{6}$.
II.	$h, -k$	$(x-h)(x+k)$	$x^2-(h-k)x=hk$.
III.	$-m, -n$	$(x+m)(x+n)$	$x^2+(m+n)x=-mn$.

221. Puisque **(220)** $\qquad x^2 + ax - b = 0$,
et que $\qquad\qquad x^2 + ax - b = (x-x')(x-x'')$;
il s'ensuit que $\qquad\qquad (x-x')(x-x'') = 0$.
Or, il est évident que le produit de $x-x'$ par $x-x''$ ne peut être zéro, si l'un des facteurs n'est égal à zéro. Il faut donc poser
$$x - x' = 0, \qquad \text{d'où } x = x',$$
ou bien $\qquad x - x'' = 0, \qquad$ d'où $x = x''$;
concluons de là que l'équation complète du second degré admet deux racines, et qu'elle n'en a pas davantage.

Leçon VII. — **Discussion de l'Equation générale du second degré, à une seule inconnue.**

222. Discutons maintenant les valeurs de x' et de x''.

On a **(215)**
$$\begin{cases} x' = -\frac{1}{2}a + \sqrt{\frac{1}{4}a^2 + b} & [1] \\ x'' = -\frac{1}{2}a - \sqrt{\frac{1}{4}a^2 + b} & [2] \end{cases}$$

Chacune des données a et b peut être plus grande ou plus petite que *zéro*, ou lui être égale : de là les différents cas que nous allons tour à tour examiner.

1° Soient $-\frac{1}{2}a > 0$, et $b > 0$. — On aura $\frac{1}{4}a^2 + b > 0$: donc les deux racines x' et x'' sont réelles. De plus, comme $\frac{1}{4}a^2 + b$ est plus grand que $\frac{1}{4}a^2$, il s'ensuit que $\sqrt{\frac{1}{4}a^2 + b}$ surpasse $\frac{1}{2}a$: donc x' est positif et plus grand que a ; mais x'' est négatif. — Ce que l'on peut vérifier dans $x^2 - 4x = 5$, qui donne $x' = 5$, et $x'' = -1$.

2° Soient $-\frac{1}{2}a < 0$, et $b > 0$. — Ici, comme dans le premier cas, les deux racines sont réelles ; x' est encore positif, et x'' négatif. De plus, x'' est numériquemeut plus grand que a. — Ce que l'on peut vérifier dans $x^2 + 6x = 16$, qui donne $x' = 2$, et $x'' = -8$.

3° Soient $-\frac{1}{2}a = 0$, et $b > 0$. — Alors les deux formules [1] et [2] se réduisent à $x' = +\sqrt{b}$, et $x'' = -\sqrt{b}$, ce qui doit être, car dans cette hypothèse, l'équation $x^2 + ax = b$ devient $x^2 = b$, d'où l'on tire $x = \pm\sqrt{b}$. L'équation proposée est dans ce cas une équation pure du second degré, et non une équation complète.

4° Soient $-\frac{1}{2}a > 0$, $b < 0$ et numériquement $< \frac{1}{4}a^2$. — La quantité $\frac{1}{4}a^2 + b > 0$: donc les deux racines x' et x'' sont encore réelles. De plus, $\sqrt{\frac{1}{4}a^2 + b} < \frac{1}{2}a$: donc x' et x'' sont positifs ; mais x' est compris entre a et $\frac{1}{2}a$, et $x'' < \frac{1}{2}a$. — Ce qui se voit dans $x^2 - 8x = -12$, qui donne $x' = 6$, et $x'' = 2$.

5° Soient $-\frac{1}{2}a < 0$, $b < 0$ et numériquement $< \frac{1}{4}a^2$. — Les racines sont toutes deux réelles, toutes deux négatives : x' numériquement $< \frac{1}{2}a$, et x'' numériquement $> \frac{1}{2}a$, mais $< a$. — Ce que confirme l'équation $x^2 + 6x = -8$, qui donne $x' = -2$, et $x'' = -4$.

6° Soient $-\frac{1}{2}a \gtrless 0$, $b < 0$ et numériquement $> \frac{1}{4}a^2$. — Dans ce cas, $\frac{1}{4}a^2 + b$ est négatif, d'où il suit que $\sqrt{\frac{1}{4}a^2 + b}$ est imaginaire : donc les racines sont imaginaires, conclusion que l'on rend manifeste en ajoutant $\frac{1}{4}a^2$ aux deux membres de $x^2 + ax = b$, car alors on a $x^2 + ax + \frac{1}{4}a^2 = \frac{1}{4}a^2 + b$, ou $(x + \frac{1}{2}a)^2 = \frac{1}{4}a^2 + b$: or, il est impossible que le carré de $(x + \frac{1}{2}a)$ donne la quantité négative $\frac{1}{4}a^2 + b$. — Cette conclusion se trouve vérifiée dans $x^2 - 10x = -26$, qui donne $x' = 5 + \sqrt{-1}$, et $x'' = 5 - \sqrt{-1}$.

7° Soient $-\frac{1}{2}a = 0$, et $b < 0$. Même conclusion que dans le troisième cas (voir 3°), avec cette différence que, b étant ici négatif, les deux racines $x' = +\sqrt{b}$ et $x'' = -\sqrt{b}$, sont imaginaires.

8° Soient $-\frac{1}{2}a > 0$, $b < 0$ et numériquement égal à $\frac{1}{4}a^2$. — Alors la quantité $\frac{1}{4}a^2 + b$, étant nulle, les deux racines

sont réelles, et égales l'une et l'autre à $-\frac{1}{2}a$; par conséquent, elles sont toutes deux positives, puisque $-\frac{1}{2}a > 0$.
Dans ce cas, $\frac{1}{4}a^2 + b = 0$, d'où $b = -\frac{1}{4}a^2$; donc l'é-
quation $x^2 + ax = b$, devient $x^2 + ax = -\frac{1}{4}a^2$, ou x^2
$+ ax + \frac{1}{4}a^2 = 0$, c'est-à-dire $(x + \frac{1}{2}a)^2 = 0$. Par cette dernière équation, on voit que dans le cas actuel, 1° on a
nécessairement $x = -\frac{1}{2}a$, car aucune autre valeur ne
peut rendre nulle la quantité $(x + \frac{1}{2}a)^2$; 2° le premier
membre de $x^2 + \frac{1}{2}a = b$ devient un carré parfait, lorsqu'on y fait passer tous les termes. — Tout cela se voit
dans $x^2 - 10x = -25$, qui revient à $x^2 - 10x + 25 = 0$,
ou bien à $(x - 5)^2 = 0$, d'où $x = 5$.

9° Soient $-\frac{1}{2}a < 0$, $b < 0$ et numériquement égal à $\frac{1}{4}a^2$.
— Même conclusion que dans le cas précédent, avec cette
seule différence que, $-\frac{1}{2}a$ étant négatif, les deux racines
sont négatives. — Ce qui se voit dans $x^2 + 10x = -25$, qui
revient à $x^2 + 10x + 25 = 0$, ou bien à $(x + 5)^2 = 0$,
d'où $x = -5$.

10° Soient $-\frac{1}{2}a > 0$, et $b = 0$. — La quantité $\frac{1}{4}a^2 + b$
$= \frac{1}{4}a^2$; donc $\sqrt{\frac{1}{4}a^2 + b} = \sqrt{\frac{1}{4}a^2} = \pm\frac{1}{2}a$: donc ici l'une
des racines est nulle, et l'autre, égale à $-a$, est posi-
tive. Dans ce cas, $x^2 + ax = b$ revient à $x^2 + ax = 0$,
ou bien à $(x + a)x = 0$, qui n'admet évidemment pour
racines que $x = 0$, et $x = -a$. L'équation $x^2 + ax = 0$
est en réalité du premier degré, car en divisant tous les
termes par x, on a $x + a = 0$, d'où $x = -a$. L'équation
$x^2 - 10x = 0$, qui donne $x = 5 \pm \sqrt{25}$, ou $x' = 10$, et
$x'' = 0$, confirme tout ce que nous venons de dire.

11° Soient $-\frac{1}{2}a < 0$, et $b = 0$. Même conclusion que
dans le cas précédent, avec cette différence que la valeur
unique de x est négative. Ce que l'on voit dans $x^2 + 10x$
$= 0$, qui donne $x = -10$.

12° Soient $\frac{1}{2}a = 0$, $b = 0$. — Dans cette hypothèse,
on a $x' = 0$, et $x'' = 0$, ce qui doit être, car l'équation x^2
$+ ax = b$ devient alors $x^2 = 0$, d'où $x = 0$.

223. Ce que nous venons de dire, fait voir que les racines x' et x'' de l'équation $x^2 + ax = b$, sont toutes
deux réelles, ou toutes deux imaginaires, en sorte que
l'une d'elles ne peut être réelle pendant que l'autre est

imaginaire. — Il est facile de voir en outre que ces racines sont toutes deux commensurables, ou toutes deux irrationnelles, de façon que l'une d'elles ne peut être commensurable, lorsque l'autre est irrationnelle.

LEÇON VIII. — Problèmes du second degré, à une seule inconnue.

I. *Un particulier ayant acheté un objet de fantaisie, s'en dégoûta bientôt et le revendit 21 francs. De cette manière, il perdit autant pour 100 que l'objet lui avait coûté. Quel était le prix de cet objet?*

Soit x le prix demandé; la perte monte à $x - 21$.

Mais sur 100^f, il a perdu x;

donc, sur 1^f, la perte est de $\frac{1}{100}x$;

et sur x fr., elle est de $\frac{1}{100}x.x = \frac{1}{100}x^2$:

donc $\frac{1}{100}x^2 = x - 21$, d'où $x' = 70$, $x'' = 30$, et ces deux valeurs satisfont à la question.

II. *Deux jardiniers, ayant porté des abricots au marché, les vendirent le même prix. Le premier dit ensuite au second : « Si j'avais eu tes abricots, en les vendant au prix » des miens, j'en aurais retiré $1^f,60$ ». — « Et moi, ré- » pondit le second, si j'avais eu les tiens, en les vendant » au prix des miens, j'en aurais retiré $3^f,60$. » — Trouver le nombre d'abricots de l'un et de l'autre, sachant qu'ils en avaient 100 en tout.*

Le nombre des abricots du premier étant x, celui du second était $100 - x$.

Or, le premier aurait vendu $100 - x$ abricots, 160 cent.

donc, il a vendu un abricot . . . . $\dfrac{160}{100 - x}$;

donc il a vendu ses x abricots . . . . $\dfrac{160x}{100 - x}$.

Le second aurait vendu x abricots . . . . . . 360 cent.;

donc, il a vendu un abricot . . . . $\dfrac{360}{x}$.

donc, il a vendu ses $100 - x$ abricots . . . . $\dfrac{360(100 - x)}{x}$.

Comme ils ont retiré la même somme, on a

$$[1] \quad \frac{160x}{100 - x} = \frac{360(100 - x)}{x}, \text{ d'où } \begin{cases} x' = 300, \\ x'' = 60. \end{cases}$$

La valeur $x'' = 60$ satisfait à la question. Ainsi, le premier avait 60 abricots, et le second 40.

Quant à l'autre valeur $x' = 300$, elle est, quoique positive, étrangère à la question. En effet, la somme des deux nombres demandés étant 100, si l'un est 300, l'autre sera $100 - 300 = -200$, ce qui ne peut convenir à l'énoncé.

On peut modifier cet énoncé, et en former un nouveau auquel satisferont les valeurs 300 et 200, prises positivement (**122, 123**). Mais dans la question actuelle qui demande *deux* quantités, une seule étant négative, distinguons-la de l'autre : représentons par y le second nombre d'abricots, pendant que le premier sera représenté par x. Alors, nous aurons $x + y = 100$ [2] ; et dans [1], substituant y à sa valeur $100 - x$, nous aurons pour seconde équation

$$\frac{160x}{y} = \frac{360y}{x} \quad [3].$$

Ces deux dernières sont renfermées dans [1] ; mais celle-ci est satisfaite par $x = 300$, $y = -200$: donc il en sera de même de [2] et [3]. — Cela posé, changeons le signe de y dans [2] et dans [3], et nous aurons

$$\left. \begin{array}{l} x - y = 100 \\ \dfrac{160x}{-y} = \dfrac{-360y}{x} \end{array} \right\} \begin{array}{c} \text{ou} \\ (94) \end{array} \left\{ \begin{array}{ll} x - y = 100 & [4], \\ \dfrac{160x}{y} = \dfrac{360y}{x} & [5]: \end{array} \right.$$

Puisque [2] et [3] sont satisfaites par $x = 300$, $y = -200$, celles-ci [4] et [5] le seront par $x = 300$, $y = 200$. La question dont elles sont la traduction, devra donc être ainsi conçue : *Deux jardiniers ayant porté des abricots au marché, les vendirent la même somme. Le premier dit ensuite..... Trouver le nombre d'abricots de l'un et de l'autre, sachant que le premier en avait 100 de plus que le second.*

On voit par ce qui précède que quand la résolution d'un problème du second degré amène une valeur négative, cette valeur tout en satisfaisant à l'équation, ne peut convenir au problème avec son énoncé tel qu'il est. Il faut dès lors modifier cet énoncé, et l'on s'y prend comme il a été dit (**122**), en observant que, si la question demande plusieurs quantités, on ne doit changer le signe que de la quantité pour laquelle on a trouvé une valeur négative. — On comprend d'ailleurs que certains énoncés ne se prêtent que très-difficilement à une modification quelconque. Il suffit souvent d'y changer quelque chose, pour dénaturer complètement le problème. — Dans ce qui suit, nous ne donnerons que la solution positive.

III. *Deux courriers* C *et* C′, *étant partis au même instant de deux villes différentes* A *et* B (*le premier* C, *de* A *pour* B, *et le second* C′ *de* B *pour* A), *se sont rencontrés après un certain temps, et alors ils ont supputé la route qu'ils ont faite, et celle qu'il leur reste à faire. Ils ont trouvé que* C *a fait* 400 *kilomètres de plus que* C′ ; *et qu'en conservant leurs vitesses respectives, il faudra encore* 16 *jours à* C *pour arriver en* B, *et* 25 *jours à* C′ *pour arriver en* A. — *Trouver la distance des villes* A *et* B.

Au lieu de prendre pour inconnue la distance AB des deux villes, prenons le chemin fait par C′ : nous en déduisons aisément le chemin de C, et par suite la distance demandée.

Soit donc x le chemin fait par C′ ; celui de C sera $x + 400$. Donc C a encore x kilomètres à faire pour arriver en B, et C′ en a $x + 400$ pour se rendre en A.

Or, le courrier C parcourra ses x kilom. en 16 jours ;

donc il fait 1 kilomètre en $\dfrac{16}{x}$ jours ;

donc il a fait ses $x + 400$ kilom. en $\dfrac{16(x+400)}{x}$ jours.

Le courrier C′ parcourra ses $x + 400$ kil. en 25 jours ;

donc il fait 1 kilomètre en $\dfrac{25}{x + 400}$ jours ;

donc il a fait ses x kilomètres en $\dfrac{25x}{x + 400}$ jours.

Comme ils avaient marché le même temps, lorsqu'ils se sont rencontrés, on a l'équation

$$\frac{16(x + 400)}{x} = \frac{25x}{x + 400}, \quad \text{d'où } x = 1600.$$

Ainsi, au moment de la rencontre, C' avait fait 1600 kil. ; donc, C en avait fait $1600 + 400$ ou 2000 : donc la distance demandée est $1600 + 2000$ ou 3600 kilomètres.

IV. *Un banquier escompte en dedans deux billets, l'un de 9225ᶠ payables dans 5 mois, l'autre de 12 540ᶠ payables dans 9 mois : l'escompte total étant de 765ᶠ, on demande le taux de l'escompte.*

Appelant x le taux mensuel de l'escompte en dedans, nous dirons :

1° 100ᶠ donnent x d'intérêt dans un mois, et par conséquent, $5x$ dans 5 mois ; donc 100ᶠ comptant, vaudront $100 + 5x$ dans 5 mois. Donc $100 + 5x$ payables dans 5 mois ne valent que 100ᶠ comptant ;

donc, sur $100 + 5x$, il y a un escompte de $\quad 5x$;

donc, sur 1 franc, l'escompte est de $\quad \dfrac{5x}{100 + 5x}$,

et sur 9225ᶠ, il est de $\quad \dfrac{5x \cdot 9225}{100 + 5x} = \dfrac{9225x}{20 + x}$.

2° 100ᶠ donnent $9x$ d'intérêt dans 9 mois ; donc 100ᶠ comptant valent $100 + 9x$ après 9 mois. Donc $100 + 9x$ payables dans 9 mois ne valent que 100ᶠ comptant : donc, sur $100 + 9x$, il y a un escompte de $\quad 9x$;

donc, sur 1 franc, l'escompte est de $\quad \dfrac{9x}{100 + 9x}$,

et sur 12540 francs, il est de $\dfrac{9x \cdot 12540}{100 + 9x} = \dfrac{112860x}{100 + 9x}$.

L'escompte total montant à 765ᶠ, nous aurons

$$\frac{9225x}{20 + x} + \frac{112860x}{100 + 9x} = 765.$$

Les trois nombres 9225, 112 860, et 765, sont divisibles par 45 (*Arith.* G. M. F. B. **231**) ; supprimant ce facteur, on a

$$\frac{205\,x}{20 + x} + \frac{2508x}{100 + 9x} = 17, \quad \text{d'où} \quad x = \tfrac{1}{2}.$$

Le taux mensuel étant $\tfrac{1}{2}$, le taux annuel est 6.

V. *Un particulier a placé 70 000ᶠ, partie à un certain taux qui lui donne 600ᶠ d'intérêt annuel, partie à un taux plus élevé que le premier d'un franc, ce qui lui donne* 2000^f *d'intérêt. On demande la quotité de chaque placement, et le taux de chacun.*

Soit x le taux du premier placement, on dira :

1° Pour avoir x francs d'intérêt, il faut placer 100^f;

donc, pour avoir 1^f d'intérêt, il faut placer $\dfrac{100}{x}$,

et pour avoir 600 francs, $\dfrac{100}{x} \times 600 = \dfrac{60\,000}{x}$.

2° Le taux du second placement est $x + 1$; donc pour avoir $x + 1$ francs d'intérêt, il faut placer 100^f;

donc pour avoir 1 franc d'intérêt, il faut placer $\dfrac{100}{x + 1}$.

et, pour en avoir 2000, $\dfrac{100}{x + 1} \times 2000 = \dfrac{200000}{x + 1}$.

Or, il a été placé en tout 70 000^f : donc

$$\frac{60\,000}{x} + \frac{200\,000}{x + 1} = 70000, \quad \text{d'où } x = 3.$$

Le premier taux est donc 3, et le second 4. — Par suite, le premier placement monte à $\frac{60000}{3} = 20\,000^f$; et le second, à $\frac{200000}{4}$, ou $70\,000 - 20\,000$, $= 50\,000$ francs.

VI. *Trouver les dimensions d'un rectangle dont le périmètre est de 41 mètres, et la surface de 100 mètres carrés.*

Soient x la longueur et y la largeur demandées ; la surface sera xy, et le périmètre $2(x + y)$, ou $2x + 2y$: on aura donc

$$xy = 100 \quad [6], \qquad \text{et} \quad 2x + 2y = 41 \quad [7].$$

Je tire de [6] $y = \dfrac{100}{x}$. — Substituant cette valeur dans [7], j'en conclus $x' = 12^m,50$, $x'' = 8$ mètres; par suite, $y' = 8$ mèt., $y'' = 12^m,50$.

Il n'y a donc, en réalité, qu'une seule solution. — Les valeurs de y doivent être celles de x, car ces deux inconnues entrent de la même manière dans les équations [6] et [7], que fournit l'énoncé.

VII. *Le périmètre d'un triangle rectangle est de 30 mètres, et sa surface de 30 mèt. carrés. Trouver la longueur de chacun de ses côtés.*

Soient x et y les côtés de l'angle droit : la surface du triangle sera $\frac{1}{2} xy$. — Le carré de l'hypothénuse z étant égal à la somme des carrés des côtés de l'angle droit, on aura $z = \sqrt{x^2 + y^2}$; le périmètre sera donc $x + y + \sqrt{x^2 + y^2}$. — Le problème actuel donne donc les deux équations

$$\frac{1}{2} xy = 30 \quad [8], \quad \text{et} \quad x + y + \sqrt{x^2 + y^2} = 30 \ [9].$$

Je mets [9] sous la forme $30 - x - y = \sqrt{x^2 + y^2}$ [10]; carrant les deux membres de [10], puis transposant, ... remplaçant y et xy par leurs valeurs tirées de [8], ... j'obtiens
$$x^2 - 17\,x = -60,$$
d'où je tire
$$x' = 12 \text{ mèt.}, \quad \text{et} \quad x'' = 5 \text{ mètres};$$
par suite
$$y' = 5 \text{ mèt.}, \quad \text{et} \quad y'' = 12 \text{ mètres}:$$
donc, l'hypothénuse
$$z = \sqrt{12^2 + 5^2} = 13 \text{ mètres}.$$

VIII. *Partager une ligne donnée en moyenne et extrême raison*, c'est-à-dire en deux parties telles que la plus grande soit *moyenne proportionnelle* entre la ligne entière et l'autre partie.

Une quantité est *moyenne proportionnelle* entre deux autres, lorsque son carré égale le produit des deux autres quantités. Soient donc a la ligne donnée, et x la moyenne proportionnelle ; l'autre partie sera $a - x$: ainsi, on aura

$$x^2 = a\,(a - x), \quad \text{ou} \quad x^2 + ax = a^2,$$
d'où l'on tire
$$x = -\tfrac{1}{2}\,a + \sqrt{a^2 + \tfrac{1}{4}\,a^2} \quad [11]$$
$$= \tfrac{1}{2}\,a\,[-1 + \sqrt{5}] \quad [12].$$

La formule [11] montre que si l'on construit un triangle rectangle ayant pour côtés de l'angle droit *la ligne* donnée a, et *la moitié* de cette ligne, l'hypothénuse de ce triangle diminuée de la moitié de la même ligne, sera égale à la moyenne proportionnelle ; — et la formule [12] fait voir qu'on aura la moyenne proportionnelle en multipliant la moitié de la ligne donnée par l'excès de la racine carrée de 5 sur l'unité. — Si $a = 1$ mètre, on a $x = 0^{\mathrm{m}},618\ldots$

IX. *Trouver sur la droite* XY, *qui joint deux lumières* A *et* B, *un point également éclairé par chacune d'elles, sachant que les intensités de ces deux lumières sont dans le rapport de 9 à 4, et que la distance de A à B est de 100 mètres.*

$$\text{X} \qquad \text{A} \qquad \text{C} \qquad \text{B} \qquad \text{C}' \qquad \text{Y}$$

Les intensités des deux lumières A *et* B *sont dans le rapport de 9 à 4* : cela veut dire que si A éclaire comme 9 lumières données, à une distance d'un mètre, la lumière B éclaire comme 4 des mêmes lumières, à la même distance d'un mètre.

Pour résoudre le problème donné, il faut de plus connaître ce principe de Physique : *Les intensités d'une même lumière pour des points inégalement éloignés, sont en raison inverse des carrés des distances de ces points à la lumière.*

En vertu de ce principe, l'intensité de A étant de 9 à la distance d'un mètre, est 4 fois plus petite, ou égale à $\frac{9}{4}$, à la distance de 2 mètres ; elle est de $\frac{9}{9}$ à la distance de 3 mèt. ; de $\frac{9}{16}$ à la distance de 4 mètres ;..... De même l'intensité de B à 2^m, 3^m, 4^m,..... est $\frac{4}{4}$, $\frac{4}{9}$, $\frac{4}{16}$.....

Cela posé, soit C le point demandé ; prenons $AC = x$ mètres pour inconnue ; on aura $BC = 100 - x$ mètres. Or, l'intensité de A en C est $\dfrac{9}{x^2}$, et celle de B est $\dfrac{4}{(100-x)^2}$: et puisqu'elles sont égales en ce point, on a

$$\frac{9}{x^2} = \frac{4}{(100-x)^2} \qquad [13].$$

On peut résoudre cette équation par la méthode ordinaire ; mais il sera plus simple d'opérer comme il suit : multiplions les deux membres de [13] par $(100-x)^2$, puis divisons-les par 9 : nous aurons

$$\frac{(100-x)^2}{x^2} = \frac{4}{9} ;$$

extrayant la racine carrée des deux membres, on a

$$\frac{100-x}{x} = \pm \frac{2}{3} \qquad (\text{N}^\circ \ \textbf{200}).$$

Ainsi, $300 - 3x = \pm 2x,$

d'où l'on tire $x = 60,$ ou $x = 300.$

l existe donc un point C entre A et B, à 60 mètres de A, et à 40 mètres de B, lequel est également éclairé par A et par B. En effet, les carrés de 60 et de 40 étant 3600 et 1600, les intensités des deux lumières en C sont $\frac{9}{3600}$ et $\frac{4}{1600}$: or, ces quantités sont égales.

Mais il y a un second point C′ également éclairé ; ce point C′ situé à 300 mètres de A, est au-delà de B par rapport à A, à 300 — 100, ou 200 mètres de B, ce qu'il est aisé de vérifier. Le problème proposé est donc susceptible de deux solutions.

L'équation [13] a été établie dans la supposition que le point demandé C était entre A et B ; alors faisant AC $= x$, nous avions BC $= 100 - x$. — Quand le point demandé est au-delà de B par rapport à A, en C′ par exemple, la distance BC′ $= x - 100$, et l'équation [13] devient $\dfrac{9}{x^2} = \dfrac{4}{(x-100)^2}$; mais comme $(x-100)^2 = (100-x)^2$, on en conclura que la nouvelle équation est la même que la première, et par conséquent que l'équation [13] fera toujours connaître le point demandé.

Leçon IX. — Questions sur les Maximums et les Minimums.

224. On appelle *variable*, une quantité qui passe par différents états de grandeur ; et *limite* d'une variable, une grandeur fixe dont cette variable peut approcher indéfiniment, sans pouvoir la surpasser.

225. Lorsqu'une quantité est exprimée au moyen d'une autre, on dit qu'elle est *fonction* de cette autre quantité. — Si l'on a
$$x = a^2 - 3ab + 4b^2,$$
x est fonction de a et de b, ce qu'on indique d'une manière abrégée en écrivant $x = \mathrm{F}(a, b)$.

226. Toute expression algébrique, renfermant une variable est dite fonction de cette variable (**225**). Par exemple, x étant une variable, l'expression $\dfrac{x^2 - 8x + 20}{2x - 8}$ est fonction de x.

Si je pose $\dfrac{x^2 - 8x + 20}{2x - 8} = m$, les valeurs de m dépendront des valeurs successives que j'attribuerai à x : on peut donc considérer m comme une seconde variable. La première x se nomme variable *indépendante*, et la seconde m, variable *dépendante*.

227. Lorsqu'une expression algébrique renferme une variable, elle prend des valeurs différentes, lorsqu'on donne à la variable toutes les valeurs qu'elle peut avoir. Or,

Soient $F(x) = m$, et α une quantité très-petite :

Si en faisant $x = a$, on a pour m une valeur *plus grande* que pour $x = a + \alpha$ et pour $x = a - \alpha$, on dit que m est un *maximum* pour $x = a$;

Et si au contraire en faisant $x = a$, on a pour m une valeur *plus petite* que pour $x = a + \alpha$, et pour $x = a - \alpha$, on dit que m est un *minimum* pour $x = a$.

Ainsi, la valeur *maximum* d'une expression algébrique n'est pas toujours plus grande que toutes les autres valeurs de cette expression, mais seulement plus grande que les deux valeurs qu'elle prend, lorsqu'on fait tour à tour $x = a + \alpha$, et $x = a - \alpha$, en désignant par a une certaine valeur de la variable x, et par α une quantité très-petite. — Observation analogue pour le *minimum*.

228. Pour déterminer le *maximum* ou le *minimum* d'une expression algébrique qui dépend d'une variable x, il faut : 1° *Egaler cette expression à une lettre quelconque*, m par exemple (m est ici une indéterminée) ; 2° *résoudre l'équation par rapport à* x, *en regardant* m *comme connu* ; 3° *égaler à zéro la quantité soumise au radical, et tirer de cette dernière équation la valeur de* m *qui donne alors le* maximum *ou le* minimum *demandé* ; 4° *substituer cette valeur de* m *dans celle de* x, *et l'on a la valeur de la variable qui rend l'expression proposée un* maximum *ou un* minimum.

Remarque. Lorsque la quantité soumise au radical demeure positive, quelque valeur qu'on donne à m, c'est une preuve que l'expression donnée peut passer par tous les états de grandeur possibles, c'est-à-dire qu'elle n'est pas susceptible de maximum ni de minimum.

La seule connaissance des équations du second degré suffit pour résoudre plusieurs problèmes sur les maximums et les minimums; mais la détermination du maximum et du minimum d'une expression algébrique *quelconque* exige une théorie plus élevée : c'est pourquoi nous ne traiterons cette matière que dans les cas les plus simples.

EXEMPLE I. *Partager un nombre* n *en deux parties dont le produit soit un* MAXIMUM.

En appelant x l'une des parties, $n - x$ sera l'autre; et en désignant leur produit par m, nous aurons

$$x(n - x) = m, \quad \text{d'où} \quad x = \tfrac{1}{2}n \pm \sqrt{\tfrac{1}{4}n^2 - m}.$$

Faisant $\tfrac{1}{4}n^2 - m = 0$, j'en tire $m = \tfrac{1}{4}n^2$, puis $x = \tfrac{1}{2}n$.

Or, la valeur de x montre que m ne peut surpasser $\tfrac{1}{4}n^2$, car alors x serait imaginaire. De là, il faut conclure que *le plus grand produit qu'on puisse former avec les deux parties d'un nombre est égal* AU CARRÉ DE LA MOITIÉ *de ce nombre*, ce qui arrive *quand ces deux parties sont* ÉGALES entre elles, et par conséquent, égales *l'une et l'autre à* LA MOITIÉ *du nombre proposé*. Si les deux parties sont inégales, le produit est moindre que $\tfrac{1}{4}n^2$. En effet soit $\tfrac{1}{2}n + \alpha$ l'une des parties, l'autre sera $\tfrac{1}{2}n - \alpha$, et leur produit, $(\tfrac{1}{2}n + \alpha)(\tfrac{1}{2}n - \alpha) = \tfrac{1}{4}n^2 - \alpha^2$, quantité évidemment plus petite que $\tfrac{1}{4}n^2$.

II. *Partager un nombre* n *en trois parties dont le produit soit un* MAXIMUM.

Soient x, y, z, les trois parties demandées : on aura $x + y + z = n$. — Si les deux parties x et y sont égales, on peut les regarder comme valant l'une et l'autre $\tfrac{1}{2}(x + y)$; mais si elles sont inégales, on a (Ex. I)

$$xyz < \tfrac{1}{2}(x + y) \times \tfrac{1}{2}(x + y) \times z :$$

donc, puisque xyz doit être un *maximum*, il faut que $x = y$. — De même, lorsque les parties x et z sont inégales, on a

$$xyz < \tfrac{1}{2}(x + z) \times y \times \tfrac{1}{2}(x + z);$$

donc il faut aussi que $x = z$: donc $x = y = z = \tfrac{1}{3}n$. Donc, *pour que le produit de trois nombres dont la somme est donnée, soit un* MAXIMUM, *il faut que chacun de ces nombres soit égal* AU TIERS *de leur somme*, et alors, la somme étant n, le produit $maximum = \frac{1}{27}n^3$.

III. *Partager un nombre* n *en deux parties telles que la somme de leurs carrés soit un* MINIMUM.

Appelons x l'une des parties, l'autre sera $n-x$; et m étant la somme des carrés, nous aurons

$$x^2 + (n-x)^2 = m, \quad \text{d'où } x = \frac{1}{2}n \pm \frac{1}{2}\sqrt{2m-n^2}.$$

Pour que x soit réel, il faut que $2m =$ au moins n^2 : donc la plus petite valeur de m est $\frac{1}{2}n^2$, et alors $x = \frac{1}{2}n$. — Concluons de là qu'*en partageant un nombre en deux parties* ÉGALES, *la somme de leurs carrés est un* MINIMUM, et que *ce minimum est égal à la moitié du carré du nombre proposé*. — En effet, si les parties sont inégales l'une étant $\frac{1}{2}n + \alpha$, l'autre sera $\frac{1}{2}n - \alpha$, et la somme de leurs carrés,

$$\left(\tfrac{1}{2}n + \alpha\right)^2 + \left(\tfrac{1}{2}n - \alpha\right)^2 = \tfrac{1}{2}n^2 + 2\alpha^2,$$

quantité évidemment plus grande que $\frac{1}{2}n^2$.

IV. *Partager un nombre* n *en deux parties telles que la somme de leurs racines carrées soit un* MAXIMUM.

Appelant x l'une des parties, l'autre sera $n-x$; et m étant la somme des racines, nous aurons

$$\sqrt{x} + \sqrt{n-x} = m.$$

Carrant les deux membres, puis transposant dans le même membre toutes les quantités rationnelles, et carrant de nouveau, on a enfin une équation qui ne contient plus aucun radical, et d'où l'on tire

$$x = \tfrac{1}{2}n \pm \tfrac{1}{2}\sqrt{2m^2n - m^4},$$

ou bien $\qquad x = \tfrac{1}{2}n \pm \tfrac{1}{2}m\sqrt{2n - m^2},$

par où l'on voit que $m^2 =$ tout au plus $2n$: donc $m = \sqrt{2n}$, et $x = \frac{1}{2}n$. — Donc, *en partageant le nombre donné en deux parties* ÉGALES, *la somme des racines carrées des deux parties devient un* MAXIMUM, *et ce maximum est égal à la* RACINE CARRÉE DU DOUBLE *du nombre donné*. — Si donc l'une des parties est $\frac{1}{2}n + \alpha$, l'autre étant $\frac{1}{2}n - \alpha$, on aura

$$\sqrt{\tfrac{1}{2}n+\alpha} + \sqrt{\tfrac{1}{2}n-\alpha} < \sqrt{\tfrac{1}{2}n} + \sqrt{\tfrac{1}{2}n}, \text{ ou } < \sqrt{2n};$$

car, en carrant le premier membre, on a $n + 2\sqrt{\tfrac{1}{4}n^2 - \alpha^2}$, et en carrant le second, on trouve $2n$;

or, il est évident que $2\sqrt{\tfrac{1}{4}n^2 - \alpha^2} < n$: donc.....

V. *Partager un nombre* n *en deux parties telles que la somme des quotients qu'on obtient en divisant mutuellement ces deux parties l'une par l'autre, soit un* MINIMUM.

Appelant x l'une des parties, l'autre sera $n-x$; et m étant la somme des quotients, nous aurons

$$\frac{x}{n-x} + \frac{n-x}{x} = m,$$

d'où l'on tire $x = \dfrac{mn+2n}{2m+4} \pm \dfrac{n}{2m+4}\sqrt{m^2-4},$

ce qui montre que $m^2 =$ au moins 4 : donc $m = 2$, et $x = \tfrac{1}{2}n$. — Concluons de là que *le minimum de la somme des quotients est égal à* 2, *et que chacune des deux parties demandées* $= \tfrac{1}{2}n$. — La vérification est facile : Si $\tfrac{1}{2}n + \alpha$ est l'une des parties, l'autre sera $\tfrac{1}{2}n - \alpha$, et l'on aura

$$\frac{\tfrac{1}{2}n+\alpha}{\tfrac{1}{2}n-\alpha} + \frac{\tfrac{1}{2}n-\alpha}{\tfrac{1}{2}n+\alpha} = \frac{\tfrac{1}{2}n^2+2\alpha^2}{\tfrac{1}{4}n^2-\alpha^2} = 2 + \frac{4\alpha^2}{\tfrac{1}{4}n^2-\alpha^2} :$$

donc, quand les deux parties sont inégales, la somme des quotients est plus grande que 2.

VI. *Trouver deux nombres positifs dont le produit soit* n *et la somme un* MINIMUM.

Soient x et y les deux nombres : on aura $xy = n$, d'où $y = \dfrac{n}{x}$. Par conséquent, m étant la somme, on doit avoir

$$x + \frac{n}{x} = m,$$

d'où l'on tire $x = \tfrac{1}{2}m \pm \tfrac{1}{2}\sqrt{m^2-4n},$

résultat qui montre que la moindre valeur de m^2 est $4n$: donc $m = \sqrt{4n} = 2\sqrt{n}$; par suite, $x = \sqrt{n}$, d'où l'on conclut $y =$ aussi $\sqrt{n}$. Ainsi, *pour que la somme de deux nombres dont le produit est donné, soit un* MINIMUM, *il faut que chacun de ces facteurs soit égal à* LA RACINE CARRÉE *de leur produit.*

— En effet, le produit xy étant égal à n, si les deux facteurs ne sont pas égaux, l'un sera $\sqrt{n} + \alpha$, et l'autre $\dfrac{n}{\sqrt{n} + \alpha}$; alors leur somme sera

$$\sqrt{n} + \alpha + \frac{n}{\sqrt{n}+\alpha} = \frac{2n + 2\alpha\sqrt{n} + \alpha^2}{\sqrt{n} + \alpha}$$

$$= 2\sqrt{n} + \frac{\alpha^2}{\sqrt{n} + \alpha}$$

quantité évidemment plus grande que $2\sqrt{n}$.

VII. *Trouver trois nombres positifs dont le produit soit* n *et la somme un* MINIMUM.

Soient x, y, z, les trois nombres demandés : on aura

$$xyz = n, \quad \text{d'où } y = \frac{n}{xz}, \quad \text{et } z = \frac{n}{xy}.$$

Or, si les facteurs x et y sont inégaux, on a (Ex. VI)

$$x + \frac{n}{xz} + z > \tfrac{1}{2}(x + y) + \tfrac{1}{2}(x + y) + z,$$

c'est-à-dire que la somme des trois facteurs est plus grande que dans le cas où les deux facteurs x et y sont égaux entre eux : donc il faut que $x = y$. — De même, lorsque x et z sont inégaux, on a

$$x + y + \frac{n}{xy} > \tfrac{1}{2}(x + z) + y + \tfrac{1}{2}(x + z) ;$$

il faut donc aussi que $x = z$: donc $x = y = z$.

Par conséquent, $xyz = x^3$; mais $xyz = n$; donc $x^3 = n$, d'où $x = \sqrt[3]{n}$: donc, *pour que la somme de trois nombres dont le produit est donné, soit un* MINIMUM, *il faut que chacun de ces nombres soit égal à* LA RACINE CUBIQUE *de leur produit.*

VIII. *Trouver pour* x *une valeur qui rende* MAXIMUM *l'expression* $\dfrac{(x+3)(x-2)}{x^2}$.

Egalant cette expression à m, on en tire

$$x = \frac{1 \pm \sqrt{25 - 24m}}{2m - 2}.$$

D'après cette valeur, $24m =$ tout au plus 25 : donc *maximum* demandé $m = \frac{25}{24}$, d'où $x = 12$. — En donnant à x une valeur plus petite ou plus grande que 12, on trouve $m < \frac{25}{24}$, comme il est aisé de le vérifier.

IX. *Trouver le* MAXIMUM *et le* MINIMUM *de* $\dfrac{x^2 - 8x + 20}{2x - 8}$, *ainsi que les valeurs correspondantes de* x.

Je pose $$\frac{x^2 - 8x + 20}{2x - 8} = m,$$

d'où je tire $x = m + 4 \pm \sqrt{m^2 - 4}$, ce qui montre que $m^2 =$ au moins 4 : donc $m = \pm 2$, et $x = 6$, ou 2. — Ainsi l'expression donnée ne peut recevoir aucune valeur comprise entre $+ 2$ et $- 2$, quelle que soit la valeur réelle qu'on attribue à x. Par conséquent, 2 est le *minimum* des valeurs plus grandes que $- 2$, et $- 2$ le *maximum* des valeurs moindres que 2. Donc, *Réponse :*

$\quad$ *Maximum* demandé, $m = - 2$, pour $x = 2$;
$\quad$ *Minimum* $\qquad\qquad m = + 2$, pour $x = 6$.

X. *Trouver le* MAXIMUM *et le* MINIMUM *de* $\dfrac{6x - 24}{x^2 - 4x + 1}$, *ainsi que les valeurs correspondantes de* x.

Je pose $$\frac{6x - 24}{x^2 - 4x + 1} = m,$$

d'où je tire $$x = \frac{2m + 3 \pm \sqrt{3m^2 - 12m + 9}}{m}.$$

Pour que x soit réel, il faut que $3m^2 - 12m + 9 =$ au moins 0. C'est pourquoi je pose $3m^2 - 12m + 9 = 0$, d'où je tire $m = 3$ ou 1; par suite, $x = 3$ ou 5. — Ainsi, l'expression donnée n'admettant aucune valeur entre 3 et 1, quelque valeur réelle que l'on donne à x, il s'ensuit que 3 est le *minimum* des valeurs plus grandes que

1, et 1 le *maximum* des valeurs moindres que 3. — Donc,
Réponse :

$$\text{Maximum demandé}, \quad m = 1, \text{ pour } x = 5 ;$$
$$\text{Minimum} \qquad\qquad m = 3, \text{ pour } x = 3.$$

XI. *Trouver le* MAXIMUM *de* $\dfrac{(x + a)\,(x - b)}{x^2}$, *ainsi que
la valeur correspondante de* x.

Je pose
$$\frac{(x + a)\,(x - b)}{x^2} = m,$$

d'où je tire
$$x = \frac{a - b \pm \sqrt{(a + b)^2 - 4abm}}{2m - 2}.$$

Pour que x soit réel, il faut que $4abm =$ tout au plus
$(a + b)^2$, cela est évident : donc

$$\text{Maximum demandé} \quad m = \frac{(a + b)^2}{4ab}.$$

Par conséquent, $2m - 2 = \dfrac{2(a+b)^2 - 8ab}{4ab} = \dfrac{(a+b)^2 - 4ab}{2ab}$;

donc (**119**), $x = \dfrac{a - b}{2m - 2} = \dfrac{2ab(a - b)}{(a+b)^2 - 4ab} = \dfrac{2ab(a - b)}{(a - b)^2} = \dfrac{2ab}{a - b}$.

XII. *Trouver le* MAXIMUM *et le* MINIMUM *de* $\dfrac{(a + x)\,(b + x)}{x}$,
ainsi que les valeurs correspondantes de x.

Je pose
$$\frac{(a + x)\,(b + x)}{x} = m,$$

d'où $x = \frac{1}{2}\left[m - a - b \pm \sqrt{m^2 - (2a + 2b)\,m + (a - b)^2}\right].$

Pour que x soit réel, il faut que $m^2 - (2a + 2b)\,m + (a - b)^2 =$ au moins 0. C'est pourquoi je pose
$$m^2 - (2a + 2b)\,m + (a - b)^2 = 0,$$

d'où je tire $m = a + b \pm 2\sqrt{ab}$, ou $= (\sqrt{a} \pm \sqrt{b})^2$;
par suite $x = \frac{1}{2}(a + b \pm 2\sqrt{ab} - a - b) = \pm\sqrt{ab}.$

L'expression donnée n'admet donc aucune valeur entre
$(\sqrt{a} + \sqrt{b})^2$ et $(\sqrt{a} - \sqrt{b})^2$, quelque valeur réelle que
l'on donne à x. Par conséquent, $(\sqrt{a} + \sqrt{b})^2$ est le *mini-*

mum des valeurs plus grandes que $\left(\sqrt{a}-\sqrt{b}\right)^2$, et $\left(\sqrt{a}-\sqrt{b}\right)^2$ est le *maximum* des valeurs moindres que $\left(\sqrt{a}+\sqrt{b}\right)^2$. — Donc, *Réponse :*

Maximum demandé, $m=\left(\sqrt{a}-\sqrt{b}\right)^2$, pour $x=-\sqrt{ab}$;

Minimum $m=\left(\sqrt{a}+\sqrt{b}\right)^2$, pour $x=+\sqrt{ab}$;

XIII. *De tous les rectangles de même périmètre* p, *quel est celui dont la surface est un* MAXIMUM ?

Soient S la surface, et x, y, deux côtés contigus :

on aura $\qquad x+y=\frac{1}{2}p,\quad$ et $xy=S$:

il faut donc partager $\frac{1}{2}p$ en deux parties dont le produit S soit un *maximum* ; ainsi (Ex. I), $x=y=\frac{1}{4}p$: par conséquent, *le plus grand de tous les rectangles de même périmètre est* LE CARRÉ.

XIV. *De tous les rectangles de même surface* S, *quel est celui dont le périmètre est un* MINIMUM ?

Soient p le périmètre, et x, y, deux côtés contigus :

on aura $\qquad x+y=\frac{1}{2}p,\quad$ et $xy=S$:

il faut donc ici trouver deux nombres dont le produit soit S, et la somme un *minimum* $\frac{1}{2}p$; ainsi (Ex. VI), $x=y=\sqrt{S}$: par conséquent, *de tous les rectangles de même surface,* LE CARRÉ *est celui dont le périmètre est le plus petit.*

XV. *De tous les triangles de même base* b, *et de même périmètre* 2s, *quel est celui dont la surface est un* MAXIMUM ?

On sait, par la Géométrie, que la surface d'un triangle est égale à la racine carrée du produit qu'on obtient en multipliant la demi-somme des trois côtés successivement par les excès de cette demi-somme sur chacun de ces côtés ; en sorte que b, x, y, étant les côtés, $2s$ leur somme, et S la surface du triangle, on a

$$S=\sqrt{s(s-b)(s-x)(s-y)}.$$

Pour que S soit un *maximum*, il faut que $(s-x)(s-y)$ en soit un. — Or, $(s-x)+(s-y)=2s-(x+y)=b$: donc (Ex. I), $s-x=s-y=\frac{1}{2}b$; par suite, $x=y$. Par conséquent, *de tous les triangles de même base, et de même périmètre, le plus grand est celui dans lequel les côtés non déterminés sont égaux.*

XVI. *De tous les triangles de même périmètre* 2s, *quel est celui dont la surface est un* MAXIMUM ?

Soient x, y, z, les trois côtés, et S la surface du triangle : on a (Ex. XV) $\quad S = \sqrt{s\,(s-x)\,(s-y)\,(s-z)}$.

Pour que S soit un *maximum*, il faut que $(s-x)\,(s-y)\,(s-z)$ en soit un. Or, $(s-x) + (s-y) + (s-z) = 3s - (x+y+z) = s$: donc (Ex. II), $s-x = s-y = s-z = \frac{1}{3}s$: par suite $x = y = z$. Par conséquent, *de tous les triangles de même périmètre, le plus grand est le triangle* ÉQUILATÉRAL.

CHAPITRE X. — RAPPORTS ET PROPORTIONS.

—

LEÇON I. — Rapport. — Proportion ; propriété fondamentale ; conséquences.

229. On appelle Rapport par quotient, ou simplement *Rapport* de deux quantités de même espèce, le quotient qu'on trouve en divisant la première par la seconde. Le rapport s'appelle aussi *raison*.

230. Un rapport s'écrit comme s'indique une division. Ainsi, le rapport de a à b s'écrit $\frac{a}{b}$. On peut l'énoncer : *a est à b*, ou bien : *a sur b*.

231. Les deux quantités dont il s'agit, s'appellent *termes* du rapport ; mais la première se nomme *antécédent*, et la seconde *conséquent*. Dans $\frac{a}{b}$, l'antécédent est a, et le *conséquent* b.

232. Pour évaluer un rapport, nous diviserons donc

l'antécédent par le conséquent ; et c'est au quotient de cette division que nous donnerons plus particulièrement le nom de *raison*. Dans $\frac{6}{2}$, la raison est 3. Comme $6=2.3$, on voit que *dans tout rapport, l'antécédent $=$ le conséquent $\times$ la raison*.

233. On ne change point la valeur d'un rapport en multipliant ou en divisant ses deux termes par un même nombre, attendu qu'on ne change point la valeur du quotient en multipliant ou en divisant le dividende et le diviseur par un même nombre. Ainsi, le rapport $\frac{12}{8}$ est de même valeur que $\frac{3}{2}$; et celui de $3\frac{1}{2}$ à $2\frac{3}{5}$, ou de $\frac{7}{2}$ à $\frac{13}{5}$, ou de $\frac{35}{10}$ à $\frac{26}{10}$, est de même valeur que $\frac{35}{26}$.

234. On appelle *Proportion*, une expression composée de deux rapports égaux. — Pour écrire une proportion, on place les deux rapports sur une même ligne, en les séparant par le signe $=$, qu'on énonce *comme* (*). Les deux rapports $\frac{2}{3}$ et $\frac{4}{6}$, étant égaux, donnent la proportion $\frac{2}{3}=\frac{4}{6}$, qu'on lit : *2 est à 3 comme 4 est à 6*. — La proportion contient donc deux antécédents et deux conséquents. Le premier et le dernier terme se nomment aussi *extrêmes*, et les deux autres *moyens*. Ainsi, dans $\frac{2}{3}=\frac{4}{6}$, les antécédents sont 2 et 4, et les conséquents 3 et 6 ; les extrêmes sont 2 et 6, et les moyens 3 et 4.

235. Lorsque plus de deux rapports sont égaux, on a ce qu'on appelle une *suite de rapports égaux*. Telle est la suite.

$$\frac{2}{3}=\frac{4}{6}=\frac{8}{12}=\frac{10}{15}=\frac{14}{21}.$$

236. On appelle *proportion continue*, celle dont les moyens sont égaux. Le terme moyen prend alors le nom de *moyen proportionnel*. Ainsi, $\frac{2}{4}=\frac{4}{8}$ est une proportion continue, et 4 est un moyen proportionnel entre 2 et 8.

237. PROPRIÉTÉ FONDAMENTALE. — *Dans toute proportion, le produit des extrêmes est égal à celui des moyens.*

(*) C'est dans l'hypothèse où les deux termes de chaque rapport sont séparés par *est à* (**230**) ; si on les séparait par *sur*, le signe $=$ s'énoncerait comme d'habitude. La proportion $\frac{2}{3}=\frac{4}{6}$ se lirait donc : **2** *sur* **3** *égale* **4** *sur* **6**.

Soit la proportion $\dfrac{a}{b} = \dfrac{c}{d}$:

les deux rapports étant égaux, si on les divise l'un par l'autre, il est évident qu'on aura 1 pour quotient ; or (**80**),

$$\frac{a}{b} : \frac{c}{d} = \frac{a}{b} \times \frac{d}{c} = \frac{ad}{bc} :$$

donc, puisque le quotient est 1, on a $\quad ad = bc$.

238. Réciproquement : *Si quatre quantités écrites de suite sont telles que le produit des extrêmes égale celui des moyens, elles forment une proportion dans l'ordre où elles sont écrites.* — Soient les quatre quantités a, b, c, d, où l'on suppose que $ad = bc$: si on divise le premier produit par le second, on aura évidemment 1 pour quotient ;

mais (**79, 80**), $\qquad \dfrac{ad}{bc} = \dfrac{a}{b} \times \dfrac{d}{c} = \dfrac{a}{b} : \dfrac{c}{d} :$

donc, le quotient étant 1, il faut que l'on ait $\quad \dfrac{a}{b} = \dfrac{c}{d}$.

239. *Dans toute proportion continue, le produit des extrêmes =* LE CARRÉ *du terme moyen ; et, par conséquent, le terme moyen =* LA RACINE CARRÉE *du produit des extrêmes.* En effet (**237**), dans toute proportion, le produit des extrêmes = celui des moyens ; mais (**236**), dans la proportion continue, les moyens étant égaux, leur produit est le carré de l'un d'eux : donc, *Dans toute proportion continue*.....

240. Connaissant trois termes d'une proportion, on peut toujours trouver le terme inconnu : *S'il est un extrême, on divise le produit des moyens par l'extrême connu ; et, s'il est un moyen, on divise le produit des extrêmes par le moyen connu.*

1° Soit la proportion $\qquad \dfrac{a}{b} = \dfrac{c}{x}$:

On en conclut (**237**) $\quad ax = bc,\quad$ d'où (**61**) $\quad x = \dfrac{bc}{a}.$

2° Si l'on a la proportion $\qquad \dfrac{a}{y} = \dfrac{c}{d},$

on en conclut $\quad cy = ad,\quad$ d'où $\quad y = \dfrac{ad}{c}.$

241. Mais comment *insérer un moyen proportionnel entre deux nombres donnés?* — Ce moyen proportionnel est égal à la racine carrée du produit des extrêmes **(239)** : donc *il faut multiplier les deux nombres donnés l'un par l'autre, et extraire la racine carrée du produit.* — Soient x le moyen proportionnel entre 8 et 18, et y le moyen proportionnel entre 6 et 7 : on a

$$x = \sqrt{8.18} = \sqrt{144} = 12\,;$$

et $\qquad y = \sqrt{6.7} = \sqrt{42} = 6{,}4807\ldots\ldots$

Leçon II. — Autres Propriétés des Proportions.

242. *Lorsque quatre quantités forment une proportion, on peut intervertir l'ordre dans lequel elles sont écrites, pourvu que les extrêmes restent tous deux extrêmes, et les moyens tous deux moyens ; ou que les extrêmes deviennent tous deux moyens, et les moyens tous deux extrêmes.* — Soit le rapport de a à b égal au rapport de c à d : on peut en former les huit proportions suivantes :

$$\frac{a}{b} = \frac{c}{d},\quad \frac{a}{c} = \frac{b}{d},\quad \frac{d}{b} = \frac{c}{a},\quad \frac{d}{c} = \frac{b}{a}\,;$$

$$\frac{b}{a} = \frac{d}{c},\quad \frac{b}{d} = \frac{a}{c},\quad \frac{c}{d} = \frac{a}{b},\quad \frac{c}{a} = \frac{d}{b}.$$

La première de ces proportions est évidente, puisque les rapports sont égaux **(234)** ; or **(237)**, elle donne $ad = bc$; donc les sept autres sont aussi exactes, puisque dans chacune d'elles le produit des extrêmes = celui des moyens **(238)**. — De là il suit que dans toute proportion, on peut 1° *changer les moyens de place* ; 2° *changer les extrêmes de place* ; 3° *mettre chaque antécédent à la place de son conséquent,* et réciproquement ; etc.

243. *Quand deux proportions ont un rapport commun, on peut former une proportion avec les deux autres rapports.*

Soient les deux proportions

$$\frac{a}{b} = \frac{c}{d}, \quad \text{et} \quad \frac{a}{b} = \frac{m}{n} :$$

les deux rapports $\frac{c}{d}$ et $\frac{m}{n}$, étant égaux au même rapport $\frac{a}{b}$, sont évidemment égaux entre eux : donc (**234**)

$$\frac{c}{d} = \frac{m}{n}.$$

244. *Si deux proportions ont les mêmes antécédents, les conséquents sont proportionnels.*

Soient les deux proportions

$$\frac{a}{b} = \frac{c}{d}, \quad \text{et} \quad \frac{a}{m} = \frac{c}{n} :$$

changeant les moyens de place (**242**), on a

$$\frac{a}{c} = \frac{b}{d}, \quad \text{et} \quad \frac{a}{c} = \frac{m}{n} :$$

donc, à cause du rapport commun $\frac{a}{c}$, on a $\quad \frac{b}{d} = \frac{m}{n}.$

245. On démontrerait de même que *Deux proportions qui ont les mêmes conséquents, ont les antécédents proportionnels.*

246. *Dans toute proportion, la somme des deux premiers termes* EST AU *second* COMME *la somme des deux derniers* EST AU *quatrième.*

En effet, de la proportion $\quad \frac{a}{b} = \frac{c}{d},$

il résulte $\frac{a}{b} + 1 = \frac{c}{d} + 1$, c'est-à-dire (**82**)

$$\frac{a+b}{b} = \frac{c+d}{d}.$$

ce qui démontre la propriété énoncée.

247. *Dans toute proportion, la somme des deux premiers* *términs* EST AU *premier* COMME *la somme des deux derniers* EST AU *troisième*.

En effet, de la proportion $\dfrac{a}{b} = \dfrac{c}{d}$,

il résulte (**242**, 3°) $\dfrac{b}{a} = \dfrac{d}{c}$,

d'où l'on conclut (**246**), $\dfrac{a+b}{a} = \dfrac{c+d}{c}$.

248. *Dans toute proportion, la somme des antécédents* EST A *la somme des conséquents* COMME *un antécédent* EST A *son conséquent.*

Soit la proportion $\dfrac{a}{b} = \dfrac{c}{d}$.

dans laquelle la raison est r : nous aurons (**232**)
$$a = br, \qquad c = dr\,;$$
donc $a + c = br + dr = (b + d)\, r$ (**54**).

Divisant de part et d'autre par $b + d$, on trouve (**61**)
$$\frac{a+c}{b+d} = r, \quad \text{c'est-à-dire} = \frac{a}{b}, \text{ ou } \frac{c}{d},$$
ce qui démontre que *la somme des antécédents...*

249. *Dans toute suite de rapports égaux, la somme des antécédents* EST A *la somme des conséquents* COMME *un antécédent* EST A *son conséquent.*

Soit la suite $\dfrac{a}{b} = \dfrac{c}{d} = \dfrac{e}{f} = \dfrac{g}{h} = \dfrac{i}{k}$,

dans laquelle la raison est r : nous aurons (**232**)
$$a = br, \quad c = dr, \quad e = fr, \quad g = hr, \quad i = kr\,;$$
donc $a + c + e + g + i = (b + d + f + h + k)\, r$ (**54**).

Divisant de part et d'autre par $b + d + f + h + k$,

on a $\dfrac{a+c+e+g+i}{b+d+f+h+k} = r, \quad \text{ou} = \dfrac{a}{b}, \text{ou } \dfrac{c}{d}, \text{ou}\ldots\ldots$

ce qui fait voir que *la somme des antécédents est à...*

250. *Dans toute proportion, la différence des deux premiers termes* EST AU *second* COMME *la différence des deux derniers* EST AU *quatrième.*

6

En effet, de la proportion $\dfrac{a}{b} = \dfrac{c}{d}$,

il résulte $\quad \dfrac{a}{b} - 1 = \dfrac{c}{d} - 1, \quad$ et $1 - \dfrac{a}{b} = 1 - \dfrac{c}{d}$,

c'est-à-dire (**82**) $\dfrac{a-b}{b} = \dfrac{c-d}{d}, \quad$ et $\dfrac{b-a}{b} = \dfrac{d-c}{d}$,

ce qui démontre que *la différence des deux premiers termes*.....

251. *Dans toute proportion, la différence des deux premiers termes* EST AU *premier* COMME *la différence des deux derniers* EST AU *troisième*.

Soit la proportion $\quad \dfrac{a}{b} = \dfrac{c}{d}$;

il en résulte (**242, 3°**) $\quad \dfrac{b}{a} = \dfrac{d}{c}$,

d'où l'on conclut (**250**) $\dfrac{a-b}{a} = \dfrac{c-d}{c}, \quad$ et $\dfrac{b-a}{a} = \dfrac{d-c}{c}$.

252. *Dans toute proportion, la différence des antécédents* EST A *la différence des conséquents* COMME *un antécédent* EST A *son conséquent*.

Soit la proportion $\quad \dfrac{a}{b} = \dfrac{c}{d}$,

dans laquelle la raison est r : nous aurons $a = br$, $c = dr$;

donc $\quad a - c = (b-d)\,r, \quad$ et $c - a = (d-b)\,r$:

donc $\quad \dfrac{a-c}{b-d} = r = \dfrac{a}{b}, \quad$ et $\dfrac{c-a}{d-b} = r = \dfrac{a}{b}$,

c'est-à-dire, *la différence des antécédents est à*.....

253. *Dans toute proportion, la somme des antécédents* EST A *la somme des conséquents* COMME *la différence des antécédents* EST A *la différence des conséquents*.

Soit la proportion $\quad \dfrac{a}{b} = \dfrac{c}{d}$;

elle donne (**248, 252**) $\dfrac{a+c}{b+d} = \dfrac{a}{b}, \quad$ et $\dfrac{a-c}{b-d} = \dfrac{a}{b}$,

d'où il résulte (**243**)
$$\frac{a+c}{b+d} = \frac{a-c}{b-d}.$$

254. *Lorsqu'on multiplie des proportions par ordre, les produits qu'on obtient, forment une proportion* (*).

Soient $\dfrac{a}{b} = \dfrac{c}{d}$, $\dfrac{a'}{b'} = \dfrac{c'}{d'}$, $\dfrac{a''}{b''} = \dfrac{c''}{d''}$:

je dis que l'on aura $\dfrac{aa'a''}{bb'b''} = \dfrac{cc'c''}{dd'd''}$;

ce qui devient évident, lorsque l'on remarque que les facteurs $\dfrac{a}{b}, \dfrac{a'}{b'}, \dfrac{a''}{b''}$, sont respectivement égaux aux facteurs $\dfrac{c}{d}, \dfrac{c'}{d'}, \dfrac{c''}{d''}$.

255. *Les puissances semblables des termes d'une proportion forment une proportion.*

De la proportion $\dfrac{a}{b} = \dfrac{c}{d}$, il résulte évidemment

$$\left(\frac{a}{b}\right)^m = \left(\frac{c}{d}\right)^m, \quad \text{c'est-à-dire } \frac{a^m}{b^m} = \frac{c^m}{d^m} \ (\textbf{83}).$$

256. *Les racines semblables des termes d'une proportion forment une proportion.*

En effet, de la proportion $\dfrac{a}{b} = \dfrac{c}{d}$, il résulte évidemment

$$\sqrt[m]{\frac{a}{b}} = \sqrt[m]{\frac{c}{d}} \quad \text{c'est-à-dire } \frac{\sqrt[m]{a}}{\sqrt[m]{b}} = \frac{\sqrt[m]{c}}{\sqrt[m]{d}} \ (\textbf{200}).$$

(*) *Multiplier des proportions par ordre*, c'est former le produit des premiers termes, des seconds termes, des troisièmes termes, des quatrièmes termes.

CHAPITRE XI. — PROGRESSIONS.

—

257. *On appelle* PROGRESSION, *une suite de termes* tels que chacun est formé du précédent d'une manière semblable. Le premier et le dernier terme se nomment *extrêmes*, et tous les autres *moyens*. — Il y a deux sortes de progressions : *la progression par différence, et la progression par quotient.*

LEÇON I. — **Progressions par différence.**

258. LA PROGRESSION PAR DIFFÉRENCE *est une suite telle que chaque terme surpasse le précédent d'une même quantité positive ou négative, qu'on appelle* RAISON *de la progression.* On l'écrit en plaçant tous les termes sur une même ligne, et les séparant par un point qu'on énonce *est à* ; et auparavant on met un trait horizontal avec un point dessus et un point dessous, pour avertir que chaque moyen doit s'énoncer deux fois de suite, en le faisant précéder du mot *comme*, à la seconde fois. Par exemple, si $8 - 5 = 11 - 8 = 14 - 11 = 17 - 14 = 20 - 17 = 23 - 20$, on en conclut les deux progressions

$$\div\, 5 \ .\ 8.11.14.17.20.23 \quad [\text{A}]$$
$$\div 23.20.17.14.11.\ 8.\ 5 \quad [\text{B}]$$

On énonce la première : 5 *est à* 8 *comme* 8 *est à* 11 *comme* 11 *est à* 14 *comme* 14 *est à* 17 *comme* etc. Dans [A], la raison est $+$ 3 ; dans [B], elle est $-$ 3 ; dans l'une et dans l'autre, les extrêmes sont 5 et 23, et les moyens 8, 11, 14, 17, 20.

259. Il suit de la définition ci-dessus (**258**) que, *dans toute progression par différence, un terme quelconque est égal au précédent $+$ la raison* ; par conséquent, ajoutant la raison au premier terme, on aura le premier moyen ; l'ajoutant au premier moyen, on aura le second ; l'ajoutant au second moyen, on aura le troisième,.... On trouvera ainsi tous les termes de la progression.

260. La progression par différence est dite *croissante*, quand la raison est positive ; elle est *décroissante*, quand la raison est négative.

261. *Dans toute progression par différence, un terme quelconque est égal au premier $+$ la raison $\times$ le nombre des termes qui précèdent celui que l'on considère.* Soient a le premier terme et δ la raison : la progression sera

$$\div a . a + \delta . a + 2\delta . a + 3\delta . a + 4\delta . \text{ etc.}$$

où l'on voit qu'*un terme quelconque est égal* etc. — Ainsi, pour trouver un terme quelconque d'une progression par différence dont on connaît le premier terme et la raison, il suffit de multiplier la raison par le nombre des termes qui précèdent celui que l'on cherche, et d'ajouter le produit au premier terme. — *Exemples.*

I. *Trouver le 10e terme de* $\div 4.9.14.19.....$

La raison $\delta = 9 - 4 = 5$; le 10e terme en a 9 avant lui : donc,   Le 10e terme $= 4 + 5 \times 9 = 4 + 45 = 49$.

II. *Trouver le 40e terme de* $\div 200.196.192.188.....$

Ici $\delta = 196 - 200 = -4$; le 40e terme en a 39 avant lui : donc,

Le 40e terme $= 200 + (-4 \times 39) = 44$.

262. En général, soit u le $n^{\text{ième}}$ terme d'une progression par différence dont le premier terme est a et la raison δ ; ce $n^{\text{ième}}$ terme en a $n - 1$ avant lui : donc

$$u = a + (n - 1)\delta,$$

d'où l'on tire $a = u - (n - 1)\delta,$

puis, $\delta = \dfrac{u - a}{n - 1},$ et $n = \dfrac{u - a}{\delta} + 1$.

Ces formules servent à trouver une de ces quatre choses, le premier terme a, le dernier u, la raison δ, et le nombre de termes n, lorsque l'on connaît les trois autres. *Exemples.*

I. *Trouver le premier terme d'une progression dont le dernier est* 50, *la raison* 4 *et le nombre de termes* 12.

Premier terme $a = 50 - 4 \times 11 = 6$.

II. *Trouver la raison d'une progression dont le premier terme est* 100, *le dernier* 40, *et le nombre de termes* 21.

Raison $\qquad \delta = \frac{40 - 100}{21 - 1} = -3$.

III. *Trouver le nombre des termes d'une progression dont le premier terme est* 9, *le dernier* 105, *et la raison* 4.

Nombre de termes $\quad n = \frac{105 - 9}{4} + 1 = 25$.

263. *Dans toute progression par différence, la somme de deux moyens également distants des extrêmes est égale à la somme des extrêmes.*

Soient f un terme qui en a h avant lui, et g un terme qui en a h après lui : le premier terme de la progression étant a et le dernier u, on aura (**261**)

$$f = a + h\delta; \text{ et } u = g + h\delta, \text{ d'où } g = u - h\delta;$$
$$\text{donc} \quad f + g = (a + h\delta) + (u - h\delta) = a + u,$$

c'est-à-dire que *la somme de deux moyens*, etc.

264. *Insérer plusieurs moyens différentiels* entre deux nombres donnés, c'est trouver les moyens d'une progression par différence dans laquelle les extrêmes sont les deux nombres donnés : voyons comment on peut calculer ces moyens.

Nous les trouverions aisément, si nous connaissions la raison (**259**). Or, le premier terme étant a, le dernier u, le nombre de termes n, nous savons (**262**) que la raison $\delta = \dfrac{u - a}{n - 1}$. Mais soit m le nombre de moyens ; on aura $n = m + 2$; donc $n - 1 = m + 1$: donc $\delta = \dfrac{u - a}{m + 1}$. Ainsi, ôtant le premier extrême du second, et divisant le reste par le nombre de moyens augmenté de l'unité, on aura la raison : ajoutant la raison au premier extrême, on aura le premier moyen ; etc. — *Exemples.*

I. *Insérer* CINQ *moyens différentiels entre* 10 *et* 40.

Raison $\delta = \frac{40 - 10}{5 + 1} = 5$; moyens : 15, 20, 25, 30, 35; donc, progression, $\quad \div 10.15.20.25.30.35.40$.

II. *Insérer* DIX-NEUF *moyens diff^{ls} entre* 100 *et* 10.

$\delta = \frac{10 - 100}{19 + 1} = -4\frac{1}{2}$. Progr. $\div 100.95\frac{1}{2}.91.86\frac{1}{2}.82\ldots\ldots 10$.

265. *Si entre les termes consécutifs d'une progression par différence, on insère un même nombre de moyens différentiels, toutes les progressions partielles ainsi formées constitueront une seule et même progression par différence.*

En effet, insérons m moyens entre les termes consécutifs de $\div a.b.c.d.e\ldots$: les raisons des progressions seront respectivement (**264**)

$$\frac{b-a}{m+1},\quad \frac{c-b}{m+1},\quad \frac{d-c}{m+1},\quad \frac{e-d}{m+1},\ldots$$

Or (**258**), en vertu de la progression donnée, $b-a = c-b = d-c = \ldots$: donc la raison est la même pour toutes les progressions partielles; et, puisque le dernier terme de chacune est le premier de la suivante, il s'ensuit qu'elles forment une seule progression. — EXEMPLE : *Insérer* DEUX *moyens différentiels entre les termes consécutifs de* $\div 5.17.29.41$.

Raison $= \frac{17-5}{3}$, ou $\frac{29-17}{3}$, ou $\frac{41-29}{3}$, $= 4$;

donc, $\div 5.9.13.17.21.25.29.33.37.41$.

266. *Trouver* LA SOMME *des termes d'une progression par différence.*

Soit S la somme des n termes d'une progression dont le premier terme est a, le dernier u, et la raison δ : la progression étant alors

$$\div a.a+\delta.a+2\delta.a+3\delta\ldots u;$$

si on renverse l'ordre des termes, ce qui donne

$$\div u.u-\delta.u-2\delta.u-3\delta\ldots a;$$

et qu'on fasse ensuite la somme des termes des deux progressions, il est évident que le résultat sera *la double somme* des termes de la première, puisque les termes de la seconde sont ceux de la première, pris dans un ordre inverse. Or, la somme des termes des deux progressions est

$$(a+u)+(a+u)+(a+u)+\ldots\ldots,\ \text{ou}\ (a+u)n:$$

donc, le résultat demandé $\quad S = \frac{1}{2}(a+u)n.$

Ainsi, *pour trouver* LA SOMME *des termes d'une progression par différence, il suffit de multiplier la somme des extrêmes par le nombre de termes, et de prendre* LA MOITIÉ *du produit.*

267. Mais on a (262) $\qquad u = a + (n-1)\delta$;

donc $a + u = a + a + (n-1)\delta = 2a + (n-1)\delta$:

donc $\qquad\qquad S = \frac{1}{2}[2a + (n-1)\delta]n$.

Ainsi, pour trouver la somme des termes d'une progression par différence, on peut aussi *multiplier la raison par le nombre de termes diminué de l'unité, ajouter le produit* AU DOUBLE *du premier terme, multiplier la somme par le nombre de termes, et prendre* LA MOITIÉ *du produit.*

EXEMPLES.

I. *Trouver la somme des termes de la progression*

$$\div 5.13.21.29.37.45.53.61.69.77.85.$$

Cette progression contient 11 termes : par conséquent,

$$S = \frac{1}{2}(5 + 85).11 = 495 \ \textbf{(266)}.$$

II. *Une progr. par diff. composée de* 20 *termes a pour extrêmes* 19 *et* 20 : *trouver la somme de tous les termes.*

Réponse : $\qquad S = \frac{1}{2}(19 + 20).20 = 390 \ \textbf{(266)}.$

III. *Trouver la somme des* 20 *premiers termes de*

$$\div 1000.991.982.973\ldots\ldots$$

On a $\qquad\qquad \delta = 991 - 1000 = -9$;

donc **(267)** $\qquad S = \frac{1}{2}(1000.2 - 9.19).20 = 18\,290.$

IV. *Trouver la somme des* n *premiers termes de la suite naturelle des nombres* 1, 2, 3, 4, 5, 6,....

La suite donnée forme une progression dont le premier terme est 1, et la raison 1 : donc **(267)**

$$S = \frac{1}{2}[1.2 + (n-1).1]n = \frac{1}{2}(n+1)n.$$

V. *Trouver la somme des* n *premiers termes de la suite des nombres impairs* 1, 3, 5, 7. 9,....

Cette suite forme une progression dont le premier terme est 1, et la raison 2 : par conséquent **(267)**,

$$S = \frac{1}{2}[1.2 + (n-1).2]n = \frac{1}{2}(2 + 2n - 2)n = n^2.$$

La somme des 4 premiers termes de la suite des nombres impairs est donc 4^2, ou 16 ;

Celle des 10 premiers est $\qquad 10^2$, ou 100 ;

Celle des 100 premiers est $\qquad 100^2$, ou 10 000 ; etc.

Leçon II. — **Progressions par quotient.**

268. La Progression par quotient *est une suite telle que chaque terme est le produit du précédent par un même nombre qu'on appelle* raison *de la progression.* On l'écrit en plaçant tous les termes sur une même ligne, et les séparant par deux points qu'on énonce *est à*; et auparavant, on met un trait horizontal avec deux points dessus et deux points dessous, pour avertir que chaque moyen doit s'énoncer deux fois de suite, en le faisant précéder du mot *comme* à la seconde fois. Par exemple, si $3.2 = 6$; $6.2 = 12$; $12.2 = 24$; $24.2 = 48$; $48.2 = 96$; $96.2 = 192$; $192.2 = 384$;

on pourra en conclure les deux progressions

$$\div\; 3 : 6 : 12 : 24 : 48 : 96 : 192 : 384 \qquad (A)$$
$$\div\; 384 : 192 : 96 : 48 : 24 : 12 : 6 : 3 \qquad (B)$$

On énonce la première : 3 *est à* 6 *comme* 6 *est à* 12 *comme* 12 *est à* 24, etc. Dans (A), la raison est 2; dans (B), elle est $\frac{1}{2}$; dans l'une et dans l'autre, les extrêmes sont 3 et 384, et les moyens, 6, 12, 24, 48, 96, 192.

269. Il suit de la définition ci-dessus (**268**) que *chaque terme de la progression par quotient divisé par le terme précédent, donne un même quotient qui est* la raison *de la progression*; et que le premier terme multiplié par la raison, donne le premier moyen; le premier moyen multiplié par la raison, donne le second moyen; le second moyen multiplié par la raison, donne le troisième moyen;... Avec le premier terme et la raison, on trouvera donc aisément tous les termes d'une progression quelconque.

270. La progression par quotient est dite *croissante,* quand la raison surpasse l'unité; elle est *décroissante,* quand la raison est moindre que l'unité.

271. *Dans toute progression par quotient, un terme quelconque est égal au premier* ✕ *la raison élevée à la* *puissance marquée par le nombre des termes qui précèdent celui que l'on considère.* — Soient a le premier terme et r la raison : la progression sera

$$\div a : ar : ar^2 : ar^3 : ar^4 : ar^5 : \text{etc.}$$

où l'on voit qu'*un terme quelconque est égal* etc. Ainsi, pour trouver un terme quelconque d'une progression par quotient dont on connaît le premier terme et la raison, il suffit d'élever la raison à la puissance marquée par le nombre des termes qui précèdent celui que l'on cherche, et de multiplier le premier terme par cette puissance. — *Exemples :*

I. *Trouver le 6ᵉ terme de* $\div 3 : 6 : 12 : \ldots$

La raison $r = 2$; le 6ᵉ terme en a 5 avant lui : donc,

$$\text{Le 6ᵉ terme} = 3.2^5 = 3.32 = 96.$$

II. *Trouver le 10ᵉ terme de* $\div 5832 : 1944 : 648 : \ldots$

Ici, $r = \frac{1}{3}$; et le 10ᵉ terme en a 9 avant lui : donc,

$$\text{Le 10ᵉ terme} = 5832. \left(\tfrac{1}{3}\right)^9 = \frac{5832}{19\,683} = \frac{8}{27}.$$

272. En général, soit u le $n^{\text{ième}}$ terme d'une progression par quotient dont le premier terme est a et la raison r; ce $n^{\text{ième}}$ terme en a $n-1$ avant lui : donc $u = ar^{n-1}$,

d'où l'on tire
$$a = \frac{u}{r^{n-1}} \qquad \text{et} \qquad r = \sqrt[n-1]{\frac{u}{a}}.$$

Ces formules servent à trouver une de ces trois choses, le premier terme a, le dernier u, et la raison r, lorsque l'on connaît les deux autres, et en outre le nombre de termes n (*). — *Exemples.*

1. *Trouver le 1ᵉʳ terme d'une prog. dont le dernier terme est* 768, *la raison* 2, *et le nombre de termes* 9.

$$\text{Premier terme} \quad a = \frac{768}{2^8} = \frac{768}{256} = 3.$$

II. *Trouver la raison d'une progression dont le premier terme est* 8, *le dernier* 5832, *et le nombre de termes* 7.

$$\text{La raison} \quad r = \sqrt[6]{\frac{5832}{8}} = \sqrt[6]{729} = 3.$$

(*) Nous ne parlons point pour le moment, de la manière de calculer n : c'est là le cas de l'équation *exponentielle* qui ne se résout directement qu'au moyen des logarithmes.

273. *Dans toute progression par quotient, le produit de deux moyens également distants des extrêmes est égal au produit des extrêmes.*

Soient f un terme qui en a z avant lui, et g un terme qui en a z après lui : le premier terme de la progression étant a et le dernier u, on aura (**271**)

$$f = ar^z ; \quad \text{et } u = gr^z, \quad \text{d'où } g = \frac{u}{r^z} :$$

donc
$$fg = ar^z \times \frac{u}{r^z} = au ,$$

c'est-à-dire, que *le produit de deux moyens*, etc.

274. *Insérer plusieurs moyens proportionnels* entre deux nombres donnés, c'est trouver les moyens d'une progression par quotient dans laquelle les extrêmes sont les deux nombres donnés : voyons comment on peut calculer ces moyens.

Nous les trouverions aisément, si nous connaissions la raison (**269**). Or, le premier terme étant a, le dernier u, le nombre de termes n, nous savons (**272**) que la raison

$$r = \sqrt[n-1]{\frac{u}{a}}.$$ Mais soit m le nombre de moyens ; comme $n = m + 2$, on aura $n - 1 = m + 1$, d'où il suit que

$$r = \sqrt[m+1]{\frac{u}{a}}.$$

Ainsi, divisant le second extrême par le premier, et extrayant du quotient la racine du degré marqué par le nombre de moyens augmenté de l'unité, on aura la raison : multipliant le premier extrême par la raison, on aura le premier moyen ; etc. — *Exemples.*

I. *Insérer* cinq *moyens proportionnels entre* 3 *et* 192.

Raison $\quad r = \sqrt[6]{\frac{192}{3}} = \sqrt[6]{64} = \sqrt[3]{8} = 2 \quad$ (**189**) ;
donc, progression, $\div 3 : 6 : 12 : 24 : 48 : 96 : 192.$

II. *Insérer* sept *moyens proportionnels entre* 32805 *et* 5.

Raison $r = \sqrt[8]{\frac{5}{32805}} = \sqrt[8]{\frac{1}{6561}} = \sqrt[4]{\frac{1}{81}} = \sqrt{\frac{1}{9}} = \frac{1}{3}$: donc,
prog. $\div 32805 : 10935 : 3645 : 1215 : 405 : 135 : 45 : 15 : 5.$

Remarquons qu'on peut toujours diviser le plus grand nombre par le plus petit, et extraire la racine $m+1$ du quotient : le résultat qu'on obtient alors, étant la raison de la progression *supposée croissante*, si on veut qu'elle soit décroissante, on renverse l'ordre des termes. — En opérant ainsi, dans cet Exemple, on a

$$\text{Raison} \quad r = \sqrt[8]{\tfrac{32805}{5}} = \sqrt[8]{6561} = \sqrt[4]{81} = \sqrt{9} = 3.$$

Donc, moyens : 15, 45, 135, 405, 1215, 3645, 10 935 ;

et progression, $\quad \div 5 : 15 : 45 : 135 : \ldots\ldots : 32\,805$,

ou bien, $\qquad\qquad \div 32\,805 : 10\,935 : 3645 : \ldots\ldots : 5.$

275. Lorsque la raison est incommensurable, on ne peut l'obtenir qu'avec approximation. Pour empêcher que l'erreur ne s'accumule en passant d'un terme au suivant, on peut s'y prendre comme il suit. — Le premier terme étant a ou

$$\sqrt[m+1]{a^{m+1}} \;(11), \text{ et la raison } \sqrt[m+1]{\dfrac{u}{a}}, \text{ on aura } (192 \text{ et } 269).$$

$$1^{er} \text{ moyen} \quad \sqrt[m+1]{a^{m+1}} \times \sqrt[m+1]{\dfrac{u}{a}} = \sqrt[m+1]{a^{m}u}\,;$$

$$2^{e} \text{ moyen} \quad \sqrt[m+1]{a^{m}u} \times \sqrt[m+1]{\dfrac{u}{a}} = \sqrt[m+1]{a^{m-1}u^{2}}\,;$$

$$3^{e} \text{ moyen} \quad \sqrt[m+1]{a^{m-1}u^{2}} \times \sqrt[m+1]{\dfrac{u}{a}} = \sqrt[m+1]{a^{m-2}u^{3}}\,;$$

$$4^{e} \text{ moyen} \quad \sqrt[m+1]{a^{m-2}u^{3}} \times \sqrt[m+1]{\dfrac{u}{a}} = \sqrt[m+1]{a^{m-3}u^{4}}\,;$$

et ainsi de suite. De cette manière, on calculera chaque moyen aussi exactement qu'on le voudra. — Par exemple, si l'*on demande* CINQ *moyens proportionnels entre* 7 *et* 720, on aura $r = \sqrt[6]{\tfrac{720}{7}}$, et comme le premier terme 7 est la même chose que $\sqrt[6]{7^{6}}$, on en conclura que les moyens sont

$$\sqrt[6]{720.7^5}, \quad \sqrt[6]{720^2.7^4}, \quad \sqrt[6]{720^3.7^3}, \quad \sqrt[6]{720^4.7^2}, \quad \sqrt[6]{720^5.7}.$$

En les calculant à moins d'un millième près, on trouve
$$15,152 \ ; \ 32,797 \ ; \ 70,992 \ ; \ 153,669 \ ; \ 332,629.$$

Remarque. Ces sortes de calculs, s'abrégent, lorsque l'indice du radical et les exposants des nombres qui lui sont soumis ont quelque facteur commun : on les divise par leur plus grand commun diviseur, ce qui ne change point la valeur des résultats (**195**). — Ainsi, dans le calcul précédent, le 2ᵉ moyen revient à $\sqrt[3]{720.7^2}$, le 3ᵉ à $\sqrt{720.7}$, le 4ᵉ à $\sqrt[3]{720^2.7}$.

276. *Si entre les termes consécutifs d'une progression par quotient, on insère un même nombre de moyens proportionnels, toutes les progressions partielles ainsi formées constitueront une seule et même progression par quotient.*

En effet, insérons m moyens entre les termes consécutifs de $\div a : b : c : d : e : \ldots\ldots$: les raisons des progressions partielles seront respectivement

$$\sqrt[m+1]{\frac{b}{a}}, \quad \sqrt[m+1]{\frac{c}{b}}, \quad \sqrt[m+1]{\frac{d}{c}}, \quad \sqrt[m+1]{\frac{e}{d}}, \ldots$$

Or, (**268**), en vertu de la progression donnée, $\dfrac{b}{a} = \dfrac{c}{b} = \dfrac{d}{c} = \ldots$: donc la raison est la même pour toutes les progressions partielles ; et, puisque le dernier terme de chacune est le premier de la suivante, il s'ensuit qu'elles forment une seule progression. — EXEMPLE : *insérer* TROIS *moyens proportionnels entre les termes consécutifs de* $\div 5 : 80 : 1280 . 20480.$

Raison $= \sqrt[4]{\frac{80}{5}}$, ou $\sqrt[4]{\frac{1280}{80}}$, ou $\sqrt[4]{\frac{20480}{1280}} = 2$; donc $\div 5 : 10 : 20 : 40 : 80 : 160 : 320 : 640 : 1280 : \ldots$

277. *Trouver* LA SOMME *des termes d'une progression par quotient.*

Soit S la somme des termes de la progression
$$\div a : b : c : d : e : \ldots\ldots : t : u ;$$
on aura $\quad S = a + b + c + d + e + \ldots + u.$

Or (**268**), la raison étant r, nous savons que

$b = ar,$ Ajoutons ensemble toutes les quantités
$c = br,$ à gauche du signe $=$, et ensemble toutes
$d = cr,$ celles qui sont à droite du même signe.
$e = dr,$ — Si au premier résultat, nous ajoutons
$\ldots\ldots$ le premier terme a de la progression, il
$\ldots\ldots$ devient égal à la somme de tous les termes:
$u = tr,$ donc *le premier résultat* $= S - a$. — Et si
au second résultat, nous ajoutons ur, il devient égal à
la somme de tous les termes multipliée par la raison
(**54**) : donc, il faut que *le second résultat* $= Sr - ur$. Mais
les deux résultats, composés de quantités égales chacune
à chacune, sont égaux : donc $Sr - ur = S - a$, d'où l'on
tire

$$S = \frac{ur - a}{r - 1}.$$

Ce qui montre que, pour trouver la somme des termes
d'une progression par quotient, on peut *multiplier le
dernier terme par la raison, ôter le premier terme du produit, et diviser le reste par l'excès de la raison sur l'unité.*

    278. Mais (**272**), $ur = ar^{u-1} \times r = ar^n$;
donc (**54**), $ur - a = ar^n - a = a\,(r^n - 1)$:

donc $S = \dfrac{ur - a}{r - 1} = \dfrac{ar^u - a}{r - 1} = \dfrac{a\,(r^n - 1)}{r - 1}$:

donc, pour trouver la somme des termes d'une progression par quotient, on peut aussi *multiplier le premier
terme par la raison élevée à la puissance marquée par le
nombre des termes de la progression, du produit ôter le
premier terme, et diviser le reste par l'excès de la raison
sur l'unité ;* ou bien encore, *ôter l'unité de la raison élevée
à la puissance marquée par le nombre des termes de la progression, multiplier le reste par le premier terme, et diviser le produit par l'excès de la raison sur l'unité.*

Le premier procédé (**277**) donne la somme des termes au
moyen du premier, du dernier et de la raison ; les deux derniers
procédés la donnent au moyen du premier terme, de la raison et
du nombre de termes. Dans les applications, on emploie celui de
ces procédés qu'on trouve le plus commode, d'après les quantités
connues.

    EXEMPLE 1. *Trouver la somme des termes d'une pro-*

gression par quotient, dans laquelle le premier terme est 5, *le dernier* 20 480, *et la raison* 2.

On a **(277)** $\qquad S = \dfrac{20\,480 \times 2 - 5}{2 - 1} = 40\,955.$

EXEMPLE II. *Trouver la somme des termes d'une progression par quotient, dans laquelle le premier terme est* 32 805, *la raison* $\frac{1}{3}$, *et le nombre de termes* NEUF.

On a ici **(278)**, $S = \dfrac{32\,805 \times \left(\frac{1}{3}\right)^9 - 32\,805}{\frac{1}{3} - 1} = 49\,205.$

EXEMPLE III. *Trouver la somme des* DIX *premiers termes de la progression* $\div 3 : 6 : 12 : 24 : \dots.$

On a $r = 2$; donc $S = \dfrac{3 \times 2^{10} - 3}{2 - 1} = 3069.$

EXEMPLE IV. — *Trouver la somme des* HUIT *premiers termes de la progression* $\div 96 : 48 : 24 : 12 : \dots.$

Ici $r = \frac{1}{2}$; donc $S = \dfrac{96 \times \left(\frac{1}{2}\right)^8 - 96}{\frac{1}{2} - 1} = 191\frac{1}{4}.$

EXEMPLE V. *Trouver la somme des* n *premiers termes de la progression* $\div 1 : \frac{1}{2} : \frac{1}{4} : \frac{1}{8} : \dots.$

Ici $r = \frac{1}{2}$; donc $S = \dfrac{\left(\frac{1}{2}\right)^n - 1}{\frac{1}{2} - 1} = \dfrac{1 - \dfrac{1}{2^n}}{\frac{1}{2}} = 2 - \dfrac{1}{2^{n-1}}.$

On voit que S est toujours < 2; mais cette somme approchera d'autant plus de 2, que *n* sera plus grand. Si *n* est infini, on aura

$$2^{n-1} = \infty, \qquad \frac{1}{2^{n-1}} = 0, \qquad \text{et } S = 2.$$

EXEMPLE VI. *Trouver la somme des* n *premiers termes de* $\div a : \dfrac{a}{c} : \dfrac{a}{c^2} : \dfrac{a}{c^3} : \dots$ *c étant* $> 1.$

Ici $r = \dfrac{1}{c}$; donc $S = \dfrac{a \times \left(\frac{1}{c}\right)^n - a}{\frac{1}{c} - 1} = \dfrac{a - a \times \left(\frac{1}{c}\right)^n}{1 - \frac{1}{c}}$

Sachant **(82)** que le diviseur $1 - \dfrac{1}{c} = \dfrac{c-1}{c}$, on aura **(80)**

$$S = \left\{ a - \frac{a}{c^n} \right\} \times \frac{c}{c-1} = \frac{ac}{c-1} - \frac{a}{(c-1)\,c^{n-1}},$$

où l'on voit que la somme S est d'autant plus voisine de $\dfrac{ac}{c-1}$, que n est plus grand. Dans l'hypothèse, $n = \infty$, on a $S = \dfrac{ac}{c-1}$.

Leçon III. — Quelques propriétés et problèmes relatifs aux progressions.

279. *Dans toute progression par différence, si l'on divise chaque terme par le précédent, les quotients qu'on obtiendra, iront en diminuant.*

Soit la progression $\div a.b.c.d.e.f\ldots\ldots:$ je dis que les fractions $\dfrac{b}{a}, \dfrac{c}{b}, \dfrac{d}{c}, \dfrac{e}{d}, \dfrac{f}{e}, \ldots$ sont de plus en plus petites. — En effet, δ étant la raison, on a $b = a + \delta$, et $c = b + \delta = a + 2\delta$: donc

$$\frac{b}{a} - \frac{c}{b}, \text{ ou } \frac{b^2 - ac}{ab}, = \frac{(a+\delta)^2 - a(a+2\delta)}{ab} = \frac{\delta^2}{ab} :$$

or, δ^2 est positif, quel que soit le signe de δ : donc la seconde fraction est plus petite que la première.

On a de même $d = c + \delta = b + 2\delta$: donc

$$\frac{c}{b} - \frac{d}{c}, \text{ ou } \frac{c^2 - bd}{bc}, = \frac{(b+\delta)^2 - b(b+2\delta)}{bc} = \frac{\delta^2}{bc} :$$

donc la troisième fraction est plus petite que la seconde. On prouverait encore, en remarquant que $e = d + \delta = c + 2\delta$, que la quatrième fraction est moindre que la troisième, et l'on continuerait ainsi. Donc, *dans toute pro-*

gression, etc. — Toutefois, la proposition n'est vraie que dans le cas où les termes sont *tous positifs*, ou *tous négatifs.*

280. *Combien faut-il insérer de moyens différentiels entre* a *et* u, *pour que la raison soit égale à* $\frac{1}{\delta'}$?

Soit m le nombre de moyens. On a $\delta = \dfrac{u - a}{m + 1}$ (264).

Dans le cas actuel, $\delta = \dfrac{1}{\delta'}$: donc

$$\frac{1}{\delta'} = \frac{u - a}{m + 1}, \quad \text{d'où } m = (u - a)\delta' - 1.$$

Il faut conclure de cette solution qu'*entre deux nombres donnés, on peut toujours insérer un assez grand nombre de moyens différentiels, pour que la raison de la progression soit aussi petite qu'on le voudra.*

281. *Étant donnés plusieurs nombres, formant ou non une progression, mais rangés par ordre de grandeur : si on prend la différence entre le premier et le second, entre le second et le troisième, entre le troisième et le quatrième, et ainsi de suite jusqu'au dernier : trouver à quoi est égale* LA SOMME *de toutes ces différences.*

Soient les nombres a, b, c, d, e ; supposons $a > b$, $b > c$, $c > d$, $d > e$: trouver à quoi est égale la somme

$$(a - b) + (b - c) + (c - d) + (d - e).$$

Il est évident que la réduction fait disparaître toutes les quantités intermédiaires b, c, d, écrites chacune deux fois, mais avec des signes contraires, et qu'ainsi la somme demandée se réduit à $a - e$, d'où il faut conclure que *si plusieurs nombres sont rangés par ordre de grandeur,* LA SOMME DES DIFFÉRENCES *entre le premier et le second, entre le second et le troisième, entre le troisième et le quatrième, et ainsi de suite,* EST ÉGALE A LA DIFFÉRENCE ENTRE LE PREMIER ET LE DERNIER.

282. *Dans toute progression par quotient, si on prend la différence entre le premier terme et le second, entre le second et le troisième, entre le troisième et le quatrième, et* *ainsi de suite, jusqu'au dernier, ces différences formeront une nouvelle progression par quotient.*

Soit la progression $\div a : ar : ar^2 : ar^3 : ar^4 : \ldots$ les différences dont il s'agit sont

$$ar - a,\ ar^2 - ar,\ ar^3 - ar^2,\ ar^4 - ar^3, \ldots$$

ou bien $\quad a - ar,\ ar - ar^2,\ ar^2 - ar^3,\ ar^3 - ar^4, \ldots$

or, *chacune* d'elles $=$ *la précédente* $\times r$: donc toutes ces différences forment une progression par quotient (**268**), dans laquelle la raison est celle de la progression donnée : donc *les différences des termes consécutifs d'une progression par quotient vont en augmentant ou en diminuant, selon que cette progression est croissante ou décroissante.*

283. *Si entre l'unité et un autre nombre donné plus grand que l'unité, on insère un nombre quelconque de moyens proportionnels, puis un égal nombre de moyens différentiels, la raison de la progression par quotient surpassera l'unité d'une quantité moindre que n'est la raison de la progression par différence.*

Entre 1 et $\omega > 1$, insérons m moyens proportionnels, puis m moyens différentiels. La raison de la progression par quotient sera $\sqrt[m+1]{\omega}$ (**274**), et cette progression

$$\div 1 : \sqrt[m+1]{\omega} \cdot \sqrt[m+1]{\omega^2} : \sqrt[m+1]{\omega^3} : \sqrt[m+1]{\omega^4} : \ldots \omega.$$

Or (**282**), cette progression étant croissante, les différences des termes consécutifs vont en augmentant ; donc la première $\sqrt[m+1]{\omega} - 1$, qui est la plus petite, est moindre que *leur somme* $\omega - 1$ (**281**) divisée par *leur nombre* ; et comme le nombre de ces différences $= m + 1$, il s'ensuit que l'on a

$$\sqrt[m+1]{\omega} - 1 < \frac{\omega - 1}{m + 1}.$$

Mais $\sqrt[m+1]{\omega} - 1$, c'est la quantité dont la raison de la progression par quotient surpasse l'unité ; et $\dfrac{\omega - 1}{m + 1}$, c'est la raison de la progression par différence (**264**) : donc, *si entre l'unité*, etc.

284. *Si entre deux nombres donnés, non moindres que l'unité, on insère un nombre quelconque de moyens proportionnels, puis un égal nombre de moyens différentiels, la raison de la progression par quotient, considérée comme* CROISSANTE, *surpassera l'unité d'une quantité moindre que n'est la raison de la progression par différence.*

Entre α et $\omega > \alpha$, insérons m moyens proportionnels, puis m moyens différentiels. La raison de la progression par différence sera $\dfrac{\omega - \alpha}{m + 1}$; et celle de la progression par quotient $\sqrt[m+1]{\dfrac{\omega}{\alpha}}$, ou la même que s'il s'agissait d'insérer les m moyens entre 1 et $\dfrac{\omega}{\alpha}$. Mais (**283**) dans ce dernier cas, on a

$$\sqrt[m+1]{\frac{\omega}{\alpha}} - 1 < \frac{\dfrac{\omega}{\alpha} - 1}{m + 1} \quad \text{ou} < \frac{\omega - \alpha}{\alpha(m + 1)} \, ;$$

à fortiori, $\sqrt[m+1]{\dfrac{\omega}{\alpha}} - 1 < \dfrac{\omega - \alpha}{m + 1}$: donc, *si entre deux*...

285. *Entre deux nombres donnés, non moindres que l'unité, on peut toujours insérer un assez grand nombre de moyens proportionnels, pour que la raison de la progression, considérée comme* CROISSANTE, *surpasse l'unité d'aussi peu qu'on le voudra.*

Entre α et $\omega > \alpha$, insérons m moyens différentiels, puis m moyens proportionnels, de façon que la raison de la progression par différence soit égale à $\dfrac{1}{\delta'}$: nous aurons

$$m = (\omega - \alpha)\delta' - 1 \ (\textbf{280}) ;$$

la raison de la progression par quotient étant alors $\sqrt[m+1]{\dfrac{\omega}{\alpha}}$,

nous aurons aussi (**284**)
$$\sqrt[m+1]{\frac{\omega}{\alpha}} - 1 < \frac{1}{\delta'}.$$

Si l'on remarque maintenant que $\frac{1}{\delta'}$, peut être aussi petit qu'on le voudra (**280**), on sera obligé d'admettre qu'*entre deux nombres donnés*, etc.

CHAPITRE XII. — LOGARITHMES.

—

LEÇON Ire. — Définitions.

286. On appelle *Logarithmes*, des nombres en progression par différence commençant par *zéro*, qui correspondent terme pour terme à d'autres nombres en progression par quotient commençant par l'*unité*. Ainsi, *le logarithme d'un nombre* est le terme de la progression par différence qui correspond au nombre que l'on considère dans la progression par quotient. L'ensemble de ces deux progressions s'appelle *système de logarithmes*, et l'on appelle *base* du système, le nombre dont le logarithme est 1. — Soient les deux progressions
$$\div\ 1 : 2 : 4 : 8 : 16 : 32 : 64 : 128 : \ldots\ ;$$
$$\div\ 0\ .\ 1\ .\ 2\ .\ 3\ .\ 4\ .\ 5\ .\ 6\ .\ \ 7\ \ldots\ ;$$
elles forment un système de logarithmes dont la base est 2. Dans ce système, le logarithme de 4 est 2, celui de 8 est 3, celui de 16 est 4, celui de 32 est 5,…

287. A la même progr. par quot., on peut faire répondre une infinité de progr. par diff. ; et à la même progr. par diff., on peut faire répondre une infinité de progr. par quot. : donc, *il y a*, ou du moins, *il peut y avoir une infinité de systèmes de logarithmes*. On a choisi celui dont la base est 10, en sorte qu'on a adopté les deux progr. suivantes :

$$\div 1 : 10 : 100 : 1000 : 10\,000 : 100\,000 : \dots .$$
$$\div 0 \,.\, 1 \,.\, 2 \,.\, 3 \,.\, 4 \,.\, 5 \,\dots .$$

Ainsi, le logarithme de 100 est 2, celui de 1000 est 3, celui de 10 000 est 4,... et en général, *le log. de l'unité suivie de zéros est composé d'autant d'unités qu'il y a de zéros.*

288. Comme la progr. $\div 1 : 10 : 100 : \dots$ ne renferme que des nombres plus grands que l'unité, on pourrait croire que les fractions n'ont pas de log. : pour qu'elle embrasse aussi les fractions, on la prolonge vers la gauche, en divisant l'unité par 10, puis le quotient par 10, ensuite le second quotient par 10, et ainsi de suite. — Et, pour obtenir les log. des nouveaux termes, on a prolongé aussi vers la gauche la progr. par diff., par la soustraction de la raison 1. — De cette manière, on a obtenu les deux progr. suivantes, infinies dans les deux sens :

$$\div \dots \frac{1}{1000} : \frac{1}{100} : \frac{1}{10} : 1 : 10 : 100 : 1000 : \dots$$
$$\div \dots -3 \,.\, -2 \,.\, -1 \,.\, 0 \,.\, 1 \,.\, 2 \,.\, 3 \,\dots$$

On voit, par ces deux suites, que *les log. des fractions sont négatifs*, tandis que ceux des nombres plus grands que l'unité sont positifs.

289. La partie entière d'un log. se nomme *la caractéristique* de ce log. — *La caractéristique du log. d'un nombre plus grand que l'unité, est toujours composée d'autant d'unités positives qu'il y a de chiffres* MOINS UN *dans la partie entière de ce nombre.* — Soit 123,45 : ce nombre étant compris entre 100 et 1000, son log. est compris entre le log. de 100 et celui de 1000, c'est-à-dire (**287**) entre 2 et 3 : il a donc 2 pour caractéristique.

290. Réciproquement : *Le nombre correspondant à un log. positif contient toujours dans sa partie entière autant de chiffres* PLUS UN *qu'il y a d'unités dans la caractéristique de ce logarithme.* — Soit le log. 2,34567 : il est compris entre 2 et 3, dont les nombres correspondants sont 100 et 1000 (**287**) ; donc, le nombre coresp. à 2,34567 est compris entre 100 et 1000 : donc, la partie entière contient *trois* chiffres.

LEÇON II. — **Propriétés, Usages, Nature des Logarithmes.**

291. Pour plus de commodité, nommons r la raison de la progr. par quot., et δ celle de la progr. par diff. : nous aurons (**288**)

$$\left\{\begin{array}{l} \vdots\ldots \quad \dfrac{1}{r^7}: \dfrac{1}{r^6}: \dfrac{1}{r^5}: \dfrac{1}{r^4}: \dfrac{1}{r^3}: \dfrac{1}{r^2}: \dfrac{1}{r}:1: \\[2mm] \vdots\ldots -7\delta.\ -6\delta.\ -5\delta.\ -4\delta.\ -3\delta.\ -2\delta.\ -\delta\ .\ 0\ . \\[2mm] \quad r: \quad r^2: \quad r^3: \quad r^4: \quad r^5: \quad r^6: \quad r^7:\ldots\ [1] \\[2mm] \quad \delta\ . \quad 2\delta. \quad 3\delta. \quad 4\delta. \quad 5\delta. \quad 6\delta. \quad 7\delta.\ \ldots \end{array}\right\}$$

292. *Le log. d'un produit est égal à la somme des log. de ses facteurs.* — Supposons d'abord qu'il n'y ait que deux facteurs : ils sont tous deux à droite, ou tous deux à gauche de l'unité dans la progr. [1]; ou bien ils sont l'un à droite et l'autre à gauche.

1er *Cas.* 1° Le produit $r^3 . r^2 = r^5$ a pour log. 5δ ; mais $\quad$ log. $r^3 = 3\delta$, $\quad$ et log. $r^2 = 2\delta$: donc log. $r^3 +$ log. $r^2 = 3\delta + 2\delta = 5\delta =$ log. $(r^3 . r^2)$.

2° Le produit $\dfrac{1}{r^3} . \dfrac{1}{r^2} = \dfrac{1}{r^5}$ a pour log. -5δ ; mais log. $\dfrac{1}{r^3} = -3\delta$, et log. $\dfrac{1}{r^2} = -2\delta$: donc

$$\text{log. } \frac{1}{r^3} + \text{log. } \frac{1}{r^2} = -3\delta - 2\delta = -5\delta = \text{log. } \left[\frac{1}{r^3} . \frac{1}{r^2}\right].$$

2^d *Cas.* 1° Le produit $r^5 . \dfrac{1}{r^3} = \dfrac{r^5}{r^3} = r^2$ a pour log. 2δ ; mais $\quad$ log. $r^5 = 5\delta$, $\quad$ et log. $\dfrac{1}{r^3} = -3\delta$:

$$\text{donc log. } r^5 + \text{log. } \frac{1}{r^3} = 5\delta - 3\delta = 2\delta = \text{log. } \left[r^5 . \frac{1}{r^3}\right].$$

$2°$ Le produit $\dfrac{1}{r^5} \cdot r^3 = \dfrac{r^3}{r^5} = \dfrac{1}{r^2}$ a pour log. -2δ ;

mais log. $\dfrac{1}{r^5} = -5\delta$,   et log. $r^3 = 3\delta$: donc

$$\text{log.}\ \frac{1}{r^5} + \text{log.}\ r^3 = -5\delta + 3\delta = -2\delta = \text{log.}\ \left[\frac{1}{r^5} \cdot r^3\right].$$

Le principe est donc vrai pour le cas de deux facteurs. Je dis qu'il l'est pour m facteurs. — En effet,

$abc = ab.c$;   donc log. $abc = $ log. $ab +$ log. c
$$= \text{log.}\ a + \text{log.}\ b + \text{log.}\ c \ ;$$
$abcd = abc.d$; donc log. $abcd = $ log. $abc +$ log. d
$$= \text{log.}\ a + \text{log.}\ b + \text{log.}\ c + \text{log.}\ d ; \ldots$$

EXEMPLE. *Calculer au moyen des log.* $12.25.32$.

Les Tables donnent
$$\begin{cases} \text{Log.}\ 12 = 1,07\,918\,125 \\ \text{Log.}\ 25 = 1,39\,794\,001 \\ \text{Log.}\ 32 = 1,50\,514\,998 \end{cases}$$
Somme $\overline{3,98\,227\,124}$

Nombre correspondant, $9600 = 12.25.32$.

293. *Le log. du quotient $=$ log. du dividende $-$ log. du diviseur.*

Soient D le dividende, D' le diviseur, δ le quotient : on a D $= $ D'δ **(61)** ; donc **(292)**, log. D $=$ log. D'$+$log. δ, d'où l'on tire   log. $\delta =$ log. D $-$ log. D'.

EXEMPLE. *Diviser* 9600 *par* 75, *au moyen des log.*
Du logarithme de 9600....... $3,9822712$
ôtant celui de 75.............. $1,8750613$
on a pour reste............... $2,1072099$, qui répond à 128.

294. *Le log. d'une puissance quelconque d'un nombre $=$ le log. de ce nombre* $\times$ *le degré de la puissance.* — En effet,

$$a^m = \text{le prod}^t \text{ de } m \text{ facteurs égaux à } a\ ;$$
donc **(292)**,
$$\text{log.}\ (a^m) = \text{la somme de } m \text{ log. de } a = m \text{ log.}\ a.$$

EXEMPLE. *Évaluer* 2^{12} *au moyen des logarithmes.*

Les Tables donnent   Log. $2 = 0,30103000$
Multipliant par 12, on trouve........ $3,61236000$
Nombre correspondant, ou 12e puissance de 2 $= 4096$.

295. *Le log. d'une racine quelconque d'un nombre $=$ le log. de ce nombre divisé par le degré de la racine.*

En effet,   de $\sqrt[m]{a} = r$, on conclut **(11)** $r^m = a$;
donc **(294)**, $m \log. r = \log. a$, d'où $\log. r = \dfrac{\log. a}{m}$.

Exemple. *Evaluer* $\sqrt[7]{2187}$, *au moyen des logarithmes.*
Les Tables donnent   Log. $2187 = 3,3398488$
Divisant par 7, on trouve............. $0,4771213$
Nombre correspondant, ou racine demandée $= 3$.

296. *Résoudre l'équation* $a^x = b$.
On a évidemment $\log. (a^x) = \log. b$,
c'est-à-dire **(294)**, $x \log. a = \log. b$; d'où $x = \dfrac{\log. b}{\log. a}$.

Exemple. *Quelle puissance de 2 est le nombre 2048 ?*
Soit x le degré de la puissance : on aura $2^x = 2048$,
d'où $x = \dfrac{\log. 2048}{\log. 2} = \dfrac{3,3113300}{0,3010300} = 11$.

297. Il faut conclure de ce qui précède, que *les log. servent* à substituer l'addition à la multiplication **(292)**, la soustraction à la division **(293)**, la multiplication à l'élévation aux puissances **(294)**, et la division à l'extraction des racines **(295)**. Les logarithmes donnent en outre le moyen de résoudre *directement* l'équation exponentielle (celles dont l'inconnue est *un exposant*) : pour cela, il suffit de *diviser le log. de la quantité connue par celui du nombre dont on demande l'exposant :* le quotient est le résultat demandé **(296)**.

298. *Les nombres qui ne diffèrent que par la place de la virgule, ont des log. qui ne sont différents que dans leurs caractéristiques,* en sorte que tous ces log. ont la même partie décimale. Ainsi, les nombres 456... 45600... 4,56... ont des log. qui ne sont différents que par leurs caractéristiques. En effet **(287, 292, 293)**,

$$45\,600 = 456.100 \qquad \text{et } 4,56 = 456 \text{ divisé par } 100:$$
donc, $Log.\ 45\,600 = log.\,456 + log.\,100 = log.\ 456 + 2$;

et $Log.\ 4,56 = log.\,456 - log.\,100 = log.\ 456 - 2$:

Or, la partie décimale du log. de 456 ne change pas par l'addition ou la soustraction de 2 unités *entières*.

299. *Les log. qui ne diffèrent que par leurs caractéristiques, sont ceux de nombres qui ne sont différents que par la place de la virgule,* en sorte que tous ces nombres contiennent les mêmes chiffres placés dans le même ordre. — Soient les trois log. $3,12345\ldots\ 5,12345\ldots$ $1,12345$: nommant N, N′, N″, les nombres correspondants, on aura

$1°$ $5,12345 = 3,12345 + 2 = log.\ N + log.\ 100$:
donc **(292)**, $N′ = N.100.$

$2°$ $1,12345 = 3,12345 - 2 = log.\ N - log.\ 100$:
donc **(293)**, $N″ = N$ *divisé par* $100.$

Or, la multiplication ou la division par 100 s'effectue par le transport de la virgule : aucun chiffre ne change dans le nombre sur lequel on opère.

300. *Tout log. fractionnaire est celui d'un nombre incommensurable.* Tel est $2\frac{2}{3}$, par exemple.

En effet, $2\frac{2}{3}$, ou $\frac{8}{3}$, est **(295)** le log. de *la racine cubique* de $100\,000\,000$. Cette racine, si elle était un nombre entier, serait terminée par un certain nombre de zéros, attendu que sans cela son cube ne pourrait être $100\,000\,000$, qui en a *huit* ; mais quel que soit le nombre de zéros qui se trouvent sur la droite de cette racine, son cube en aura évidemment 3 fois plus ; ce cube ne pourra donc en contenir 8, puisque 8 n'est pas un multiple de 3. Ainsi $\sqrt[3]{100\,000\,000}$ est incommensurable **(155)** : donc $2\frac{2}{3}$ est le log. d'un nombre incommensurable.

301. *Tout nombre commensurable, mais qui n'est pas une puissance entière de 10, a un log. incommensurable.*

Ce log. ne peut être entier, car tout log. entier est celui d'une puissance entière de 10 **(287)** ; il ne peut être fractionnaire, car tout log. fractionnaire est celui d'un nombre incommensurable **(300)** : donc, ce log. est incommensurable.

6*

302. Les seuls log. *exacts* qui soient dans les Tables, sont donc ceux des nombres 1, 10, 100, 1000... Quant à ceux des autres nombres 2, 3, 4, 5,... comme ils sont incommensurables (**301**), les Tables ne les peuvent donner, en général, qu'à moins d'une demi-unité décimale du dernier ordre : donc, les log. qui contiennent le plus de décimales sont les moins fautifs. Ainsi, on ne devra pas s'étonner si, en opérant au moyen des log., on n'arrive pas toujours d'une manière rigoureusement exacte au résultat demandé.

LEÇON III. — **Différences logarithmiques. — Exactitude des Tables**.

303. On appelle *différences premières* des log. les restes que l'on trouve en ôtant chaque log. des Tables de celui qui le suit immédiatement ; telles sont
Log. 2 — *Log.* 1 ... *Log.* 3 — *Log.* 2 ... *Log.* 4 — *Log.* 3 :
ces différences premières sont donc (**293**) les log. des quotients que l'on obtient en divisant chaque nombre entier par le précédent. Or (**258**), la suite naturelle 1, 2, 3, 4, 5,... forme une progr. par diff.: donc (**279**), les quotients $\frac{2}{1}, \frac{3}{2}, \frac{4}{3}, \frac{5}{4},$... sont de plus en plus petits ; il en est évidemment de même de leurs log. : donc, *les différences premières des log., vont toujours en diminuant ;* donc, *elles ne sont jamais* EXACTEMENT *proportionnelles aux différences des nombres correspondants.*

304. On appelle *différences secondes* des log., les restes que l'on trouve en ôtant chaque différence première de la précédente. Pour trouver ce qu'elles expriment, prenons trois nombres entiers consécutifs quelconques, $m - 1, m, m + 1$: nous aurons pour les différences premières

$$\left. \begin{aligned} \text{Log. } m - \log. (m - 1) &= \log. \frac{m}{m - 1}, \\ \text{Log. } (m + 1) - \log. m &= \log. \frac{m + 1}{m}; \end{aligned} \right\} \ (293).$$

et pour la différence seconde,

$$\text{Log.}\ \frac{m}{m-1}-\log.\ \frac{m+1}{m}=\log.\ \left(\frac{m}{m-1}:\frac{m+1}{m}\right)$$

$$=\log.\ \frac{m^2}{m^2-1}=\log.\ (m^2)-\log.\ (m^2-1).$$

Ainsi, la différence seconde des log. de trois nombres entiers consécutifs quelconque est la différence première des log. de deux nombres entiers consécutifs, dont le plus grand est le carré du nombre moyen des trois nombres donnés, d'où il suit (**303**), 1° que *les différences secondes des log. vont toujours en diminuant* ; 2° qu'*elles sont toujours moindres que les différences premières correspondantes*.

305. Les différences logarithmiques étant de plus en plus petites, il est vraisemblable que, pour de grands nombres, elles sont nulles dans l'ordre décimal auquel l'approximation est portée dans les Tables. Or, si les différences secondes sont nulles dans cet ordre décimal, plusieurs différences premières consécutives pourront être regardées comme égales entre elles, et par conséquent, comme proportionnelles aux différences des nombres correspondants. Supposons pour le moment que cela ait lieu, et soient N et $N+1$ deux nombres entiers dont les log. sont L_n et L_n+D_1 : cherchons le log. du nombre $N+\dfrac{a}{b}$, en supposant $a < b$. Nous dirons :

Si, pour 1 unité ajoutée à N, il faut ajouter D_1 à log. N, pour une partie d'unité $\dfrac{1}{b}$, il faudrait ajouter $\dfrac{D_1}{b}$;

donc pour une fraction $\dfrac{a}{b}$, il faut ajouter $\dfrac{D_1}{b}.\,a=D_1.\dfrac{a}{b}$: cela est évident, puisque, dans notre hypothèse, les différences premières des log., sont proportionnelles à celles des nombres. Concluons de là que

$$\text{Log.}\ \left(N+\frac{a}{b}\right)=\log. N+D_1.\frac{a}{b}=L_n+D_1.\frac{a}{b}.\ [1]$$

306. Mais si les différences secondes ne sont pas nulles, les différences premières cessent d'être proportionnelles, et la formule [1] est fautive : cherchons l'erreur résultante, et calculons $\log.\left(N + \dfrac{a}{b}\right)$, en tenant compte des différences secondes.

Pour y parvenir, partageons l'unité en b parties égales; appelons V_1, V_2, V_3, V_4,... V_a, les valeurs des log. des nombres $N + \dfrac{1}{b}$, $N + \dfrac{2}{b}$, $N + \dfrac{3}{b}$, $N + \dfrac{4}{b}$,... $N + \dfrac{a}{b}$, puis d_1, d_2, d_3,... d_{a-1}, les diff. 1res de ces log., et enfin d' la diff. 2de constante : d étant égal à $\log.\left(N + \dfrac{1}{b}\right) - \log.N$, nous formerons le tableau suivant :

$$
\begin{array}{llll}
\textit{Nomb.} & \textit{Log.} & \textit{Diff.}1^{res} & \textit{Diff.}2^{de}
\end{array}
$$

$$
\begin{array}{llll}
N\dots\dots & L_n & \dots\ d & \text{Or,}\quad\text{on a} \\
N+\frac{1}{b}\dots V_1 & & \dots d_1 & \dots\ d' \quad d_1 = d - d' \\
N+\frac{2}{b}\dots V_2 & & \dots d_2 & \dots\ d' \quad d_2 = d - 2d' \\
N+\frac{3}{b}\dots V_3 & & \dots d_3 & \dots\ d' \quad d_3 = d - 3d' \\
N+\frac{4}{b}\dots V_4 & & \dots & \dots \quad\dots \\
\dots & \dots & \dots & \dots \\
\dots & \dots & \dots d_{a-1} & \dots\ d' \quad d_{a-1} = d - (a-1)d' \\
N+\frac{a}{b}\dots V_a & & & \text{d'où il résulte}
\end{array}
$$

$$
\begin{aligned}
V_1 &= L_n + d \\
V_2 &= V_1 + d_1 = L_n + 2d - d' \\
V_3 &= V_2 + d_2 = L_n + 3d - (1 + 2)\,d' \\
V_4 &= V_3 + d_3 = L_n + 4d - (1 + 2 + 3)\,d' \\
&\dots\dots\dots\dots\dots\dots\dots\dots\dots\dots\dots\dots \\
V_a &= L_n + ad - [(1 + 2 + 3 + \dots + (a-1)]d' \\
&= L_n + ad - \tfrac{1}{2}\,a\,(a-1)\,d' \qquad\qquad [2].
\end{aligned}
$$

(266)

Reste à exprimer d et d' en fonction de quantités connues. Or, les seules données des Tables sont les log. des nombres entiers, dont on déduit les diff. 1res, puis les diff. 2des : donc, exprimons, s'il est possible, d et d' au moyen des diff. 1res et 2des des log. connus. Mais, pour

$$
\begin{array}{lll}
\textit{Nomb.} & \textit{Log.} & \textit{Diff.}1 \quad \textit{Diff.}2 \\
N & \dots L_n & \\
N+1 & \dots L_{n+1} & \dots D_1 \dots\dots D' \\
N+2 & \dots L_{n+2} & \dots D_2
\end{array}
$$

avoir une diff. 2de, il faut prendre trois log. consécutifs. Nommant D_1 et D_2 les diff. 1res, et D' la diff. 2de, nous avons le petit tableau ci-contre.

Partageons maintenant chaque unité, $(N+1) - N$, et $(N+2) - (N+1)$, en b parties égales : nous pourrons former le nouveau tableau ci-dessous :

Nomb.   *Log. Diff.1. Diff.2.*   Remarquons :

$N \quad \ldots\ldots L_n \ldots \ldots d$

$N+\dfrac{1}{b} \ldots\ldots V_1 \ldots \quad \ldots d' \qquad$ 1° Que $V_b - L_n = L_{n+1} - L_n =$

$\qquad\qquad\qquad \ldots d_1 \qquad \qquad$ $\log.(N+1) - \log.N = D_1 =$

$N+\dfrac{2}{b} \ldots\ldots V_2 \ldots \quad \ldots d' \qquad$ $d + d_1 + d_2 + \ldots + d_{b-1}$ **(281)**

$\qquad\qquad\qquad \ldots d_2$

$N+\dfrac{3}{b} \ldots\ldots V_3 \ldots \quad \ldots\ldots$

$\ldots\ldots \qquad \ldots\ldots \qquad \ldots\ldots \qquad$ 2° Que $V_{2b} - V_b = L_{n+2} - L_{n+1}$

$\ldots\ldots \qquad \ldots\ldots \quad \ldots d' \qquad = \log.(N+2) - \log.(N+1)$

$N+\dfrac{b}{b} \quad \ldots V_b \ldots \ldots d_{b-1} \ldots d' \qquad = D_2 = d_b + d_{b+1} + d_{b+2} + \ldots$

$\qquad\qquad\qquad \ldots d_b \qquad \qquad + d_{2b-1}.$

$N+1+\dfrac{1}{b} \ldots V_{b+1} \qquad \ldots d'$

$\qquad\qquad\qquad \ldots d_{b+1}$

$N+1+\dfrac{2}{b} \ldots V_{b+2} \qquad \ldots d'$

$\qquad\qquad\qquad \ldots d_{b+2}$

$N+1+\dfrac{3}{b} \ldots V_{b+3} \qquad \ldots\ldots$

$\ldots\ldots \qquad \ldots\ldots \qquad \ldots\ldots$

$\ldots\ldots \qquad \ldots\ldots \quad \ldots d'$

$N+1+\dfrac{b}{b} \ldots V_{2b} \quad \ldots d_{2b-1}$

Or, $d_1 = d - d' \qquad\qquad$ De plus, $d_b = d - bd'$

$\qquad d_2 = d - 2d' \qquad\qquad\qquad d_{b+1} = d - bd' - d'$

$\qquad d_3 = d - 3d' \qquad\qquad\qquad d_{b+2} = d - bd' - 2d'$

$\qquad \ldots\ldots\ldots\ldots \qquad\qquad\qquad \ldots\ldots\ldots\ldots$

$\qquad \ldots\ldots\ldots\ldots \qquad\qquad\qquad \ldots\ldots\ldots\ldots$

$\qquad d_{b-1} = d - (b-1)d' \qquad\qquad d_{2b-1} = d - bd' - (b-1)d'$

donc $\quad D_1 = bd - \frac{1}{2} b(b-1)d' \ldots\ldots\ldots\ldots\ldots\ldots$ [3]

$\qquad\quad D_2 = bd - b^2 d' - \frac{1}{2} b(b-1)d' \ldots\ldots\ldots\ldots$ [4]

Otant [4] de [3], on a $D_1 - D_2 = D' = b^2 d'$, d'où $d' = \dfrac{D'}{b^2}$ [5]

substit. [5] dans [3], on a $D_1 = bd - \frac{1}{2} b(b-1)\dfrac{D'}{b^2}$, ou $\qquad D_1 = bd - \dfrac{b-1}{2b} D'$,   d'où $d = \dfrac{D_1}{b} + \dfrac{b-1}{2b^2} D'$ [6].

Enfin, substituant [5] et [6] dans [2], on trouve

$$V_a = L_n + \frac{a}{b} D_1 + \frac{a(b-1)}{2b^2} D' - \tfrac{1}{2} a(a-1) \frac{D'}{b^2}$$

ou $\qquad \mathrm{Log.}\left(N + \dfrac{a}{b}\right) = L_n + \dfrac{a}{b} D_1 + \dfrac{a(b-a)}{2b^2} D' \qquad$ [7].

Or, en tenant compte des seules diff. 1res, nous avons trouvé (**305**) que le log. de $\left(N + \dfrac{a}{b}\right) = L_n + \dfrac{a}{b} D_1$: donc, l'erreur cherchée $e = \dfrac{a(b-a)}{2b^2} d$.

307. La somme des facteurs a et $b-a$, étant une quantité constante b, leur produit est un *maximum* pour $a = b - a = \tfrac{1}{2}b$ (Page 169, Ex. I.) : donc l'erreur e atteint son *maximum*, lorsque $\dfrac{a}{b} = \dfrac{1}{2}$; alors $e = \dfrac{1}{8} d$. Concluons de là que *les diff.* 1res *des log. peuvent être regardées comme proportionnelles, lorsque les diff.* 2des *correspondantes, supposées égales entre elles, sont moindres que* 8.

308. Nous trouvons dans les Tables de Callet

Nomb.	*Logarithmes.*	*Diff.* 1res.	*Diff.* 2des.
1000...	3,0000000000		
1001...	3,0004340774	43 40774	4333
1002...	3,0008677215	43 36441	4326
1003...	3,0013009330	43 32115	

On voit qu'à 1000, les diff. 2des des log. sont égales entre elles jusque dans les unités décimales du 8e ordre ; qu'elles sont nulles dans le 5e et le 6e ordre, et qu'elles sont de 4 unités du 7e ordre et de 43 unités du 8e : donc (**307**), *dans les Tables à 5, 6, 7 décimales, les diff.* 1res *des log. sont proportionnelles à celles des nombres, pourvu que celles-ci ne soient pas plus grandes que l'unité, et que les nombres n'aient pas moins de* QUATRE *chiffres à la partie entière* (*); *mais* dans les Tables à 8 décimales, il fau-

---

(*) Nous partons de 1000; car l'usage des parties proportionnelles serait inutile avant ce nombre. En réalité, on peut prendre pour point de départ 100, 300, 1000, ou 3000, selon que les logarithmes ont 5, 6, 7, ou 8 décimales.

drait avoir égard aux diff. 2des, jusque vers 3000, car à ce nombre elles sont encore d'environ 5 unités du 8e ordre.

309. Il faut bien se garder de croire qu'un log. étant donné, on puisse calculer autant que l'on veut de chiffres dans le $N.\ C.$ Nous trouvons en effet, dans les Tables :

$$\text{Log. } 96\,001 = 4,9\,822\,758$$
$$\text{Log. } 96\,002 = 4,9\,822\,803$$
$$\text{Log. } 96\,003 = 4,9\,822\,848.$$

Que l'on prenne 5 décimales seulement, et les trois nombres 96 001, 96 002, 96 003, auront le même log. 4,98228 : par conséquent, si on veut le $N.\ C.$ à 4,98228, on ne sera pas sûr de le trouver à moins d'une unité près, mais il pourra être fautif d'une ou même de deux unités. Or, pour qu'on puisse trouver, à moins d'une unité près le $N.C.$ à un log. donné, il faut évidemment qu'entre le log. de ce nombre et celui du nombre plus grand ou plus petit d'une unité, il y ait au moins une unité décimale du dernier ordre.

Le Calcul $\Big\{$ $\quad$ Log. $43\,400 = 4,6374897295$
donne $\qquad$ Log. $43\,401 = 4,6374997362$
$$\text{Différence} = 0,0000100067.$$

quantité plus grande qu'une unité décimale du 5e ordre.

Mais log. $\frac{43\,401}{43\,400} = $ log. $\frac{434\,010}{434\,000} = $ log. $434\,010 -$ log. $434\,000$: donc log. $434\,010 -$ log. $434\,000 = 0,0000100067 = \text{D}.$

Ainsi, **(281)**, la somme des diff. 1res logarithmiques des nombres 434 000, 434 001, 434 002,..... 434 010, est égale à D. Si elles étaient égales entre elles, comme il y en a 10, chacune voudrait $\frac{1}{10}$D ; mais, puisqu'elles vont toujours en diminuant **(303)**, la première surpasse $\frac{1}{10}$ D, c'est-à-dire que l'on a

$$\text{Log. } 434\,001 - \text{log. } 434\,000 > 0,0000010006\,7$$

Un raisonnement semblable montre que l'on a

$$\text{Log. } 4\,340\,001 - \text{log. } 4\,340\,000 > 0,0000001000\,67$$
$$\text{Log. } 43\,400\,001 - \text{log. } 43\,400\,000 > 0,0000000100\,067$$

et ainsi de suite. Donc, les nombres entiers consécutifs composés de n chiffres, et qui ne sont pas plus grands que 434 suivi de $n - 3$ zéros, ont des log., dont les dif. 1res sont au moins d'une unité décimale du n^e ordre ;

au-delà, les différences ne tardent guère à devenir moindres que l'unité décimale du n^e ordre : donc, le log. n'ayant que n décimales, il n'y a plus de sûreté de trouver, à moins d'une unité près, le *N. C.* Concluons de tout ce qui précède, qu'*un log. donné n'ayant que* n *décimales, on ne peut calculer plus de* n *chiffres dans le N. C.;* encore le dernier est-il quelquefois incertain d'une ou de deux unités.

Leçon IV. — Trouver le Log. d'un nombre qui n'est pas dans les Tables.

310. Trois sortes de nombres ne se trouvent point dans les Tables : 1° les nombres entiers qui en passent les limites, 2° les nombres fractionnaires, 3° les fractions.

Dans tout ce qui suit nous ferons usage des Tables de La Lande, étendues à *sept* décimales : elles contiennent les logarithmes des nombres entiers jusqu'à 10 000.

311. *Trouver le log. d'un nombre entier qui passe la limite des Tables* : Celui de 2 345 678, par exemple.

Nous en connaissons la caract. (**289**); ainsi nous n'avons à calculer que la partie décimale. Or (**298**), celle-ci est la même que celle du log. de 2345,678 : donc, les diff. 1res des log. étant ici proportionnelles (**308**),il faut, d'après la formule

$$\text{Log.}\left(N + \frac{a}{b}\right) = \log. N + \frac{a}{b}\, D \ (\textbf{305}),$$

multiplier 0,678 par la différence D entre log. 2345, et log. 2346, puis ajouter le produit à log. 2345, et l'on aura la partie décimale inconnue.

Logarithme de 2345. . . . . 3,3 701 428
D = 1852 ; ajoutant 0,678 × 1852 =   1 256,
il vient   log. 2345,678. . . . . 3,3 702 684.
Donc (**289**), le log. de 2 345 678 = 6,3 702 684.

Ainsi, pour calculer au moyen des Tables le log. d'un nombre entier N qui en passe la limite, on peut *séparer*

N *en deux parties composées, la première, des* QUATRE *premiers chiffres à gauche, et la seconde, de tous les autres chiffres ; prendre ensuite le log. de la première partie, et y ajouter le produit de la seconde* (considérée comme *décimale*) *par la différence entre le log. de la première et celui du nombre suivant.* La somme fait connaître *la partie décimale* du log. demandé ; il ne reste plus qu'à prendre une caract. convenable (**289**). — Pour nouvel Exemple, cherchons le log. de 897 308.

Logarithme de 8973............... 3,9529 377

D = 484 ; j'ajoute 0,08 × 484 =   39

Logarithme demandé............ 5,9529 416

Autres   { Log.   12345 = 4,0914 911

Exemples.   { Log.   620459 = 5,7927 131 .

312. *Trouver le log. d'un nombre fractionnaire :* de $83\frac{5}{7}$, par exemple.

Observons que $83\frac{5}{7} = \frac{586}{7} = 586$ *divisé par* 7 : donc (**293**),   Log. $(83\frac{5}{7})$ = log. 586 — log. 7.

Le calcul du log. d'un nombre décimal ne présente pas plus de difficulté. Soit en effet le nombre 35,79 : la caract. de son log. est **1** (**289**), et la partie décimale est celle du log. de 3579 (**298**).

Donc, pour calculer le log. d'un nombre fractionnaire, il suffit, *après avoir exprimé ce nombre en une seule fraction, d'ôter le log. du dénominateur de celui du numérateur*; et si la fraction est *décimale*, l'opération revient à *prendre le log. du nombre, suppression faite de la virgule.* On trouvera donc que le log. de $83\frac{5}{7}$ est 1,92279 958, et que celui de 35,79 est 1,5 537 617.

313. *Trouver le log. d'une fraction :* de $\frac{5}{7}$ par exemple. — La fraction $\frac{5}{7}$ = 5 *divisé par* 7 : donc (**293**),

Log. $\frac{5}{7}$ = log. 5 — log. 7

= 0,69897 000 — 0,84509 804 = — 0,14 612 804.

Au lieu de rendre le log. entièrement négatif, augmentons celui de 5 d'une unité : la soustraction pourra s'effectuer dans le sens ordinaire, et l'on aura pour reste 0,85 387 196. Mais, par cette addition d'une unité, il est évident que le reste obtenu est trop fort d'une unité :

donc,   Log. $\frac{5}{7}$ = 0,85 387 196 — 1,

ce que l'on écrit ainsi $\overline{1}$,85 387 196,

en plaçant le signe — au-dessus de la caract. pour rappeler qu'elle est seule négative. En opérant de cette manière, on a, pour les fractions, des log. partie positifs, partie négatifs : nous les appellerons log. *mixtes*, et nous en ferons constamment usage dans nos calculs.

Pour trouver le log. de la fraction décimale 0,0456, on transportera la virgule après le premier chiffre significatif, et l'on dira : 0,0456 = 4,56 *divisé par* 100 : donc (**293**),   Log. 0,0456 = log. 4,56 — log. 100

$$= 0,65\,896\,484 — 2 = \overline{2},65\,896\,484.$$

On trouvera de même que les log. des quantités

0,456. . . . . 0,00 456. . . . . . 0,000 456,

sont $\overline{1}$,65 896 484. . . $\overline{3}$,65 896 484. . . $\overline{4}$,65 896 484.

Concluons de tout ce que nous venons de dire, que pour trouver le log. d'une fraction à deux termes, on peut *ôter le log. du dénominateur de celui du numérateur, en augmentant celui-ci d'autant d'unités qu'il est* NÉCESSAIRE *pour que la soustraction soit possible ; puis, donner au reste pour caract. surmontée du signe —, le nombre d'unités dont on a augmenté le log. du numérateur.* — Si la fraction est décimale, l'opération revient à *prendre le log. de la quantité, suppression faite de la virgule, et à lui donner pour caract. surmontée du signe —, autant d'unités* PLUS UNE *qu'il y a de zéros entre la virgule et le premier chiffre significatif.*

LEÇON V. — **Trouver le Nombre correspondant à un Logarithme quelconque donné.**

314. Nous ne distinguerons que deux cas dans le problème actuel : le log. donné est *positif*, ou il est *mixte*.

315. *Trouver le N. C. à un log.* POSITIF *quelconque* L : au log. 2,3 456 789, par exemple (*).

(*) Pour abréger, nous désignons par L le logarithme donné, et par N, ou *N. C.* le nombre correspondant.

Nous savons (**290**) que N a ici *trois* chiffres dans sa partie entière. Or (**299**), tous les log: dont la partie décimale est 3 456 789 appartiennent à des nombres composés des mêmes chiffres : donc il suffit de chercher dans les Tables la partie décimale de L ; mais, comme elle peut ne s'y pas trouver exactement, il faut la chercher parmi les log. des nombres de *quatre* chiffres (**308**), afin de pouvoir calculer la différence des nombres proportionnelle à celle des log. — Je trouve que 3 456 789 est compris entre 3 455 698 et 3 457 657 qui répondent à 2216 et 2217 : donc, les quatre premiers chiffres de N donnent 2216.

Pour trouver les autres chiffres, je remarque que la différence des deux log. tabulaires est 1959, et qu'entre L et le premier de ces deux log. elle est de 1091 ; et je dis :

$$\text{La différence } 1959 \text{ donne} \qquad 1 \text{ unité ;}$$
$$\text{Une différence de } 1 \text{ donnerait} \quad \tfrac{1}{1959}\,;$$
$$\text{Donc, la différence } 1091 \text{ donne} \quad \tfrac{1091}{1959}.$$

Par conséquent, $N = 221{,}6\,\tfrac{1091}{1959} = 221{,}6557.$

Ainsi, pour trouver au moyen des Tables le *N. C.* à un log. positif quelconque L, *on cherche la partie décimale de* L *parmi les log. des nombres de* QUATRE *chiffres ; on en retranche le plus petit des deux log. entre lesquels elle est comprise ; on donne au reste pour dénominateur la différence tabulaire correspondante, et l'on a une fraction que l'on joint au N. C. au plus petit log. :* enfin, *réduisant cette fraction en décimales, et plaçant la virgule d'après la caract. de L* (**290**) *on a le nombre demandé.* — Inutile de calculer dans N plus de chiffres qu'il n'y a de décimales dans L (**309**). Il est d'ailleurs évident que si la partie décimale de L se trouve exactement dans la Table, il n'y a qu'à prendre le *N. C.*, et à placer convenablement la virgule. — *Exemples.*

$$\text{Si L} = 0{,}4\,567\,891, \text{ on a N} = 2{,}862\,788$$
$$\text{L} = 8{,}4\,455\,222,\ldots\ldots\text{N} = 278\,947\,300.$$

316. *Trouver la fraction décimale correspondante à un log.* MIXTE : au log. $\overline{2}{,}3\,456\,789$, par exemple.

On sait (**313**) que $\overline{2}{,}3\,456\,789 = 0{,}3\,456\,789 - 2:$

donc (**293**), la quantité demandée est le quotient qu'on obtient en divisant le nombre qui répond à 0,3 456 789 par celui dont le log. est 2. Or (**315**), le *N. C.* à 0,3 456 789, c'est 2,216 557, et 100 est le nombre dont le log. est 2 : donc,

fraction décimale demandée $= \frac{2,216557}{100} = 0,02\,216\,557$.

Ainsi, pour trouver la fraction décimale correspondante à un log. mixte, *il suffit de chercher le N. C. à la partie décimale* (**315**); *et, dans le nombre trouvé, de transporter la virgule sur la gauche d'autant de places que la caract. négative contient d'unités.* — Exemples :

$$\text{Si } L = \overline{1},9\,992\,223, \text{ on a } N = 0,9\,982\,108$$
$$L = \overline{2},6\,793\,006,\ldots\ldots N = 0,04\,778\,589$$

Remarque. Il pourrait arriver qu'on eût besoin de trouver la fraction correspondante à un log. entièrement négatif (le calcul de 25^{-3} y conduirait) : on commencerait par lui donner la forme *mixte*, en y ajoutant algébriquement autant d'unités *plus une* qu'il contient d'unités entières; puis on opèrerait comme il vient d'être dit. — Si l'on veut, par exemple, la fraction décimale dont le log. est — 1,6 543 211, on dira :

$$-1,6\,543\,211 = 2 - 1,6\,543\,211 - 2.$$
$$= 0,3\,456\,789 - 2 = \overline{2},3\,456\,789,$$

d'où la quantité demandée $= 0,02\,216\,557$.

Leçon VI. — Compléments arithmétiques.

317. Les opérations dans lesquelles on fait usage des log. exigent souvent que l'on fasse d'abord deux additions, et ensuite une soustraction. Pour trouver, par exemple, la valeur de $\frac{879}{374} \times \frac{7335}{8731}$, ou $\frac{879 \times 7335}{374 \times 8731}$, il faudrait (**292, 293**), de la somme *log.* 879 $+$ *log.* 7335, ôter la somme *log.* 374 $+$ *log.* 8731. Or, pour faciliter la disposition du calcul, on a cherché à effectuer ces additions et cette soustraction au moyen d'une seule addition : c'est à quoi l'on est parvenu au moyen des *Compléments* *arithmétiques* des log., qu'on appelle quelquefois, pour abréger, *Compléments logarithmes,* ou plus simplement encore *Co-logarithmes.*

318. *Le Complément arithmétique* d'un nombre est la différence de ce nombre à l'unité suivie au moins d'autant de zéros que ce nombre a de chiffres dans sa partie entière. Ainsi, le compl. arith. de 624 est 376, si on le prend à 1000 ; il est de 9376, si on le prend à 10 000 ;...

319. Pour trouver le compl. arith. d'un nombre, on verra aisément qu'il suffit d'ôter de 9 chacun de ses chiffres, excepté le premier chiffre significatif à droite, qu'il faut retrancher de 10. En opérant ainsi, on voit presque d'un coup d'œil que les compl. arith. des nombres

$$1230\ldots 42,789\ldots 2,4578\ldots 0,030\,468,$$

sont $\quad 8770\ldots 57,211\ldots 7,5422\ldots 9,969\,532.$

320. Le compl. arith. d'un log. se prend généralement à 10 ; par conséquent **(64)**, si le log. est *mixte*, le compl. aura une caract. égale à 9 $+$ la caract. du log. prise positivement. — *Exemples.*

Logarithmes. $1,2034\,506\ldots \overline{1},5\,678\,040\ldots \overline{2},9\,900\,227$

Compl. arith. $8,7\,965\,494\ldots 10,4\,321\,960\ldots 11,0\,099\,773$

321. L'usage des compl. arith. est de substituer l'addition à la soustraction. — Pour faire la soustraction des log. on peut *prendre les compl. arith. de chacun des log. soustractifs* **(320)** ; *faire une somme de ces compl. et des log. additifs* ; puis *ôter de la somme autant de* DIZAINES *qu'on a pris de compléments* : on a ainsi la différence cherchée. — En effet, soit L un log. dont on veut ôter un autre log. L' :

La différence à trouver est $\qquad L - L',$

ou, ce qui est la même chose, $\quad L + 10 - L' - 10,$

ou encore, $\qquad L + (10 - L') - 10.$

Mais **(320)**, $10 - L'$ est le compl. arith. du log. L' : donc, la différence cherchée est

$$L + \text{*complément arithmétique* de } L' - 10.$$

Pour application, calculons $\qquad x = \frac{879}{374} \times \frac{7335}{8731}.$

7

$$
\begin{array}{lrl}
\text{Logarithme de} & 879 & = 2,9\,439\,889 \\
\text{Logarithme de} & 7335 & = 3,8\,654\,001 \\
\text{Compl. ar. log. de} & 374 & = 7,4\,271\,284 \\
\text{Compl. ar. log. de} & 8731 & = 6,0\,589\,360 \\
\end{array}
$$

$$
\begin{array}{lcl}
\text{Somme} - 2\,diz.,\ \text{ou log.}\ x & = & \overline{0,2\,954\,534} \\
\text{Produit cherché,} & x & = 1,974\,483\ \mathbf{(315)}.
\end{array}
$$

Remarque. Les compl. arith. ne sont point d'un usage *nécessaire :* il est utile de les employer, lorsqu'on a plusieurs log. qu'on doit ajouter ensemble, et que de la somme on doit en retrancher un ou plusieurs autres; mais si l'on n'a qu'un log. à ôter d'un autre, il serait désavantageux de faire usage des compléments.

Leçon VII. — Règle générale pour l'emploi des Logarithmes. — Applications.

322. Log. POSITIFS. — *Multiplication.* — Prendre le log. de chacun des facteurs **(311)**, et en faire la somme **(292)** : le total étant le log. du produit, on cherche le N. C. **(315)**, et on a le produit demandé.

Division. — Oter le log. du diviseur de celui du dividende **(293)** : le reste étant le log. du quotient, on cherche le N. C. **(315** ou **316)**, et on a le résultat demandé.

Puissances. — Multiplier le log. du nombre donné par le degré de la puissance **(294)** : le produit étant le log. de la puissance, on cherche le N. C., et on a la puissance demandée.

Racines. — Diviser le log. du nombre donné par le degré de la racine **(295)** : le quotient étant le log. de la racine, on cherche le N. C., on a le résultat demandé.

Équations exponentielles. — Voir les N°ˢ 297 et 296.

323. Log. MIXTES. — *Multiplication* et *Division.* — Suivre ce que nous venons d'en dire **(322)**, avec l'attention d'ajouter, et de retrancher *algébriquement.*

Puissances. — Multiplier séparément par le degré de la puissance la caract. et la partie décimale : alors, si le degré est positif, faire la réduction pour la partie entière seulement, et l'on a un log. mixte ; s'il est négatif, faire la réduction totale, et l'on arrive à un log. positif. Ce log. mixte ou positif, étant celui du résultat, il ne reste plus qu'à trouver le N. C. — *Soit proposé de calculer* $0,25^4$ *et* $0,25^{-4}$.

On a (**313**) Log. $0,25 = \overline{1},39794001 = 0,39794001 — 1$;

Produit par 4....... $1,59176004 — 4 = \overline{3},59176004$;

Produit par $— 4$... $— 1,59176004 + 4 = 2,40823996$:

donc $\qquad 0,25^4 = 0,00390625$; $\quad 0,25^{-4} = 256$.

Racines. — Pour extraire la racine m d'une fraction dont le log. est L, il faut ajouter à L autant de fois m unités positives qu'il est nécessaire pour que L devienne entièrement positif : divisant alors le log. par m, et prenant pour caract. négative l'indice du multiple de m ajouté à L, on a le log. du résultat. — *Soit proposé d'extraire la racine carrée de* N $= 0,0\,000\,390\,625$.

On a (**313**) $\qquad$ Log. N $= \overline{5},5917600$

ou bien $\qquad 6+\overline{5},5917600 —6 = 1,5917600 — 6$;

donc, (**295, 78**) $\quad$ Log. $\sqrt{\text{N}} = \frac{1}{2}\,(1,5917600 — 6)$;

ce qui donne $\qquad 0,7958800 — 3 = \overline{3},7958800$.

Donc (**316**) $\qquad\qquad \sqrt{\text{N}} = 0,00625$.

Ici donc, où $m = 2$, nous avons dû ajouter 3 fois 2, à cause de L dont la caract. est $— 5$, ce qui nous a conduit à la caract. $\overline{3}$. Pour une racine cubique ou 4e du même nombre N, il suffirait d'ajouter 2 fois 3, ou 2 fois 4 ; pour une racine 5e on ajouterait seulement *une* fois 5 ; etc.

Équation exponentielle. — Dans ce dernier cas, il sera plus commode de rendre le log. entièrement négatif (**313**). — *Soit proposé de résoudre l'équation* $(0,25)^x = 0,00390625$.

On a (**296**) $x = \dfrac{\text{log. } 0,00390625}{\text{log. } 0,25} = \dfrac{— 2,4082400}{— 0,6020600} = 4$.

324. *Si le degré d'exactitude n'est pas décimal, il suffit,* *après avoir trouvé le log. du résultat, d'y ajouter celui du dénominateur, et, ayant cherché à moins d'une unité près le N. C. à la somme, de lui donner le dénominateur proposé.* — En effet, soient n le dénominateur et R le résultat : en ajoutant log. n à log. R, on a **(292)** log. (R.n) ; le N. C. à la somme étant R.n, il faut le diviser par n, pour obtenir R. Si donc R.n n'est pas fautif d'une unité, le quotient ne sera pas fautif d'un $n^{\text{ième}}$ d'unité.

Exemples de Calculs logarithmiques.

I. *Evaluer* $8297,48 \times 0,98735 \times 0,0099988$.

     Log. de 8297,48.... 3,9189462   **(312)**

     Log. de 0,98735.... $\overline{1}$,9944711   **(313)**

     Log. de 0,0099988.. $\overline{3}$,9999479

     Log. du produit.... 1,9133652   **(292)**

Donc, **(315)**, Produit demandé   81,91534.

II. *Diviser 198 par 0,8432 au moyen des log.*

     Log. de 198...... 2,2966652

     Log. de 0,8432... $\overline{1}$,9259306

     Log. du quotient.. 2,3707346   **(293)**

Donc,   Quotient demandé.... 234,8192.

III. *Evaluer, au moyen des logarithmes et des compléments arithmétiques,* $89737 \times \frac{13}{19} \times \frac{12345}{99873} \times \frac{40403}{89711}$.

     Log. de 89737.. 4,9529715

     Log. de 13..... 1,1139434

     Log. de 12345.. 4,0914911

     Log. de 40403.. 4,6064136

   Compl. log. 19..... 8,7212464   **(320)**

   Compl. log. 99873.. 5,0005519

   Compl. log. 89711.. 5,0471543

     Log. du produit.. 3,5337722   **(321)**

Donc,   Produit demandé.... 3418,004.

IV. *Calculer la* VINGTIÈME *puissance de* 1,05.

     Log. de 1,05...... 0,02118930

     Produit par 20..... 0,4237860   **(294)**

     Puissance demandée. 2,653298

V. *Calculer la* DIXIÈME *puissance de* 0,4682.

$$\begin{aligned}
&\text{Log. de } 0,4682\ldots\ldots\ \ \overline{1},6\,704\,314\\
&\text{Produit par } 10\ldots\ldots\ \ \overline{4},7\,043\,140 \quad \textbf{(323)}\\
&\text{Puissance demandée. } 0,000\,506\,191
\end{aligned}$$

VI. *Calculer la racine* 31ᵉ *de* 987 654 321.

$$\begin{aligned}
&\text{Log. de } 987\,654\,321\ldots\ 8,9\,946\,050\\
&\text{Quotient par } 31\ldots\ldots\ 0,29\,014\,855 \quad \textbf{(295)}\\
&\text{Racine demandée}\ldots\ldots\ 1,950\,512
\end{aligned}$$

VII. *Calculer la racine* 29ᵉ *de* 0,0 123 456 789.

$$\begin{aligned}
&\text{Log. de } 0,0\,123\,456\,789\ldots\ \overline{2},0915\,150\\
&\text{Ajoutant } une \text{ fois } 29, \text{ on a. } 27,0\,915\,150 \quad \textbf{(323)},\\
&\text{Log. de la racine}\ldots\ldots\ \overline{1},93\,419\,047\\
&\text{Racine demandée}\ldots\ldots\ 0,8\,593\,898
\end{aligned}$$

VIII. *Résoudre l'équation* $\qquad 2^x = 4096$.

$$x = \frac{\text{Log. } 4096}{\text{Log. } 2} = \frac{3,6\,123\,600}{0,3\,010\,300} = 12 \quad \textbf{(296)}.$$

IX. *Résoudre l'équation* $\quad 0,4682^x = 0,000\,506\,191$.

$$\begin{aligned}
&\text{Log. de } 0,4682\ldots\ldots\ -0,3\,295\,686 \quad \textbf{(313)}\\
&\text{Log. de } 0,000\,506\,191\ldots\ -3,2\,956\,857\\
&\text{Donc } \textbf{(323)} \qquad x = \frac{-3\cdot2\,956\,857}{-0\cdot3\,295\,686} = 10.
\end{aligned}$$

X. *Résoudre l'équation* $\quad \sqrt[x]{2,653\,298} = 1,05$,
c'est-à-dire **(11)**, $\qquad 2,653\,298 = 1,05^x$.

$$x = \frac{\text{Log. } 2,653\,298}{\text{Log. } 1,05} = \frac{0,4\,237\,860}{0,0\,211\,893} = 20.$$

XI. *Résoudre l'inégalité* $\qquad 1,01^x > 124$.

On aura **(294)** $\qquad x \log. 1,01 > \log. 124 \,;$

par conséquent **(132)**, $\qquad x > \dfrac{\text{Log. } 124}{\text{Log. } 1,01}\,,$

ce qui donne $\qquad x > \dfrac{2\cdot09\,342\,169}{0\cdot00\,432\,137}, \text{ ou } > 484,4\ldots$

La moindre valeur *entière* de x est donc 485,
et l'on aura $\qquad 1,01^{485} > 124$.

XII. *Résoudre l'inégalité* $\quad \sqrt[x]{0,01} > 0,99.$
c'est-à-dire **(11)**, $\qquad 0,01 > 0,99^x, \text{ ou } 0,99^x < 0,01$.

On aura donc $\qquad x \log. 0,99 < \log. 0,01 \,;$

c'est-à-dire (**313**) $x \times -0,00\,436\,481 < -2,00\,000\,000$.

ou bien (**130**) $x \times 0,00\,436\,481 > 2,00\,000\,000$,

ce qui donne $x > \frac{200\,000\,000}{436\,481}$ ou $> 458,2\ldots$

La moindre valeur *entière* de x est donc 459.

XIII. *Trouver le* 15ᵉ *terme de* $\div 8 : 8 \times 1,05 : \ldots\ldots$

Quinzième terme (**271**).... $8 \times 1,05^{14}$.

       Log. de 1,05........ 0,02 118 930

       Produit par 14...... 0,29 665 020   (A)

       Log. de 8.......... 0,90 308 999

       (A) $+$ log. de 8..... $\overline{1,19\,974\,019}$

         Terme demandé... 15,83 945

XIV. *Insérer, à moins d'un* 1000ᵉ, SIX *moyens proportionnels entre* 2 *et* 9.

Soit r la raison; on a ici (**274**) $r = \sqrt[7]{\frac{9}{2}} = \sqrt[7]{4,5}$, quantité incommensurable (**157**) : j'opère donc comme nous l'avons indiqué (**275**) ; et pour cela, j'ajoute log. r à log. 2, j'ai log. 1ᵉʳ moyen ; ajoutant log. r à log. 1ᵉʳ moyen, j'ai log. 2ᵉ moyen ; log. 2ᵉ moyen $+$ log. r donne log. 3ᵉ moyen ; etc.

     Log. 2........ 0,30 103 000   Moyens

     Log. $\sqrt[7]{4,5}$... 0,093 316 073..

     Log. 1ᵉʳ moy.. 0,394 346 073.. 1ᵉʳ.. 2,479

     Log. 2ᵉ moy.. 0,487 662 146.. 2ᵉ... 3,073

     Log. 3ᵉ moy.. 0,580 978 219.. 3ᵉ... 3,810

     Log. 4ᵉ moy.. 0,674 294 292.. 4ᵉ... 4,723

     Log. 5ᵉ moy.. 0,767 610 365.. 5ᵉ... 5,856

     Log. 6ᵉ moy.. 0,860 926 438.. 6ᵉ... 7,259

     Log. de 9.... 0,954 242 511

Au log. du 6ᵉ moyen, j'ai ajouté log. r, et j'ai eu log. 9, d'où j'ai conclu que les additions précédentes avaient été bien faites.

XV. *Trouver la somme des* ONZE *premiers termes de*

   $\div 7 : 7 \times 1,12 : 7 \times 1,12^2 : 7 \times 1,12^3 : \ldots$

On a (**278**) somme $= \dfrac{7 \times 1,12^{11} - 7}{1,12 - 1} = \dfrac{7 \times 1,12^{11} - 7}{0,12}$.

       Log. de 1,12........ 0,04 921 802

       Produit par 11...... 0,54 139 822   (B)

       (B) $+$ Log. 7........ 0,84 509 804

       Log. de $(7 \times 1,12^{11})$.. $\overline{1,38\,649\,626}$

Ainsi, $\quad 7 \times 1{,}12^{11} - 7 = 24{,}34985 - 7 = 17{,}34985$:
donc, somme demandée $= \frac{17{,}34985}{0{,}12} = 144{,}582$

XVI. *Trouver* LE NOMBRE *des termes d'une progression par quotient, dans laquelle le premier terme est 7, la raison 2, et la somme des termes 7161.*

Soit n le nombre de termes : nous aurons (**278**)

$$\frac{7 \times (2^n - 1)}{2 - 1} = 7161,$$

d'où l'on tire $\qquad 2^n = 1024,$

puis (**295**), $\quad n = \dfrac{\text{Log. }1024}{\text{Log. }2} = \dfrac{3{,}0103000}{0{,}3010300} = 10.$

XVII. *Trouver* LE NOMBRE *des termes d'une progression par quotient, dans laquelle les extrêmes sont 3 et 1572 864, et la somme des termes 3 145 725.*

Calculons la raison, et le problème actuel reviendra au précédent. Or, (**277**), en nommant a le premier terme de la progression, u le dernier, r la raison, n le nombre des termes, et S leur somme, on a

$$S = \frac{ur - a}{r - 1}, \quad \text{d'où } r = \frac{S - a}{S - u} :$$

donc, ici où $a = 3$, $u = 1572864$, et $S = 3\,145\,725$, on a

$$r = \frac{3\,145\,725 - 3}{3\,145\,725 - 1\,572\,864} = \frac{3\,145\,722}{1\,572\,861} = 2.$$

Donc, (**278**), $\qquad \dfrac{3 \times (2^n - 1)}{2 - 1} = 3\,145\,725,$

d'où l'on tire $\qquad 2^n = 1\,048\,576.$

puis (**296**), $\quad n = \dfrac{\text{Log. }1\,048\,576}{\text{Log. }2} = \dfrac{6{,}0205999}{0{,}3010300} = 20.$

XVIII. *Trouver* LE NOMBRE *des termes d'une progression par quotient, dans laquelle le dernier terme est 531 441, la raison 3, et la somme des termes 797 040.*

Calculons le premier terme : nous pourrons ensuite trouver n, comme ci-dessus (XVI et XVII).

Or (**277**), $S = \dfrac{ur - a}{r - 1}$, d'où $a = ur - (r - 1)\,S$:

donc, ici où $r = 3$, $u = 531\,441$, et $S = 797\,040$, on a

$$a = 531\,441 \times 3 - 797\,040 \times 2 = 243.$$

Donc (**278**), $\dfrac{243 \times (3^n - 1)}{3 - 1} = 797\,040$, d'où $3^n = 6561$;

par suite (**296**), $n = \dfrac{\text{Log. } 6561}{\text{Log. } 3} = \dfrac{3,8169700}{0,47742125} = 8.$

XIX. « *On demande quel doit être l'accroissement annuel de la population, pour que le nombre des individus devienne double au bout de chaque siècle.*

Soit $\dfrac{1}{x}$ la partie dont la population n augmente chaque année. Au bout d'un an, elle sera $n + \dfrac{n}{x} = n\left(1 + \dfrac{1}{x}\right)$

$= nz$, en faisant $1 + \dfrac{1}{x} = z$;

après 2 ans, elle sera $\quad nz \times z = nz^2$;
après 3 ans, $\quad\quad\quad\quad nz^2 \times z = nz^3$; . . . . .
après un siècle, $\quad\quad\quad nz^{100}$:
donc, on aura $\quad\quad nz^{100} = 2n$, ou $z^{100} = 2$;

donc (**11**), $\quad z$, ou $1 + \dfrac{1}{x}$, $= \sqrt[100]{2} = 1,006955\ldots$,

d'où l'on tire $\quad x = \dfrac{1\,000\,000}{6955} = 144$, environ.

» Il suffit donc que le nombre des individus augmente » chaque année de sa *cent quarante-quatrième* partie, ce » qui montre combien sont ridicules les objections de » quelques incrédules qui nient que, dans si peu de » temps, toute la Terre ait pu être peuplée par les des- » cendants d'un seul homme. » (EULER, *Introd. in analysin, lib. I, C. VI, N° 110, Ex. IV*).

Si depuis le Déluge universel (2348 ans avant J.-C.), la population était devenue double à la fin de chaque siècle, comme il y avait alors *huit* personnes et qu'il y a 42 siècles depuis cette catastrophe, la population actuelle du Globe s'élèverait à 8.2^{42}, ou à plus de 35 180 000 000 000, c'est-à-dire à plus de 35 000 fois sa population réelle qui est tout au plus de 1 000 000 000 d'habitants. Il s'ensuivrait qu'en France, où il y a en moyenne 6746 individus par myriamètre carré (Annuaire de 1857), il y en aurait plus de 236 millions sur 100 millions de mètres carrés : ainsi, le terrain étant également partagé, il ne reviendrait pas un demi-mètre carré à chaque individu.

Leçon VIII. — Construction des Tables de Logarithmes.

325. Nous savons (**287**), que les log. des nombres
1, 10, 100, 1000, 10000,... sont respectivement 0, 1, 2,
3, 4,... Mais comment peut-on déterminer ceux des
autres nombres 2, 3, 4,... 11, 12, 13,... 101, 102,
103,...? — C'est ce que nous nous proposons d'expli-
quer.

Concevons qu'entre 1, et 10, on insère un très-grand
nombre de moyens proportionnels; le même nombre
entre 10 et 100, entre 100 et 1000,.... : toutes les prog.
partielles ainsi formées, constitueront une seule progr.
par quot. (**276**). — Concevons pareillement qu'entre 0
et 1, entre 1 et 2, entre 2 et 3,... on insère le même
nombre de moyens différentiels : toutes les progr. partielles ainsi formées, constitueront une seule progression par diff. (**265**). — Ecrivons ensuite la progr. par
diff. au-dessous de la progr. par quot. : les termes de la
seconde auront pour log. les termes correspondants de
la première (**286**). Or, plus le nombre des moyens proportionnels insérés sera considérable, moins la raison
différera de l'unité ; moins, par conséquent, ces moyens
différeront les uns des autres. Et, comme on peut rendre
le nombre des moyens aussi grand que l'on veut (**285**),
on pourra rendre la raison aussi voisine de l'unité qu'on
le voudra ; par suite, la différence entre un terme quelconque et le suivant sera aussi petite qu'on le voudra. —
Les moyens ainsi insérés, différant très-peu les uns des
autres, croissant par degrés très-serrés, il s'ensuivra
que les nombres 2, 3, 4,... 11, 12, 13.... 101, 102, 103,...
sans jamais se trouver exactement parmi ces moyens
qui sont tous incommensurables, en différeront du moins
aussi peu qu'on le voudra. On pourra donc prendre pour
log. des nombres 2, 3, 4,... ceux des moyens proportionnels qui en approcheront davantage, et l'erreur que
l'on commettra sera d'autant plus petite que le nombre
des moyens insérés sera plus considérable.

— Soit m le nombre des moyens insérés. Si ι (iôta) est la très-petite quantité dont la raison de la progr. par quot. surpasse l'unité, et que α soit la raison de la progr. par diff., les deux progr. deviennent

$$\div 1 : 1 + \iota : (1+\iota)^2 : (1+\iota)^3 : \ldots : (1+\iota)^m : 10 : \ldots$$
$$\div 0 . \quad \alpha \quad . \quad 2\alpha \quad . \quad 3\alpha \quad \ldots \quad m\alpha \quad . \quad 1 \ldots$$

Mais qu'on prolonge les deux progr. vers la gauche, en divisant successivement par $1 + \iota$ dans la première, et ôtant successivement α dans la seconde, et l'on aura

$$\div \ldots \frac{1}{10} : \frac{1}{(1+\iota)^m} : \ldots : \frac{1}{(1+\iota)^3} : \frac{1}{(1+\iota)^2} : \frac{1}{1+\iota} : 1 : 1 + \iota : \ldots$$
$$\div \ldots -1 . -m\alpha \ldots -3\alpha . -2\alpha . -\alpha . 0 . \alpha \ldots$$

Il faut tirer de là cette conséquence : *Tout nombre a un log.*, qui est *positif*, si le nombre surpasse l'unité, et *négatif*, dans le cas contraire.

326. Il suffit de calculer directement les log. des nombres premiers; ceux des autres nombres s'obtiennent ensuite par l'addition des log. de leurs facteurs premiers (**292**). — Quant à l'*usage* des Tables, *voir* ce que nous en avons dit, N^{os} **311** et suivants.

327. Il existe pour la construction des Tables de Log., des moyens beaucoup plus expéditifs que celui que nous venons d'exposer (**325**), lequel serait impraticable par sa longueur; mais notre objet actuel est de montrer seulement la *possibilité* du calcul des Logarithmes.

328. Au reste, si l'on veut se borner à calculer le log. d'un nombre déterminé, on peut y parvenir en opérant comme il suit :

Calculer le logarithme de 3 avec six *décimales.*

Nous dirons : Le nombre 3 est compris entre 1 et 10; donc son log. est compris entre 0 et 1. Insérons un moyen prop. A entre 1 et 10, et un moyen diff. a entre 0 et 1.

Or (**239**) $A = \sqrt{10.1} = 3{,}162277..$ et $a = \frac{1}{2}(1+0) = 0{,}5$; en sorte que l'on a

$$\div 1 : 3{,}162277 : 10$$
$$\div 0 : \quad 0{,}5 \quad : 1$$
et

3 est compris entre 1 et A, et son log. entre 0 et a. Insérons un moyen prop. B entre 1 et A, puis un moyen diff. b entre 0 et a.

$$B = \sqrt{A.1} = 1{,}778279... \quad b = \tfrac{1}{2}(a+0) = 0{,}25;$$

ainsi l'on a $\quad \div 1 : 1{,}778\,279 : 3{,}162\,277$

et $\quad\quad \div 0 . \quad 0{,}25 \quad . \quad 0{,}5$

3 est compris entre A et B; donc son log. est entre a et b. Insérons un moyen prop. C entre A et B, puis un moyen diff. c entre a et b.

$$C = \sqrt{A.B} = 2{,}371\,373... \quad c = \tfrac{1}{2}(a+b) = 0{,}375.$$

On continuera ainsi, jusqu'à ce que l'on trouve deux moyens prop., l'un plus grand et l'autre plus petit que 3, tels que les deux moyens diff. correspondants diffèrent de moins d'*un millionième* . si l'on prend alors la partie commune aux deux moyens diff., on aura le log. de 3, à moins d'une unité décimale du dernier ordre conservé. — Voici le tableau des calculs à effectuer pour obtenir le log. de 3 avec *six* décimales.

Moyens proportionnels.   Moyens différentiels.

$$A = \sqrt{10.1} = 3{,}162\,277.. \quad a = \tfrac{1}{2}(1+0) = 0{,}5.$$
$$B = \sqrt{A.1} = 1{,}778\,279.. \quad b = \tfrac{1}{2}(a+0) = 0{,}25.$$
$$C = \sqrt{A.B} = 2{,}371\,373.. \quad c = \tfrac{1}{2}(a+b) = 0{,}375.$$
$$D = \sqrt{A.C} = 2{,}738\,419.. \quad d = \tfrac{1}{2}(a+c) = 0{,}4375.$$
$$E = \sqrt{A.D} = 2{,}942\,726.. \quad e = \tfrac{1}{2}(a+d) = 0{,}46\,875.$$
$$F = \sqrt{A.E} = 3{,}050\,527.. \quad f = \tfrac{1}{2}(a+e) = 0{,}484\,375.$$
$$G = \sqrt{E.F} = 2{,}996\,142.. \quad g = \tfrac{1}{2}(e+f) = 0{,}4\,765\,625.$$
$$H = \sqrt{F.G} = 3{,}023\,212.. \quad h = \tfrac{1}{2}(f+g) = 0{,}4\,804\,687.$$
$$I = \sqrt{G.H} = 3{,}009\,646.. \quad i = \tfrac{1}{2}(g+h) = 0{,}4\,785\,156.$$
$$K = \sqrt{G.I} = 3{,}002\,887.. \quad k = \tfrac{1}{2}(g+i) = 0{,}4\,775\,391.$$
$$L = \sqrt{G.K} = 2{,}999\,512.. \quad l = \tfrac{1}{2}(g+k) = 0{,}4\,770\,508.$$
$$M = \sqrt{K.L} = 3{,}001\,200.. \quad m = \tfrac{1}{2}(k+l) = 0{,}4\,772\,949.$$

Moyens proportionnels.   Moyens différentiels.

$N = \sqrt{L.M} = 3,000\,356.. \quad n = \frac{1}{2}(l+m) = 0,4\,771\,728.$

$O = \sqrt{L.N} = 2,999\,935.. \quad o = \frac{1}{2}(l+n) = 0,4\,771\,118.$

$P = \sqrt{N.O} = 3,000\,145.. \quad p = \frac{1}{2}(n+o) = 0,4\,771\,423.$

$R = \sqrt{O.P} = 3,000\,040.. \quad r = \frac{1}{2}(o+p) = 0,4\,771\,271.$

$S = \sqrt{O.R} = 2,999\,987.. \quad s = \frac{1}{2}(o+r) = 0,4\,771\,194.$

$T = \sqrt{R.S} = 3,000\,013.. \quad t = \frac{1}{2}(r+s) = 0,4\,771\,232.$

$U = \sqrt{S.T} = 3,000\,000.. \quad u = \frac{1}{2}(s+t) = 0,4\,771\,243.$

De là je conclus enfin que le log. de 3 est 0,477121.

CHAPITRE XIII. — INTÉRÊTS COMPOSÉS.

LEÇON Iʳᵉ. — Intérêts composés ordinaires. — Placements périodiques à intérêts composés.

329. L'intérêt est *composé*, lorsque le prêteur au lieu de retirer à la fin de chaque année le bénéfice du capital qu'il a placé, le laisse à l'emprunteur, à condition que celui-ci en paye l'intérêt comme pour le capital.

330. *Soit* a *un capital placé : trouver la valeur de* a *après un mois,... un an,... lorsqu'on y joint son intérêt.*

Soit i l'intérêt d'un franc pour un mois, un an,... l'intérêt de a dans le même temps sera ai : donc

Résultat demandé $\quad a + ai = a(1 + i),$

ce qui montre que pour trouver quelle est après une unité de temps quelconque, la valeur d'un capital placé, il suffit d'*ajouter* 1^f *à l'intérêt d'un franc* pour cette unité de temps, et de *multiplier la somme par le capital.*

331. I. *Soit* a *un capital placé à* t *pour cent par an : trouver la valeur de* a *au bout de* n *années, en ayant égard aux intérêts des intérêts.*

Puisque 100^f donnent un intérêt t,

1^f donne 100 fois moins, ou $\dfrac{t}{100} = i$:

donc (**330**), après un an, a vaut $a(1 + i) = a'$.

Or, a' vaut lui-même après 1 an $a'(1 + i)$,

c'est-à-dire, $a(1 + i)(1 + i) = a(1 + i)^2$:

donc, a vaut après 2 ans $a(1 + i)^2 = a''$.

De même, a'' vaut après 1 an $a''(1 + i)$,

c'est-à-dire, $a(1 + i)^2 (1 + i) = a(1 + i)^3$:

donc, a vaut après 3 ans $a(1 + i)^3$.

On trouvera de même que a vaut $a(1 + i)^4$ après 4 ans, $a(1 + i)^5$ après 5 ans,... : donc, après n années, le capital placé vaut $a(1 + i)^n$, de sorte qu'en nommant A la valeur demandée, on a

$$A = a(1 + i)^n \quad [1].$$

II. En raisonnant absolument de la même manière, on trouve que si l'intérêt *mensuel* d'un franc est i', la valeur de a, après m mois est $a(1 + i')^m$.

III. *Mais l'intérêt* ANNUEL *d'un franc étant* i, *quelle sera la valeur de* a *après* m *mois?*

Soit i' l'intérêt *mensuel* d'un franc : la valeur de a après un an, ou 12 mois, sera $a(1 + i')^{12}$ (II) ; mais (**330**), elle est aussi $a(1 + i)$; donc

$$a(1 + i')^{12} = a(1 + i), \quad \text{d'où} \quad (1 + i')^{12} = 1 + i :$$

donc (**11**) $\quad 1 + i' = \sqrt[12]{1 + i} = (1 + i)^{\frac{1}{12}}$ (**202**) ;

donc (**330**), a vaut après 1 mois $a(1 + i)^{\frac{1}{12}}$,

et (II) après m mois, $\quad a\left\{(1 + i)^{\frac{1}{12}}\right\}^m = a(1 + i)^{\frac{m}{12}}$.

IV. On trouverait de même qu'après un nombre k de jours, comme un jour est $\frac{1}{365}$ d'année, la valeur de a est $a(1 + i)^{\frac{k}{365}}$.

Concluons de tout ce qui précède que la formule [1] est exacte, que n soit entier (**1**), ou qu'il soit fractionnaire (III, IV). Elle nous montre que *pour trouver qu'elle est après un temps déterminé la valeur d'un capital placé à intérêt composé, on peut calculer l'intérêt* ANNUEL *d'un* *franc, et y ajouter* 1^f ; *puis, ayant élevé la somme à la puissance marquée par le temps exprimé* EN ANNÉES, *multiplier le résultat par le capital placé.* — En employant les log. qui abrégent considérablement ces calculs, on a (**292** et suiv.).

$$\text{Log. } A = \log. a + n \log. (1 + i).$$

La même formule [1] nous donne

$$1°\ a = \frac{A}{(1+i)^n}, \text{ d'où } \log. a = \log. A - n \log. (1+i) \quad [2];$$

$$2°\ 1+i = \sqrt[n]{\frac{A}{a}}, \text{ d'où } \log. (1+i) = \frac{\text{Log. } A - \log. a}{n} \quad [3];$$

$$3°\ \dots\dots\dots\dots\dots n = \frac{\text{Log. } A - \log. a}{\log. (1+i)} \quad [4].$$

EXEMPLE I. *Quelle est, après* 10 *ans, la valeur de* $10\,000^f$ *placés à* 5 *pour* 100 *par an, intérêt composé ?*

On a $a = 10000$, $i = 0,05$, $n = 10$: donc [1],

$$A = 10\,000 \times 1,05^{10} = 16\,288^f,90, \text{ environ.}$$

EXEMPLE II. *Quelle est après* 4^a7^m *la valeur de* 4000^f *placés à* 6 *p.* % *par an, intérêt composé ?*

On a ici $a = 4000$, $i = 0,06$, $n = 4\,\frac{7}{12} = \frac{55}{12}$: donc

$$A = 4000 \times 1,06^{\frac{55}{12}} = 5224^f,50.$$

EXEMPLE III. *L'intérêt composé étant fixé à* 4 *p.* % *par an, quelle sera la valeur de* 1234^f, *après* 4^a234^j ?

On a ici $a = 1234$, $i = 0,04$, $n = 4\,\frac{234}{365} = \frac{1694}{365}$:

$$\text{donc,} \qquad A = 1234 \times 1,04^{\frac{1694}{365}} = 1480^f,36.$$

Ayant multiplié le log. de 1,04 par $\frac{1694}{365}$, on a 0,0790534;..

EXEMPLE IV. *Quel est le taux annuel de l'intérêt composé, lorsque le taux mensuel est* $\frac{1}{2}$ *ou* $0^f,50$?

Cherchons quelle est après un an, ou 12 mois, la valeur de 100^f placés à $\frac{1}{2}$ p. % par mois, intérêt composé : l'excès de cette valeur sur 100^f sera le résultat demandé. — L'intérêt d'un franc par mois $= 0,005$: donc (**334**, II), après un an, 100^f valent

$$100 \times 1,005^{12} = 106^f,168\dots ;$$

donc, le taux demandé est $6,168\dots$

Exemple V. *Le taux annuel de l'intérêt composé étant 5, quelle somme faut-il placer aujourd'hui pour toucher 8000^f dans 10 ans?*

On a ici A $= 8000$, $i = 0,05$, $n = 10$: donc [2],

$$a = \frac{8000}{1,05^{10}} = 4911^f,30.$$

Exemple VI. *Quelqu'un qui avait placé 10 000^f à intérêt composé, reçut, 10 ans après, une somme de 16 288^f,90, capital et intérêts compris : à quel taux avait-il placé?*

On a ici $a = 10\,000$, A $= 16\,288,90$, $n = 10$: donc [3],

$$1 + i = \sqrt[10]{1,62\,889} = 1,05\,005\ldots$$

donc, $i = 0,05$: ainsi, taux demandé $= 5$.

Exemple VII. *Quelqu'un a reçu 1480^f,36 pour 1234^f placés à 4 p. °/₀, intérêt composé : combien de temps cette somme est-elle restée chez l'emprunteur?*

On a $a = 1234$, $i = 0,04$, A $= 1480,36$: donc [4],

$$n = \frac{\text{Log. } 1480,36 - \text{log. } 1234}{\text{log. } 1,04} = 4^a 234^j.$$

332. *On place une somme* a *au commencement de chaque année, pendant* n *années, et l'on demande la valeur de toutes ces sommes après les* n *années révolues.*

Soit i l'intérêt annuel d'un franc : le premier versement reste n années entre les mains de l'emprunteur ; le second reste $n - 1$ années, le troisième $n - 2$, le quatrième $n - 3$,... le dernier un an. Au bout des n années (**331**), le premier versement vaut donc $a(1 + i)^n$, le second $a(1 + i)^{n-1}$, le troisième $a(1 + 1)^{n-2}$,... le dernier $a(1 + i)$. Donc, le capital acquis par le prêteur au bout de n années

$$= a(1+i)^n + a(1+i)^{n-1} + a(1+i)^{n-2} + \ldots + a(1+i),$$

ou bien $a(1+i) + a(1+i)^2 + a(1+i)^3 + \ldots + a(1+i)^n$, c'est-à-dire (**268**), la somme des termes d'une progression par quotient, dans laquelle le premier terme est $a(1+i)$, le dernier $a(1+i)^n$, la raison $1 + i$, et le nombre de termes n. En appelant S la valeur demandée, on aura donc (**277**)

$$S = \frac{a(1+i)^n(1+i) - a(1+i)}{(1+i) - 1} = \frac{a(1+i)^{n+1} - a(1+i)}{i}.$$

On calculera aisément $a(1+i)^{n+1}$ au moyen des log.; retranchant $a(1+i)$ du résultat, et divisant le reste par i, on aura S.

Remarque. Si le placement a se faisait au commencement de chaque mois, ou de chaque trimestre, ou de chaque semestre,... n représenterait alors le nombre de mois, de trimestres, de semestres,... et i serait l'intérêt d'un mois, ou de 3 mois, ou de 6 mois,....

EXEMPLE I. *Quelqu'un ayant versé 1000ᶠ au commencement de chaque année, pendant 4 ans, demande ce qu'il lui est dû à la fin de la 4ᵉ année, l'intérêt composé étant fixé à 5 p. °/₀ par an.*

On a $a = 1000$, $i = 0,05$, $n = 4$: donc,

$$S = \frac{1000 \times 1,05^5 - 1000 \times 1,05}{0,05} = 4525^f,62.$$

EXEMPLE II. *L'intérêt composé étant fixé à $\frac{1}{2}$ p. °/₀ par mois, quel capital recevra-t-on après 18 mois, pour 18 versements de 100ᶠ, effectués au 1ᵉʳ jour de chaque mois ?*

On a ici $a = 100$, $i = 0,005$, $n = 18$: donc

$$S = \frac{100 \times 1,005^{19} - 100 \times 1,005}{0,005} = 1887^f,98.$$

EXEMPLE III. *L'intérêt composé étant fixé à 6 p. °/₀ par an, quel capital aura-t-on à recevoir après 18 mois pour 18 versements de 100ᶠ, effectués au 1ᵉʳ jour de chaque mois ?*

On a ici $a = 100$, $i = 0,06$, $n = 18$. Or (**331**, III), i' étant l'intérêt mensuel d'un franc, on a $1 + i' = 1,06^{\frac{1}{12}}$:

donc, $$S = \frac{100 \times \left(1,06^{\frac{1}{12}}\right)^{19} - 100 \times 1,06^{\frac{1}{12}}}{1,06^{\frac{1}{12}} - 1},$$

ou, à peu près $\quad \frac{9,1782}{0,0\,048\,675} = 1885^f,60.$

EXEMPLE IV. *Le taux annuel étant fixé à 5, combien faudrait-il verser au commencement de chaque année, pour avoir 4525ᶠ,62 à toucher après 4 ans ?*

Ici a est inconnu ; mais $i = 0,05$, et $n = 4$: donc

$$4525,62 = \frac{a \times 1,05^5 - a \times 1,05}{0,05},$$

ou **(64)** $\quad 4525,62 \times 0,05 = a \times 1,05^5 - a \times 1,05$,
d'où l'on tire $\quad a = 1000^f$, à très-peu près.

EXEMPLE V. *Le taux annuel étant fixé à 3, trouver pendant combien d'années, il faut verser* $1445^f,27$ *au commencement de chacune, pour avoir* $40\,000^f$ *à toucher à la fin de la dernière.*

Ici $a = 1445,27$, $i = 0,03$, n est inconnue : donc,

$$40\,000 = \frac{1445,27 \times 1,03^{n+1} - 1445,27 \times 1,03}{0,03},$$

ou bien $\quad 1200 = 1445,27 \times 1,03^{n+1} - 14488,6281$,
d'où l'on tire $\quad 1,03^{n+1} = 1,8602947$,

puis **(296)** $\quad n + 1 = \dfrac{\text{Log. } 1,8602947}{\text{Log. } 1,03} = 21 :$

donc, nombre d'années $\quad n = 20$.

LEÇON II. — Annuités.

333. *L'Annuité* est un emprunt par lequel le débiteur s'engage à faire annuellement pendant un temps déterminé, un payement qui comprend les intérêts de la somme prêtée, et le remboursement d'une partie de cette somme, en sorte qu'au terme fixé le débiteur est entièrement libéré.

334. La somme à payer annuellement porte aussi le nom d'*Annuité;* pour la calculer, résolvons la question suivante :

Quelqu'un emprunte une somme a, *qu'il s'engage à rembourser en* n *années par portions égales rendues à la fin de chaque année.* QUELLE ANNUITÉ DOIT-IL SERVIR (c'est-à-dire, combien doit-il rendre à la fin de chaque année), *l'intérêt annuel d'un franc étant* i *pour l'emprunt, et* i' *pour le remboursement?*

D'après la définition **(333)**, le débiteur aura en premier lieu à payer une somme ai pour l'intérêt annuel du capital a. En second lieu, si l'on appelle x la somme qu'il doit-joindre chaque année à l'intérêt annuel, on aura $ai + x$ pour le payement total annuel, c'est-à-dire, pour l'annuité. Or, depuis le moment où la somme x est rendue, jusqu'au terme fixé des n années, il s'écoule $n - 1$ années pour la première, $n - 2$ pour la seconde, $n - 3$ pour la troisième... Donc (**331**), l'intérêt annuel d'un franc étant i', la 1re somme x vaut au terme des n années, $x(1+i')^{n-1}$; la 2^c vaut $x(1+i')^{n-2}$; la 3e, $x(1+i')^{n-3}$; la 4e, $x(1+i')^{n-4}$;... la n^e, qui est rendue au terme fixé, vaut simplement x. Le total des sommes rendues vaut donc

$$x(1+i')^{n-1} + x(1+i')^{n-2} + x(1+i')^{n-3} + \ldots + x,$$

ou bien, $x + x(1+i') + x(1+i')^2 + \ldots + x(1+i')^{n-1}$; par conséquent, il est la somme des termes d'une progression par quotient (**268**), dans laquelle le 1er terme est x, la raison $1+i'$, et le nombre de termes n : donc (**278**), il est égal à

$$\frac{x[(1+i')^n - 1]}{(1+i') - 1} = \frac{x[(1+i')^n - 1]}{i'};$$

or, il est aussi égal à a, puisque le débiteur est entièrement libéré : concluons de là que

$$\frac{x[(1+i')^n - 1]}{i'} = a, \text{ d'où } x = \frac{ai'}{(1+i')^n - 1}.$$

Si donc b est l'annuité demandée, nous aurons

$$b = ai + x = ai + \frac{ai'}{(1+i')^n - 1} \quad [1]$$

Mais il peut arriver que $i' = i$: alors on a

$$b = ai + \frac{ai}{(1+i)^n - 1} = \frac{ai(1+i)^n}{(1+i)^n - 1} \quad [2]$$

EXEMPLE I. *Trouver l'annuité à servir pendant 4 ans, pour s'acquitter d'une dette de 40000^f, le taux de l'emprunt étant 6, et celui du remboursement, 5 p. °/₀ par an.*

On a $a = 40\,000$, $i = 0,06$, $i' = 0,05$, $n = 4$: donc [1]

$$b = 40\,000 \times 0,06 + \frac{40\,000 \times 0,05}{1,05^4 - 1} = 11\,680^f,47.$$

EXEMPLE II. *Une commune ayant besoin d'une somme de 12000^f, est autorisée à l'emprunter. Elle doit la rendre* en 15 ans, *par portions égales. Quel sera le montant de l'annuité, les intérêts de l'emprunt et ceux du remboursement étant calculés sur le pied de 5 p. °/₀ par an ?*

On a ici $a = 12\,000$, $i = i' = 0,05$, $n = 15$: donc [2]

$$b = \frac{12\,000 \times 0,05 \times 1,05^{15}}{1,05^{15} - 1} = 1156^f,11.$$

EXEMPLE III. *Quelqu'un, qui veut emprunter une somme dont il puisse s'acquitter en servant une annuité de 100ᶠ pendant 10 ans, demande quelle est cette somme, sachant que les intérêts réciproques sont fixés à 5 p. °/₀ par an ?*

On a ici $i = i' = 0,05$, $n = 10$, $b = 100$: donc [2]

$$100 = \frac{a \times 0,05 \times 1,05^{10}}{1,05^{10} - 1},$$

d'où $\quad a = \dfrac{100 \times 1,05^{10} - 100}{0,05 \times 1,05^{10}} = 772^f,17.$

EXEMPLE IV. *Je veux faire un emprunt tel qu'en servant une annuité de 200ᶠ, je m'en acquitte en 8 ans. Quelle doit être la somme empruntée, si le taux annuel de l'emprunt est 5, et celui du remboursement $4\frac{1}{2}$?*

Ici $i = 0,05$, $i' = 0,045$, $n = 8$, $b = 200$: donc [1]

$$200 = a \times 0,05 + \frac{a \times 0,045}{1,045^8 - 1},$$

d'où $\quad a = \dfrac{200 \times 1,045^8 - 200}{0,05 \times 1,045^8 - 0,005} = 1277^f,06.$

EXEMPLE V. *Quelqu'un ayant emprunté une somme de 772ᶠ,17 s'est libéré en payant 100ᶠ à la fin de chaque année pendant un certain temps. Combien d'années a-t-il servi cette annuité, le taux commun étant 5 p. °/₀ par an ?*

Ici $a = 772,17$, $i = i' = 0,05$, $b = 100$: donc [2]

$$100 = \frac{772,17 \times 0,05 \times 1,05^n}{1,05^n - 1},$$

ou $\quad 100 \times 1,05^n - 100 = 38,6085 \times 1,05^n,$

d'où (296) $\quad n = \dfrac{\text{Log. } 100 - \log. 61,3915}{\text{Log. } 1,05} = 10 \text{ ans.}$

EXEMPLE VI. *Le taux annuel de l'intérêt étant 6 pour l'emprunt, et 5 pour l'amortissement, en combien d'années un capital de* 40 000^f *sera-t-il remboursé en servant une annuité de* 11680^f,47 ?

Ici $a = 40\,000$, $i = 0,06$, $i' = 0,05$, $b = 11680,47$:

donc [1] $11680,47 = 40\,000 \times 0,06 + \dfrac{40\,000 \times 0,05}{1,05^n - 1}$,

ou $\quad 11680,47 \times 1,05^n - 11680,47 = 2400 \times 1,05^n - 2400 + 2000$,

d'où $\quad n = \dfrac{\text{Log. } 11280,47 - \text{log. } 9280,47}{\text{Log. } 1,05} = 4$ ans.

LEÇON III. — Rentes et Placements viagers.

335. *Le placement viager* est celui qui produit une rente viagère ; *la rente viagère* est celle qui doit être payée pendant toute la vie du prêteur, et qui cesse à l'époque de son décès. Elle doit être telle qu'elle paye l'intérêt annuel du capital placé en viager, et qu'au terme de la vie du prêteur, ce capital se trouve entièrement remboursé. Ainsi, toute la différence qui existe entre l'annuité proprement dite et la rente viagère, c'est que la durée de l'annuité est déterminée d'avance, au lieu que pour la rente viagère, le temps est subordonné à la mort du prêteur.

336. Le terme de la vie probable du prêteur est regardé comme l'époque de son décès. Or, ce qu'on appelle *la vie probable*, c'est le temps qui doit s'écouler pour que le nombre des individus d'un âge donné, soit réduit *à la moitié* de ce qu'il était à cet âge : elle se calcule au moyen de la Table suivante.

Loi de la Mortalité en France, d'après Duvillard.

Ages.	Vivants.	Ages.	Vivants.	Ages.	Vivants.	Ages.	Vivants.
0ᵃ	1 000 000	28	451 635	56	248 782	84	15 175
1	767 525	29	444 932	57	240 214	85	11 886
2	671 834	30	438 183	58	231 488	86	9 224
3	624 668	31	431 398	59	222 605	87	7 165
4	598 713	32	424 583	60	213 567	88	5 670
5	583 151	33	417 744	61	204 380	89	4 686
6	573 025	34	410 886	62	195 054	90	3 830
7	565 838	35	404 012	63	185 600	91	3 093
8	560 245	36	397 123	64	176 035	92	2 466
9	555 486	37	390 219	65	166 377	93	1 938
10	551 122	38	383 300	66	156 651	94	1 499
11	546 888	39	376 363	67	146 882	95	1 140
12	542 630	40	369 404	68	137 102	96	850
13	538 255	41	362 419	69	127 347	97	621
14	533 711	42	355 400	70	117 656	98	442
15	528 969	43	348 342	71	108 070	99	307
16	524 020	44	341 235	72	98 637	100	207
17	518 863	45	334 072	73	89 404	101	135
18	513 502	46	326 843	74	80 423	102	84
19	507 949	47	319 539	75	71 745	103	51
20	502 216	48	312 148	76	63 424	104	29
21	496 317	49	304 662	77	55 511	105	16
22	490 267	50	297 070	78	48 057	106	8
23	484 083	51	289 361	79	41 107	107	4
24	477 777	52	281 527	80	34 705	108	2
25	471 366	53	273 560	81	28 886	109	1
26	464 863	54	265 450	82	23 680	110	0
27	458 282	55	257 193	83	19 106		

Cette Table fait connaître combien, sur 1 000 000 d'individus qu'on suppose nés en même temps, il en reste de vivants après 1 an, 2 ans, 3 ans,... jusqu'à 110 ans où il n'en existe plus. Ainsi, à 20 ans, il n'en reste plus que 502 216, ou un peu plus de la moitié ; à 40 ans, il n'y en a plus que 369 404, ou un peu plus du tiers ; à 60 ans, il n'y en a plus guère que le cinquième.....

337. *Pour calculer* LA VIE PROBABLE *d'un individu dont l'âge est α, il suffit de prendre dans la Loi de Mortalité le nombre correspondant à α, et de regarder à quel âge répond la moitié de ce nombre : l'excès du nouvel âge sur α* *est le résultat cherché :* cela est évident, d'après la définition (**336**). — *Exemples.*

I. *Calculer la vie probable d'un enfant qui vient de naître.*

L'âge de cet enfant est *zéro;* le nombre correspondant est 1 000 000, dont la moitié 500 000 répond à un peu plus de 20 ans : la vie probable demandée est donc d'environ 20 — 0 = 20 ans. Si l'on veut calculer le surplus, on prendra la différence des deux nombres 502 216 et 496 317, qui répondent le premier à 20 ans, et le second à 21 ans, et l'on trouvera 5899 ; prenant aussi la différence entre le plus grand 502 216 et 500 000, on aura 2216 ; puis on dira : 5899 individus meurent en 12 mois; donc, par mois il en meurt $\frac{5899}{12}$: donc, pour trouver le nombre de mois il faut diviser 2216 par $\frac{5899}{12}$, ce qui revient à multiplier 2216 par 12 et à diviser le produit par 5899. On trouve à peu près 4 mois $\frac{1}{2}$. Donc, vie probable demandée, $20^a 4^{m\frac{1}{2}}$. — En opérant de la même manière on obtiendra les résultats suivants :

	Age.	Vie probable.		Age.	Vie probable.
II.	5^a	$45^a 9^m$	V.	40^a	$23^a 1^m$
III.	10	42.9	VI.	60	11.2
IV.	20	35.9	VII.	70	6.7

338. *Trouver le terme probable de l'existence de* n *individus d'un âge donné* α.

Quand il n'y aura plus que la n^e partie des individus dont l'âge est actuellement α, il est probable que des *n* individus dont il s'agit, il n'en existera plus qu'*un* seul : donc, divisons par *n* le nombre qui répond à α, regardons à quel âge répond le quotient, et nous aurons l'âge du dernier vivant à l'époque où il commence d'être seul. Ce dernier peut espérer de vivre encore autant d'années qu'en indique sa vie probable : donc (**337**) prenons *la moitié* du quotient trouvé ci-dessus; le nombre correspondant à cette moitié sera l'âge auquel parviendra probablement celui des *n* individus qui vivra le dernier : donc, pour trouver le terme probable de l'existence de *n* individus d'un âge donné α, *il suffit de prendre* dans la Loi de Mortalité *le nombre correspondant à* α, *et de le* *diviser par* 2n : *l'âge qui répond au quotient, indique le terme demandé.* — On trouvera donc aisément les résultats suivants :

	n	α	Terme prob. de l'existence.
I.	2 ind...	10 ans.........	$67^a 11^m$
II.	3.......	36............	75.8
III.	4.......	40.	78.3
IV.	5.......	45.	80.3
V.	10.......	50.	84.1

339. *A quel âge la vie probable est-elle de* p *années.*

Pour résoudre cette question, il suffit, d'après le calcul de la vie probable (**337**), de trouver dans la Loi de Mortalité un âge α dont la moitié du nombre correspondant, réponde elle-même à un âge α' égal à $\alpha + p$. Soit $p = 20$. On trouve

A 40 ans, $p = 23$ ans ; donc $\alpha > 40$
A 48 ans, $p = 18$ ans ; donc $\alpha < 48$
A 45 ans, $p = 20$ ans ; donc $\alpha = 45$ ans.

Remarque. Lorsque $\alpha = 0$, on a $p = 20^a 4^m \frac{1}{2}$; et si $\alpha = 5$, $p = 45^a 9^m$: c'est le *maximum* de la vie probable. Il suit de là 1° que si p surpasse $45^a 9^m$, le problème actuel est impossible ; 2° que si p est compris entre $20^a 4^m \frac{1}{2}$ et $45^a 9^m$, il y a deux valeurs pour α, l'une $<$, et l'autre > 5 ; 3° que si p est moindre que $20^a 4^m \frac{1}{2}$, on a toujours $\alpha > 5$.

340. On pourrait de même, en s'aidant de ce que nous avons dit plus haut (**338**), *calculer quel doit être* L'AGE COMMUN *de plusieurs individus, pour que le terme probable de leur existence soit un âge donné* : nous laissons ce Problème à l'Elève, et nous passons maintenant au calcul des Rentes et des Placements viagers.

341. *Un capital* a *étant placé en viager, trouver la rente correspondante* b.

La rente b doit être payée pendant toute la vie du prêteur (**335**) : si donc n est la durée de sa vie probable (**336, 337**), et i l'intérêt annuel d'un franc, la question proposée revient à celle-ci : *Quelle annuité* b *faut-il servir pendant* n *années, pour se libérer d'une dette* a, *les in-*

térêts annuels réciproques étant fixés à i par franc ? —
C'est ici le Problème N° **334** qui donne, *formule* [2]

$$b = \frac{ai\,(1+i)^n}{(1+i)^n - 1} \qquad [1],$$

d'où l'on tire

$$a = \frac{b(1+i)^n - b}{i(1+i)^n} \qquad [2],$$

ainsi que

$$n = \frac{\text{Log.}\,b - \log.\,(b - ai)}{\text{Log.}\,(1+i)} \qquad [3],$$

et encore

$$\text{Log.}\,(1+i) = \frac{\text{Log.}\,b - \log.\,(b - ai)}{n} \qquad [4].$$

Ainsi, au moyen de ces formules, on pourra trouver l'une quelconque de ces quatre choses a, b, n, i, lorsque l'on connaîtra les trois autres. Toutefois, il faut remarquer que [4] ne donnera pas directement i, qui se trouve dans les deux membres ; mais quelques tâtonnements, où les logarithmes joueront un grand rôle, le feront bientôt connaître, ainsi qu'on le verra dans les *Exemples* suivants.

I. *Un individu de 40 ans place* 20 000ᶠ *en viager :*
quelle rente aura-t-il, si les intérêts sont calculés à 5 p. °/₀ ?

A 40 ans, la vie probable est de 23 ans environ (**337**).
On a donc $a = 20\,000$, $n = 23$, $i = 0,05$: ainsi [1],

$$b = \frac{20\,000 \times 0,05 \times 1,05^{23}}{1,05^{23} - 1} = 1\,482^\mathrm{f},74.$$

II. *Combien un individu de 23 ans doit-il ácheter une*
rente viagère de 2000ᶠ, *l'intérêt étant à 6 p. °/₀ ?*

A 23 ans la vie probable est d'environ 34 ans. On a donc ici $b = 2000$, $n = 34$, $i = 0,06$: ainsi [2]

$$a = \frac{2000 \times 1,06^{34} - 2000}{0,06 \times 1,06^{34}} = 28736^\mathrm{f}\ldots$$

III. *L'intérêt étant à 5 p. °/₀, à quel âge une rente via-*
gère de 1000ᶠ *doit-elle se payer* 10 000ᶠ ?

La valeur de la rente viagère dépend de la vie probable (**337**) : calculons donc cette dernière, et nous en déduirons ensuite l'âge demandé (**339**). Or, on a ici $a = 10\,000$, $b = 1000$, $i = 0,05$: donc [3],

$$n = \frac{\text{Log. } 1000 - \log. 500}{\log. 1,05} = 14^{a\frac{1}{5}}.$$

Il faut chercher maintenant à quel âge la vie probable est de $14^{a\frac{1}{5}}$: on trouve environ 54 ans (**339**).

IV. *Un individu de 45 ans a payé* 30 000^f *une rente viagère de* 2407^f,30 : *trouver le taux de l'intérêt.*

A 45 ans, la vie probable est d'environ 20 ans. On a donc ici $a = 30000$, $b = 2407,30$, $n = 20$: ainsi [4]

$$\text{Log. } (1 + i) = \frac{\text{Log. } 2407,3 - \log. (2407,3 - 30\,000i)}{20}.$$

Comme nous l'avons déjà dit, nous ne pouvons calculer directement i qui se trouve dans les deux membres. Mais, soit $i = 0,06$; on aura $2407,3 - 30\,000i = 607,3$: donc, puisque log. $2407,3 = 3,3\,815\,302$ (**312**), et log. $607,3 = 2,7\,834\,033$, il en résulte

$$\text{Log. } (1 + i) = \log. 1,06 = 0,02\,990\,634,$$

égalité fausse, car log. $1,06 = 0,02\,530\,587$: donc i n'est pas égal à 0,06, et il est aisé de voir que, la valeur trouvée étant trop forte, il en résulte $i < 0,06$.

Soit en second lieu $i = 0,04$. On aura $2407,3 - 30\,000i = 1207,3$ dont le logarithme est $3,0\,818\,152$,

d'où   Log. $(1 + i) = \log. 1,04 = 0,01\,498\,575$,

égalité fausse, car log. $1,04 = 0,01\,703\,334$: donc $i > 0,04$.

Donc i est compris entre 0,06 et 0,04. Faisant $i = 0,05$, on trouve   Log. $(1 + i) = \log. 1,05 = 0,02\,118\,896$, et comme log. $1,05 = 0,02\,118\,930$, j'en conclus que $i = 0,05$ à très-peu près : donc, *taux demandé* $= 5$.

V. *Deux frères jumeaux nés en* 1828, *veulent en* 1858, *placer chacun* 10 000^f *en viager, avec cette condition qu'à la mort de l'un des deux, la rente sera reversible sur la tête de l'autre. Trouver la rente de chacun d'eux, l'intérêt étant calculé à* 5 p. °/₀.

La rente devant être payée jusqu'au décès du dernier rentier, calculons le terme de l'existence de deux individus de 1858 — 1828 ou de 30 ans (**338**). On trouve environ 71 ans : ainsi on doit regarder la rente comme devant être payée pendant $71 - 30 = 41$ ans. On a donc ici $a = 10\,000$, $i = 0,05$, $n = 41$: donc [1]

7*

$$b = \frac{10000 \times 0,05 \times 1,05^{41}}{1,05^{41} - 1} = 578^f,22.$$

Ainsi, la société qui reçoit les fonds, doit s'engager à payer annuellement $578^f,22 \times 2$, et continuer jusqu'au décès du dernier des deux frères.

VI. *Trois amis de 45 ans veulent constituer sur leurs têtes une rente viagère de 3000^f, à condition qu'ils toucheront annuellement chacun 1000^f, et que les rentes seront reversibles sur la tête du dernier vivant. Combien doivent-ils verser chacun, le taux annuel de l'intérêt étant $4\frac{3}{4}$?*

Le terme probable de l'existence de 3 individus de 45 ans, est 77 ans (**338**) : donc, calculons le prix comptant d'une rente de 1000^f qui doit être payée pendant 77 — 45 ou 32 ans. — Puisque $b = 1000$, $i = 0,0475$, $n = 32$, on a [2]

$$a = \frac{1000 \times 1,0475^{32} - 1000}{0,0475 \times 1,0475^{32}} = 16284^f\ldots$$

VII. *Quel doit être l'âge commun de cinq individus qui, pour un capital de 50000^f placé en viager, veulent toucher annuellement chacun 800^f avec cette condition que les rentes seront reversibles sur la tête du dernier vivant, sachant d'ailleurs que l'intérêt est à 6 p. °/₀?*

Cherchons pendant combien d'années il faudra payer annuellement 5 fois 800^f, ou 4000^f, pour opérer le remboursement d'un capital de 50000^f : nous aurons l'intervalle entre l'âge demandé et le terme de l'existence des cinq individus dont il s'agit (V), et nous pourrons en conclure le résultat demandé (**340**). Or, on a ici $a = 50\,000$, $b = 4000$, $i = 0,06$: donc [3]

$$n = \frac{\text{Log. } 4000 - \text{log. } (4000 - 50\,000 \times 0,06)}{\text{Log. } 1,06},$$

ou bien $n = \dfrac{\text{Log. } 4000 - \text{log. } 1000}{\text{Log. } 1,06} = 23^a\frac{4}{5}$, à peu près.

De là je conclus que l'âge demandé est environ $58^a\frac{1}{2}$.

VIII. *Deux amis de 30 ans placent 40\,000^f en viager, et se contentent de toucher annuellement chacun 1000^f, à con-*

dition qu'au décès de l'un, sa rente sera reversible sur la tête de l'autre : à quel taux leur argent est-il placé ?

On a $a = 20\,000$, $b = 1000$, $n = 41$ (Ex. V) : donc [4]

$$\text{Log.}\,(1 + i) = \frac{\text{Log. } 1000 - \log.\,(1000 - 20\,000i)}{41}.$$

J'opère comme dans l'*Exemple IV*, mais en observant tout d'abord que la rente 1000^f étant l'intérêt annuel de $20\,000^f$ placés à 5 p. °/₀, il faut que i soit moindre que 0,05, sans quoi le remboursement du capital serait impossible.

L'hypothèse $i = 0,04$ donne log. 1,04 = 0,01704804, et en réalité, log. 1,04 = 0,01703334 : donc on a $i < 0,04$.

L'hypothèse $i = 0,039$ donne log. 1,039 = 0,01603847; et en réalité, log. 1,039 = 0,0166156 : j'en conclus $i > 0,039$.

L'hypothèse $i = 0,0398$ donne log. 1,0398 = 0,01683829; or, log. 1,0398 = 0,0169498 : j'en conclus $i > 0,0398$.

L'hypothèse $i = 0,0399$ donne log. 1,0399 = 0,01694265; or, log. 1,0399 = 0,0169915 : j'en conclus $i > 0,0399$.

Continuant ainsi, je trouve $i > 0,03997$, et $i < 0,03998$: donc, *le taux demandé* = 3,997 à moins d'un millime ; il est 4, à moins d'un demi-centime.

—

Temps moyen à midi vrai, à Paris.					
Mois.	**Le 5**	**Le 10**	**Le 15**	**Le 20**	**Le 25**	**Le 30**
Janvier.	0h 5m 43s	0h 7m 51s	0h 9m 44s	0h11m20s	0h12m38s	0h13m36s
Février.	0.14.18	0.14.31	0.14.24	0.13.59	0.13.18	
Mars.	0.11.44	0.10.30	0. 9. 7	0. 7.38	0. 6. 7	0. 4.33
Avril.	0. 2.47	0. 1.21	0. 0. 2	11.58.52	11.57.33	11.57. 6
Mai.	11.56.33	11.56.13	11.56. 7	11.56.15	11.56.37	11.57.12
Juin.	11.58. 8	11.59. 4	0. 0. 5	0. 1. 9	0. 2.14	0. 3.16
Juillet.	0. 4.13	0. 5. 0	0. 5.37	0. 6. 1	0. 6.13	0. 6. 9
Août.	0. 5.45	0. 5. 8	0. 4.17	0. 3.13	0. 1.57	0. 0.32
Septembre	11.58.38	11.56.56	11.55.11	11.53.25	11.51.42	11.50. 2
Octobre.	11.48.29	11.47. 5	11.45.52	11.44.54	11.44.13	11.45.49
Novembre	11.43.45	11.44. 5	11.44.46	11.45.48	11.47.11	11.48.52
Décembre.	11.50.50	11.53. 0	11.55.22	11.57.50	0. 0.20	0. 2.48

Il est *midi vrai* dans un lieu quelconque au moment où le centre du Soleil passe au méridien de ce lieu ; l'intervalle qui s'écoule entre deux passages consécutifs du Soleil au même méridien, forme le *jour vrai*. Les jours vrais ne sont pas égaux entre eux, ce qui tient à deux causes : l'*inégalité de distance* du Soleil à la Terre, et l'*obliquité de l'écliptique* sur l'équateur. La première cause produit l'irrégularité du mouvement solaire dans l'écliptique ; la seconde produit une nouvelle irrégularité sur l'équateur : or, pour que les jours vrais fussent égaux, il faudrait que le Soleil parcourût l'équateur d'un mouvement uniforme. Les horloges et les montres, qui divisent la durée en parties égales, ne peuvent donc donner le temps vrai : c'est pourquoi on les règle sur *le temps moyen*, où tous les jours sont d'une égalité parfaite. — Le temps vrai est donné par tout cadran solaire bien tracé, et placé convenablement. Le temps moyen est donné par un astre fictif, nommé *Soleil moyen*, qui parcourt l'équateur d'un mouvement uniforme ; il est lié au Soleil vrai par la condition de passer aux équinoxes en même temps qu'un mobile qui parcourt l'écliptique avec une vitesse constante, et qui passe en même temps que le Soleil vrai au périgée et à l'apogée.

La Table ci-dessus fait connaître, de 5 en 5 jours, l'heure que l'on compte à Paris, en temps moyen, lorsqu'il y est midi vrai : elle peut servir pour toute la France, sans que l'erreur dépasse *une seconde* de temps. Ainsi, *le cadran solaire donnant* MIDI, *la montre*, réglée sur le temps moyen, *doit marquer*

0ʰ 5ᵐ43ˢ, le 5 Janvier; 0ʰ14ᵐ31ˢ, le 10 Février ;
11ʰ56ᵐ15ˢ, le 20 Mai ; 0ʰ 6ᵐ 1ˢ, le 20 Juillet ;
11ʰ51ᵐ42ˢ, le 25 Sept. ; 11ʰ48ᵐ52ˢ, le 30 Novembre, etc.

On déduira aisément de là les heures simultanées suivantes du cadran et de la montre (*) :

Cadran.	Montre.	Cadran.	Montre.
10 Janv..8ʰ30ᵐ	...8ʰ37ᵐ51ˢ	25 Mai...9ʰ45ᵐ	...9ʰ41ᵐ37ˢ
15 Fév ...9ʰ 0ᵐ	...9ʰ14ᵐ24ˢ	30 Juillet.3ʰ20ᵐ	...3ʰ26ᵐ 9ˢ
20 Avril .9ʰ15ᵐ	...9ʰ13ᵐ52ˢ	5 Nov...4ʰ10ᵐ	...3ʰ53ᵐ45ˢ etc.

PROBLÈME. *Trouver le Temps moyen pour un midi vrai qui n'est pas dans la Table* précédente.

Solution : Prendre le T. M. (temps moyen) pour chacun des deux midis qui comprennent le midi donné : leur différence divisée par celle des dates donnera l'augmentation ou la diminution du T. M. en un jour vrai ; ajoutant donc une, deux, trois ou quatre fois le quotient au T. M. de la première date, ou l'en ôtant ce nombre de fois, on aura le résultat demandé.

EXEMPLE. *Trouver le T. M. au midi vrai du 6, du 7, du 8, et du 9 Janvier.*

Pour le 5 Janvier, la Table donne. 0ʰ 5ᵐ43ˢ
Pour le 10. . . . . 0. 7.51

Diff., en augment. en 5 jours. 2. 8
Augmentation en 1 jour 0.25. 6

Donc, T. M. à midi vrai
{
le 6. . . . 0. 6. 9
le 7. . . . 0. 6.34
le 8. . . . 0. 7. 0
le 9. . . . 0. 7.25
}

La montre réglée sur le temps moyen sera tantôt en avant, tantôt en arrière sur le cadran. Par exemple, *à midi vrai*, le 10 Juillet, elle sera en avant de 5 minute s ; le 10 Décembre, elle sera en arrière de 7 minutes . . . . Elle ne sera d'accord avec le cadran que quatre fois l'année : vers le 15 Avril, le 15 juin, le 31 Août, et le 24 D é-cembre.

Nota. Cette Table, extraite de la *Connaissance des Temps* pour l'an 1862, peut servir jusqu'à l'année 1900, et au-delà, sans erreur trop considérable pour l'usag e ordinaire.

(*) Toutefois, l'erreur peut être ici d'*une, deux, trois*, ou même *quatre* secondes, suivant l'époque et la distance de midi ; mais une telle erreur est négligeable.

FIN.

TABLE DES MATIÈRES.

FIN DE LA TABLE DES MATIÈRES.

Vannes. — Imp. Gustave De Lamarzelle.

9 782019 971397